Altmetrics 理论与实践

赵蓉英　吴胜男　王　旭　赵月华　著

科 学 出 版 社
北　京

内 容 简 介

本书主要围绕 Web2.0 时代科学交流在信息计量学领域的新发展——Altmetrics 展开创新性理论探索和实践应用的综合性研究。全书共六章，秉承“理论研究与应用实践相结合”原则，从理论基础、基本问题、分析方法与工具、应用、实证分析及应用案例分析等方面对 Altmetrics 进行了系统研究。

本书注重继承与创新相结合，兼顾传统的统计工具与新兴的信息技术方法，既适合高等院校相关专业师生阅读使用，也可供广大信息工作者、科研人员、评价人员和管理人员学习参考。

图书在版编目（CIP）数据

Altmetrics：理论与实践 / 赵蓉英等著. —北京：科学出版社，2019.10
ISBN 978-7-03-062699-8

I. ①A… II. ①赵… III. ①科学计量学-研究 IV. ①G301

中国版本图书馆CIP数据核字（2019）第233602号

责任编辑：张 宁 张翠霞 / 责任校对：贾伟娟
责任印制：李 彤 / 封面设计：蓝正设计

科学出版社出版
北京东黄城根北街 16 号
邮政编码：100717
http://www.sciencep.com
北京建宏印刷有限公司 印刷
科学出版社发行 各地新华书店经销
*
2019 年 10 月第 一 版 开本：720×1000 B5
2019 年 10 月第一次印刷 印张：15 1/2
字数：292 000

定价：98.00 元

（如有印装质量问题，我社负责调换）

序

随着 Web2.0 技术的发展和广泛应用，创新环境也逐渐向着 2.0 范式发展变化。与传统的 1.0 范式相比，创新 2.0（Innovation 2.0）更强调利用博客、微博、微信等社交媒体平台进行开放创新。在这样的时代背景下，计量学领域也进行了一次 Web2.0 革命。一方面是如何解决传统评价方式存在的问题和缺陷，另一方面也要结合在线社交网络的特点进行计量学创新，Altmetrics 正是在这样的时代发展趋势和科学前沿背景下诞生并悄然进入人们的研究视野的。

Altmetrics（Alternative Metrics）一词是 2010 年著名计量学家 Jason Priem 首次在自己的推特（Twitter）中使用的。同年 10 月，Priem 联合 D. Taraborelli、P. Groth 等其他学者发表 Altmetrics 宣言，正式提出了 Altmetrics 这一术语。这个术语一经提出，就受到了 Altmetrics 领域的学者的广泛热议和认可，最后成为该学科的专有名词。Priem 将其定义为：“以社交网络工具为途径，在网络背景环境下为测量和评价学术影响力而展开的研究。”学者们对 Altmetrics 这一术语给出了多种不同的译法，如补充计量学、替代计量学、选择性计量学、社交媒体影响计量学等译名。在接下来的研究过程中，为免产生歧义，全书仍直接采用 Altmetrics 这一术语进行论述。但从“五计学”（文献计量学、科学计量学、信息计量学、网络计量学、知识计量学）尤其是网络计量学的补充和发展、传统计量指标的补充以及计量对象的补充来看，本书认为“补充计量学”更适合作为 Altmetrics 的标准译名。

Altmetrics 就是通过对社交网络本质内涵的更深刻的认识，来为评价学术工作的影响力和价值提供一种新方法，这是对传统期刊影响因子和点击浏览率测评的一种补充。2012 年，刘春丽从定义、研究意义、研究对象、计量指标以及计量工具的使用等五个方面对 Altmetrics 进行了全面系统的介绍；邱均平在 2013 年对 Altmetrics 的提出过程和研究进展进行了阐述；Finbar Galligan 对 Altmetrics 的概念定义、方法和工具、发展前景等各个方面进行了全面的论述，除此之外，国外学者对 Altmetrics 理论方面的研究还集中在对指标的研究。这些研究内容都为 Altmetrics 的研究指明了方向。

Altmetrics 是由 Web2.0 技术、社交媒体、开放存取、知识交流传播与计量学等相互结合、交叉渗透而形成的一门交叉性边缘学科，也是计量学的一个新的发展方向和重要研究领域。Altmetrics 的出现既是 Web2.0 时代社会、科技以及经济发展的需要，也是网络计量学、在线科学交流、传播学、数据科学本身发展的需要，而网络计量学、在线科学交流、传播学、数据科学也是 Altmetrics 的理论基础。我们按照研究内容涵盖的范围，将 Altmetrics 划分为广义 Altmetrics 和狭义 Altmetrics；按照实践应用角度，将其划分为宏观 Altmetrics 和微观 Altmetrics。由此来理解和分析 Altmetrics 的构成，并以此为基础构建 Altmetrics 的概念体系。

在所有的计量科学研究中，研究工具的使用都为研究工作提供了极大的便利性，Altmetrics 的研究也不例外。Altmetrics 的研究工具一类是通用工具，即这类工具并不是专门针对 Altmetrics 的研究而开发的，但是它们的某种功能、数据可以作为 Altmetrics 研究的数据源或者指标，如 Mendeley、CiteULike 以及 F1000；另外一类是专门的 Altmetrics 研究工具，它们是针对 Altmetrics 研究开发的，存在着很多类型，如 Altmetric.com、ImpactStory、PLoS ONE Altmetrics 等。这些研究工具被 Altmetrics 的研究者们应用到具体的研究中，从而对 Altmetrics 的发展起到了积极的推动作用。

本书围绕 Web2.0 时代科学交流在信息计量学的新发展——Altmetrics 而展开创新性的理论探索和实践应用的综合性研究，秉承“理论研究与应用实践相结合”的原则，从理论基础、基本问题、分析方法与工具、应用、实证研究及应用案例分析等方面展开对 Altmetrics 的系统研究。本书首先梳理了 Altmetrics 所依赖的网络计量学、Web2.0、数据科学等不同学科理论；然后遵循 Altmetrics 发展阶段轨迹，深入剖析其定义，把握其内涵，探讨其研究对象和指标，明确其研究范围和学科界限，构建其内在的逻辑体系结构，研究其分析方法及工具；其次辅之以 Altmetrics 在科技管理、科学评价以及科技预测方面的应用研究，并从单篇论文影响力计量与学术成果的在线传播两个方面进行相关实证研究；最后从开源软件、学术论文及期刊层面进行相关的应用案例分析研究。全书由赵蓉英、吴胜男、王旭拟定提纲，并由赵蓉英、吴胜男、王旭、赵月华、亓永康、常茹茹、张兆阳、刘卓著、汪少震、谭洁、冯雪峰、赵宇阳等共同撰写，最后由赵蓉英、吴胜男、王旭统稿并由赵蓉英最终修改定稿。本书在出版过程中得到了科学出版社编辑和武汉大学有关院、系领导的支持和帮助，在此，我们谨向以上单位和个人表示最诚挚的谢意！

本书在写作过程中参考引用了国内外众多文献，谨在此表示感谢。

Altmetrics 研究属于一个具有学科交叉性、综合性、创新性特点的研究议题，内容纷繁复杂且涉及面广。由于 Altmetrics 学科发展时间较短，相关学术文献缺乏，虽经我们竭力整理、总结国内外相关研究的理论与实践成果，以把研究做好、把书写好，但我们的学识和精力有限，书中难免存在不足、遗漏以及尚待改进之处。恳请专家和广大读者批评、指正，以便后续研究与完善。

赵蓉英

2018 年 12 月于武汉大学

目　　录

第 1 章　Altmetrics 的理论基础

在 Web2.0 的环境下，随着社交媒体技术的不断进步，开放存取运动的不断深化，网络出版模式的不断发展，科学交流的模式发生了新的变化，具体主要表现为：①科学工作者们越来越倾向于利用博客、微博、Facebook 等社交媒体工具进行学术成果的追踪和学术交流；②科学交流呈现出扩大化的趋势，不仅仅局限在学术圈，普通公众对其的参与度也不断增加；③Web2.0 环境下的科学交流使得交流效率不断提高，交流的成本却不断降低。Altmetrics 是在这种环境和背景下产生的，它是由 Web2.0 技术、社交媒体、开放存取、知识交流传播与计量学等相互结合、交叉渗透而形成的一门交叉性边缘学科，也是计量学的一个新的发展方向和重要研究领域。Altmetrics 的出现既是 Web2.0 时代社会、科技以及经济发展的需要，也是网络计量学、在线科学交流、传播学、数据科学本身发展的需要。同时，网络计量学、在线科学交流、传播学、数据科学也是 Altmetrics 的理论基础。

1.1　Web2.0 理论

Altmetrics 是在 Web2.0 技术环境背景下，在计量学领域进行相关革命而形成的产物，因此 Altmetrics 的出现与 Web2.0 有着密切的联系，Web2.0 的理论也是进行 Altmetrics 研究的重要理论基础。

1.1.1　Web2.0 的含义

Web2.0 的概念最早是由戴尔·多尔蒂（Dale Dougherty）提出的，它是基于 Web1.0 的基础，对互联网新应用的统称。相对于 Web1.0 技术，

Web2.0 使得用户的操作更加简便、智能。Web2.0 把用户的需求和应用很好地结合起来，因此 Web2.0 的技术平台使用门槛很低，用户几乎没有受到阻碍因素的影响，可以广泛地参与交流、共享各类资源和知识。所以说，Web2.0 是一个开放的、复杂的、具有自组织功能的适应性知识系统①。在 Web2.0 的环境背景下，科学交流的手段和模式都发生了很大的变化，引发了知识管理②、信息资源管理③、网络社区④、知识网络⑤领域的新发展，从而引起很多学者的关注。

尽管 Web2.0 的概念已经出现了，但是针对其定义，目前仍然没有一个广泛认同的说法。维基百科（Wikipedia）网站对 Web2.0 给出了如下的定义：Web2.0 以交互性的和未来的社交媒体平台为导向，向用户提供一个可视化的、交互的、界面友好的网页来提供服务，从而挖掘其中的网络效应⑥。Blogger Don 曾经出版过一部对 Web2.0 含义进行探讨的专门著作，叫做《WEB2.0 概念诠释》。他在该书中提到，Web2.0 是以软件应用（如博客、标签、Wikipedia）为核心，以一些专业网站平台（如 Flickr、Friendster、Delicious）为代表，以六度分离、XML、AJAX 等理论和技术为基础依据而实现的新一代互联网模式⑦。此外，我国学者肖友国也在研究中指出，对于 Web2.0，与其说它是一个技术或者解决方案，不如说它是一套用于实现社会网络和个性化应用的理念体系。Web2.0 使得网络用户的身份发生了改变，其是信息接收者的同时也是信息的生产者和传播者。在 Web2.0 的平台中，受众变成了主体，个人变成了群体社区，形成了一个以用户为中心的，开放、互动、共享的服务理念和平台⑧。

1.1.2　Web2.0 的经典理论

Web2.0 的理论基础有六度分离理论、长尾理论以及自组织理论等，下面将对其一一进行详细介绍。

---

① 韩冰．Web2.0 时代下的博客传播分析[D]．吉林大学硕士学位论文，2008.

② 黄亚男．Web2.0 下的个人知识管理研究[D]．安徽大学硕士学位论文，2010.

③ 孙晶．基于 Web2.0 的企业信息资源管理研究[D]．华中师范大学硕士学位论文，2008.

④ 梁恒．Web2.0 时代网络社区及其内部互动研究[D]．吉林大学硕士学位论文，2009.

⑤ 毕经元．基于 Web2.0 的知识元链接网络系统[D]．浙江大学硕士学位论文，2010.

⑥ 林清．Web2.0 关键技术在图书馆信息服务中的具体应用[J]．农业图书情报学刊，2009，21(3)：102-105.

⑦ 赵铁琴．基于 Web2.0 的图书馆信息服务研究[J]．情报杂志，2009，28：169-171，193.

⑧ 肖友国．基于 Web2.0 的数字图书馆个性化信息服务研究[J]．四川图书馆学报，2009，(5)：21-23.

1. 六度分离理论

六度分离理论，其英文名称为 six degrees of separation，它是由美国哈佛大学心理学教授 Stanley Milgram 在 1967 年首次提出的。对于其内容的描述是这样的：在人类世界中，任意两个人之间所间隔的人最多为五个。换言之，就是一个人最多可以通过其他五个人与世界上的另外一个人形成联系。六度分离理论也被称为小世界规律、小世界现象或者小世界效应①。六度分离理论之所以这么重要，是因为它向我们传达了一种理念，那就是世界上的任意两个人总能够通过一定途径发生关系，形成联系。社交媒体平台和网站是 Web2.0 技术条件下的产物，它的发展与六度分离理论有着密不可分的关系。六度分离理论告诉我们每一个人要充分相信和利用自己的人脉。因为，只需要小小的几步，它可以让你认识这个地球的每一个人。

在 Web2.0 的环境背景下，科学交流的途径和模式发生了重大的变化。学术成果的传播受到 Web2.0 技术下的社交媒体平台的影响，传播效率、传播内容、传播途径都发生了很大的变化，进而使得学术影响力的发生时间、影响范围都有了很大的变化，而 Altmetrics 为 Web2.0 技术背景下的在线科学交流所引发影响力的全面、综合评估提供了思路。

2. 长尾理论

长尾理论（long tail theory）这一概念是由《连线》杂志主编 Chris Anderson 在 2004 年 10 月的《长尾》一文中最早提出的，用来描述诸如亚马逊（Amazon）和网飞（Netflix）之类网站的商业和经济模式，具体如图 1-1 所示。在统计学中，“长尾”实际上是对幂律（power laws）和帕累托分布（Pareto distributions）特征的一个口语化表达，是对传统的“二八法则”的彻底叛逆②。关于长尾理论，其内容描述是这样的，只要产品的存储和流通的渠道足够大，需求不旺或销量不佳的产品所共同占据的市场份额可以和那些少数热销产品所占据的市场份额相匹敌甚至更大，即众多小市场汇聚成可产生与主流产品相匹敌的市场能量。

在 Web2.0 的时代背景下，长尾理论的应用主要表现在两个方面：①Web2.0 环境下的高效便捷服务。在 Web2.0 环境下，用户不用花任何费用就可以在博客、微博、Twitter 以及 Facebook 撰写并发表动态，可以免费快速地传

① 邓肯·J. 瓦茨. 小小世界[M]. 陈禹等译. 北京：中国人民大学出版社，2006: 24-25.

② 袁特. 基于 Web2.0 的企业标准共建系统[D]. 浙江大学硕士学位论文，2008.

播和分享自己所希望传播的内容，使得依托于 Web2.0 技术平台的在线科学交流活动呈现出低成本、高效率的特征，从而使科研工作者利用社交媒体平台进行学术资源分享传播的倾向性增强，由此为 Altmetrics 的产生创造了条件。②Web2.0 环境下的个性化定制和推荐服务。在 Web2.0 的应用平台上，用户可以随时搜索自己感兴趣的内容，从而可以实时获取自身所需的重要信息，这些个人所需的信息和知识就是处于长尾中的小众商品。Web2.0 的应用平台还利用 RSS 技术，根据用户搜索的历史，个性化推荐用户所需的信息和知识，从而满足用户的需求[①]。在科学交流中，Web2.0 环境下的个性化定制和推荐服务可以让专家学者快速、免费地获取自身所需要的学术文献资源，从而降低了科学研究工作的时间和经济成本，提高了工作效率。

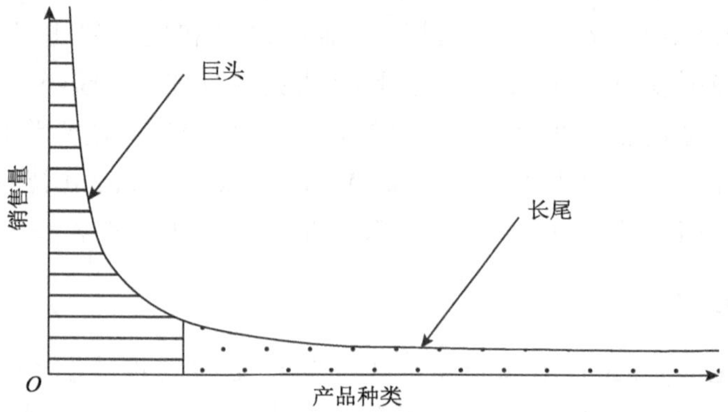

图 1-1　长尾理论图

3. 自组织理论

自组织理论（self-organization theory），是 20 世纪 60 年代在物理学领域的协同论研究与化学领域的耗散结构的基础上发展而来的。它的研究内容是探讨在一定条件前提下，一个系统如何自动、无序地成为有序过程，而且是从低级有序走向高级有序。Web2.0 作为互联网模式创新的代表，它与 Web1.0 最大的区别就是它具有自组织性质。Web2.0 应用平台上科学博客网络交流社区的形成[②]，Wikipedia 中词条的协同合作、组织

① 黄孝章，张志林，刘双双．长尾理论促进新媒体经济增长方式的转变[J]．集团经济研究，2007，(12)：283-284.

② 王京山．自组织的网络传播[M]．北京：中国轻工业出版社，2011：15-18.

编辑[①②]，以及社会化标签系统中对于相关内容的标签标注、分类识别[③]都是其自组织功能最好的体现[④]。

在 Web2.0 的应用平台上，自组织通常有三种表现形式，即关联自组织、信息自组织以及关系自组织。所谓关联自组织，就是表示用户与内容信息之间的关系的自组织，这种关系是动态关系结构，主要是指生产、传播、交互、共享等活动；所谓信息自组织，所表现的是内容信息之间的关系，具体的表现形式通常为超链接；所谓关系自组织，所表现的是 Web2.0 用户之间的关系，具体的表现形式通常为“好友”关系、“follow”与“被 follow”关系、“共链”关系以及虚拟的“社会关系”等[⑤]。

1.1.3 Web2.0 的特点

Web2.0 作为互联网发展进步的一种新形式，具有很多 Web1.0 无法比拟的优势和特点，具体来说主要有互动性、个性化、开放性、资源共享、集体智慧等[⑥⑦]。其中互动性是 Web2.0 的核心，是其基本思想的体现，也是 Altmetrics 进行影响力测度时需要考虑的一个很重要的方面。在 Web2.0 的应用平台上，科研工作者进行在线科学交流时，他们之间可以就分享发布的学术成果资源进行即时的讨论、评论，完全不受时空的限制。个性化是指 Web2.0 满足用户的意愿，用户可以自主地撰写博客、微博等内容，发布自己的信息，同时也可以通过个性化定制和推荐，快速地筛选和获取自身所需的信息资源。开放性是指 Web2.0 发布和获取信息资源的低成本、低门槛。只要能够使用网络，Web2.0 对任何人都是平等开放的，完全不受年龄、性别、学历、专业背景、知识结构的限制，这就是 Web2.0 可以实现资源共享的原因所在。资源共享是指基于网络的资源分享，众多的网络爱好者不求利益，把自己收集的内容通过一些平台共享给大家。集体智慧的主要表现是协同合作、共同编辑，这在 Wikipedia 以及百度百科中都有着很好的体现。

---

① 周庆山，王京山．维基百科信息自组织模式探析[J]．情报资料工作，2007，(2)：29-32.

② 都蓝．知识组织在 Wiki 中的应用探析[J]．图书馆学研究，2008，(5)：38-41.

③ 鲁晓明．Web2.0 中社会性标签系统的复杂网络特性研究[J]．现代情报，2007，(12)：64-66.

④ 姜永常．基于用户体验的知识构建——Web2.0 环境下对知识构建原理的再认识[J]．情报学报，2010，29(5)：872-879.

⑤ 李鹏．Web2.0 环境中用户生成内容的自组织[J]．图书情报工作，2012，(16)：119-126.

⑥ 侯丽．Web2.0 的特性及对信息服务的创新性思考[J]．图书馆建设，2008，(1)：66-69.

⑦ 徐茜．Web2.0 技术在高校图书馆信息服务中的应用构想[J]．科技广场，2008，(3)：167-168.

1.2 在线科学交流理论

在线科学交流是指科学交流在 Web2.0 的环境背景下呈现了网络化的特征，是 Altmetrics 诞生的载体基础。在线科学交流是科学交流的在线化，要想弄清楚在线科学交流，首先要对科学交流有一个清晰明确的认识。

1.2.1 科学交流

科学交流在科学研究中是必不可少的组成部分，它属于科学学的范畴，主要研究科学交流与知识结构、科学交流模型和方法，最终实现知识交流的目的。针对其含义，国内外不少学者和机构都从自身角度对其进行了探讨和说明。1978 年 3 月，在全国科学大会上，九三学社委员周培源曾经做出相关讲话。他指出，学术交流是一种表现形式，它是科研工作中个人能力与群体智慧的结晶。在科学交流过程中，科学家们通过互动交流、争辩讨论进行思想火花的碰撞，互相促进、取长补短、共同进步，从而有可能产生新的科学理论、创造出新的研究方法①。陈雅和郑建明也对科学交流提出了自己的见解，他们认为科学交流的研究对象是科学情报，这里的科学情报是一个宏观的概念，包含着情报、知识、信息。而科学交流的过程就是对科学情报、科学知识以及科学信息的生产、加工、传播、获取及利用的全过程②。李国红将科学交流看成是一个系统过程，在这个系统中，参与者包括知识的需求者、知识的创造者、知识的使用者，以及科学文献系统③。徐佳宁认为科学交流是一个过程，这个过程包含了从科学信息知识的发布者到用户之间的各个工作环节流程④。科学交流在国外被翻译成很多说法，如 scholarly communication、scientific communication 等，因此关于其定义，国外的学者也是众说纷纭。美国大学与研究图书馆协会（Association of College & Research Libraries，ACRL）曾经就其定义进行了说明。它认为科学交流是一个系

① 叶兴华. 基于互联网的科学交流方式研究[D]. 华东师范大学硕士学位论文, 2010.
② 陈雅, 郑建明. 基于科学交流的网络文献交流模式分析[J]. 情报科学, 2005,（10）: 1516-1520.
③ 李国红. 基于 Web 的科学交流模式[J]. 情报科学, 2004, 22(7): 804-806, 811.
④ 徐佳宁. 基于 Web2.0 的非正式科学交流过程及其特点[J]. 情报科学, 2008, 26(1): 53-59.

统的过程，通过这一系统过程，可以创造和生成学术成果和研究结论，这些成果和结论的质量将被评估，并传播、扩散、长期保存以备未来之需①。在科学交流定义中使用最广泛，最被人乐意接受的是米哈依诺夫等给出的，他们认为在人类社会中，科学情报的提供、传播、获取的各个过程和环节，是科学得以生存和发展的机制和保障②。科学交流的本质是知识交流③。

科学交流形式有很多，根据不同的划分标准，可以有不同的类型。根据交流的载体是否为科学文献可以将科学交流分为正式和非正式的科学交流；根据知识流动的多寡可以将科学交流分为单向性、双向性、多向性的科学交流；根据交流的载体介质的不同可以将科学交流分为在线交流和非在线交流。

1.2.2 在线科学交流

随着社交媒体技术的发展和成熟，以及开放存取运动的不断深化，科学交流呈现出网络化的特征，在线科学交流由此而生。在线科学交流的出现对于传统科学交流而言是一次冲击和变革，从而引发了国内外学者的关注和热烈讨论。Rob Kling 和 Geoffrey McKim 提出了在当代科学实践活动中所发生的重大变革就是以网络平台为媒介展开科学交流④；Zhang Yin 也同意上述观点，他认为互联网给科学交流方式带来了巨大的影响，这些影响主要表现在学者们搜索学术资源、进行交流互动以及发布和研究学术成果的方式发生了巨大改变，从而为学术成果的使用、评估以及信息系统的现有理论带来了挑战⑤；Walsh 等从自然科学和社会科学领域选择了四个学科作为研究对象，针对电子邮件在科学交流中的使用率和贡献度情况进行了详细的调查，结果发现电子邮件的适用范围非常广泛，已经渗入各个学

---

① Scholarly Communication Toolkit: Scholarly Communication Overview [EB/OL]. http://acrl.libguides.com/scholcomm/toolkit/ [2019-03-23].

② 米哈依诺夫，乔尔内，吉里列夫斯基. 科学交流与情报学[M]. 徐新民等译. 北京：科学技术文献出版社，1980: 76.

③ 邹志仁. 情报学基础[M]. 南京：南京大学出版社，1987: 99-101.

④ Kling R, McKim G. Not just a matter of time: field differences and the shaping of electronic media in supporting scientific communication [J]. Journal of the American Society for Information Science, 2000, 51(14): 1306-1320.

⑤ Zhang Y. Scholarly use of internet-based electronic resources [J]. Journal of the American Society for Information Science and Technology, 2001, 52(8): 628-654.

科[①]。国内的学者在在线科学交流的研究领域表现也比较活跃。吴正荆等从在线科学交流的学科差异性以及政策两个视角对在线科学交流进行了详细分析和论述[②]；方卿认为以纸质载体为主的传统科学交流着重于学术成果的价值认可，以网络平台为基础的在线科学交流在学术成果的通报方面有着更亮眼的表现，随着科学技术的发展在线科学交流将最终占据主流地位[③]；同时方卿还以载体整合为研究视角对在线科学交流进行研究，提出在线科学交流的研究重点应该是构建兼容模式的交流载体，并创新性地提出了学术成果的三阶段模式——发布、传递以及利用模式[④]。此外，还有学者针对在线科学交流的优势进行了分析和论述，研究表明在线科学交流的覆盖面更广泛、传播成本低但是速度十分快捷。在学术评价方面，在线科学交流中的点击、阅读、下载、引用等指标可以对学术成果的影响力进行快速、准确的评价，这样对于学术监督工作的开展更加有利[⑤]。

与科学交流相比，在线科学交流又呈现出新的特征和表现形式，为了便于读者理解，笔者将传统科学交流与在线科学交流的特点进行了对比，具体如表 1-1 所示。

表 1-1　在线科学交流与传统科学交流的比较

比较项目	在线科学交流	传统科学交流
交流周期	非常短，可以进行实时的交流和互动	受交流平台、时空的限制
交流平台	社交媒体平台、开放存取平台、网络出版平台	一般依赖纸质的学术期刊
交流模式	正式交流与非正式交流的界限模糊	正式交流与非正式交流泾渭分明
参与者	不仅仅局限于科研工作者，公众的参与度增加	仅为科研工作人员、专家学者
交流内容	不仅仅是学术论文、学术著作，还包括支撑数据、实验过程、算法代码、学术视频、会议 PPT 等	正式发表的学术成果，如学术论文、学术著作、学术报告

① Walsh J P, Kucker S, Maloney N G, et al. Connecting minds: computer mediated communication and scientific work [J]. Journal of the American Society for Information Science, 2000, 51(14): 1295-1300.

② 吴正荆，孙成江，靖继鹏. 学术信息交流的变化——网络信息交流[J]. 图书情报工作，2003, (3): 32-35.

③ 方卿. 基于载体的科学信息发布模型初探[J]. 情报杂志，2001, 20(11): 18-20.

④ 方卿. 论网络环境下科学信息交流载体的整合[J]. 情报学报，2001, 20(3): 290-294.

⑤ 王凌峰，陈松青. 基于在线数据库的论文自组织评价机制[J]. 科技管理研究，2006, (3): 155-158.

从表 1-1 中可以发现，与传统的科学交流相比，在线科学交流有着无与伦比的优势，具体主要表现在：①学术成果的即时发布；②学术著作和论文的快速获取；③科学交流效率的提高；④科学影响力的扩大化。

1.3　网络计量学理论

1.3.1　网络计量学概念

网络计量学，其英文术语为 Webometrics 或者 Cybermetrics，它的产生与网络的发展和网络信息资源的激增有着密切的关系，它是计量学领域的一个重要分支。针对其概念，学界一直都存在着各种各样的解释，其中最早的是网络计量学英文术语的提出者丹麦学者 Tomas Almind 和 Peter Ingwersen，他们认为网络计量学实质上可以看成是信息计量学的方法在万维网上的使用（the application of informetrics methods to the World Wide Web）[①]。随后，很多学者都对其概念展开了研究和探讨，其中比较有代表性的学者有李长忠[②③]、赵启民[④]、夏旭等[⑤]。目前，应用比较广泛，较为准确、全面的概念是由著名的计量学家邱均平教授提出的。邱教授指出，网络计量学是综合采用文献计量、信息计量、统计学方法，以及计算机技术和网络技术等对网络信息规律进行计量分析的一门科学。从网络计量学的研究对象、方法、内容和目标等方面来看，网络计量学是采用数学、统计学等定量分析方法，对网上信息的组织、存储、分布、传递、相互引证和开发利用等进行定量描述和统计分析，以便揭示其数量特征和内在规律的一门新兴分支学科[⑥]。

---

① Almind T, Ingwersen P. Informetric analyses on the World Wide Web: methodological approaches to “webometrics” [J]. Journal of Documentation, 1997, 53 (4) : 404-426.

② 李长忠. 网络计量学理论与实证研究[J]. 图书情报工作, 2001, (10): 21-23.

③ 李长忠, 李东洋, 齐源. 网络计量学的研究对象与方法[J]. 情报科学, 2002, (1): 66-67, 73.

④ 赵启民. 网络计量学研究的构建和发展方向[J]. 吉林师范大学学报(自然科学版), 2003, (2): 52-54.

⑤ 夏旭, 李健康, 葛驰. 网络计量学研究: 现状、问题与发展[J]. 图书馆论坛, 2001, 21(6): 44-47.

⑥ 邱均平. 信息计量学(一)　第一讲　信息计量学的兴起和发展[J]. 情报理论与实践, 2000, (1): 75-80.

1.3.2 网络计量学研究对象

网络计量学的研究对象简单来说就是网络信息。但是针对网络信息的描述，可以从三个层面展开：第一个层面的网络信息指的是以“比特”形态存在的网络基本信息单元；第二个层面的网络信息指的是网上文献及其特征的信息；第三个层面的网络信息指的是关于网络结构单元的信息。在第一个层面上，主要是对网络上的信息量和信息流量进行分析，从而可以掌握公众所掌握的各类信息的数量特征和内在规律。第二个层面上，主要是对网络上文献资源及其特征信息进行计量分析，从而可以揭示学科的产生、发展、渗透，总结网络文献资源的潜在规律①。第三个层面上，主要是对网络的拓扑结构进行计量分析，目的是分析网络节点之间的联系程度和集中度、推论出网站群落、确认出权威网页、萃取出主题知识；通过对网络上大量、复杂但具结构化的网络节点进行网络结构的布局分析，可以合理配置资源，改进搜寻引擎的算法等。

从网络计量学研究对象的三个层面的描述来说，网络计量学涉及的范围很广，内容非常丰富。但是具体来说，其研究的重点内容主要包括以下五个方面：①网络媒体信息本身的计量分析；②网络站点结构的计量分析；③网上文献信息的计量分析；④网页影响因子分析；⑤网络数据库中的知识发现分析。

网络计量学通过网络信息进行计量分析后，可以为网上信息的有序化组织和合理分布、网上信息资源的优化配置和有效利用、网络管理的规范化和科学化提供必要的定量依据，从而改善网络的组织管理和信息管理，促进其经济效益和社会效益的发挥；有助于网络资源的开发利用；有助于研究网络环境下的科学信息交流和传播，分析和掌握学科发展状况，探讨学科发展趋势；有助于提高网络信息检索的效率；有助于对某一问题的发展趋势进行预测，从而提供相关决策服务。总的来说，网络计量学的产生和发展不仅扩展了信息计量学的研究范围，而且对网络的发展和利用起着至关重要的作用。

1.3.3 网络计量学研究方法

众所周知，网络计量学以网络计量工具为手段，以文献计量方法为基

---

① 黄晓斌．网络文献的知识发现研究[D]．武汉大学博士学位论文，2002.

础，以网页分析和引文分析为重点，探讨网络发展的一般规律。作为一门综合交叉学科，网络计量学具有如下的特点：计量方便、统计全面、结果准确、学科新颖、方法精致以及应用广泛。网络计量学的研究方法在保障其实现这些特点时功不可没。在网络计量学领域，比较经典且常用的研究方法主要包含以下三种。

（1）网络链接分析法。网络链接分析法是一种以网络链接为研究对象，根据引文分析法的基本原理和方法，对网络链接的分布规律和网络信息单元之间的链接规律进行分析研究的方法[①]。

（2）网络数据挖掘。通过前面对网络计量学研究对象的分析可知，网络数据可以从三个层次进行解读，根据这三个层次的网络数据类型，也可以把网络数据挖掘分为网络内容挖掘[②]（web content mining）、网络结构挖掘[③]（web structure mining）、网络使用记录挖掘[④]（web usage mining）三个大类。

（3）网络内容分析法（network content analysis）。网络内容分析法[⑤]，也称为“基于网络的内容分析法”（web-based content analysis），有两层含义：一是对网络信息进行内容分析；二是基于网络技术和网络环境来研究内容分析法。网络内容分析法具有传统内容分析法的基本特征，但又不是内容分析法应用范围的简单扩大。它缩小了定性分析和定量分析的差距，提高了内容分析的效率，扩展了内容分析的层次。

1.4 网络传播学理论

互联网技术的革新和迅猛发展，使信息传播领域发生了一次翻天覆地的大革命，从而进入了网络传播时代。网络传播的产生和发展，打破了人们对传统传播学固有的概念，它拓展了信息传播的深度和广度，对人类社

① 段宇峰. 网络链接分析与网站评价研究[D]. 武汉大学博士学位论文, 2004.

② 王继成, 潘金贵, 张福炎. Web 文本挖掘技术研究[J]. 计算机研究与发展, 2000, 37(5): 513-520.

③ 陈晓平, 许卓明. 一种基于超级链接结构的 WWW 模糊聚类算法[J]. 常州技术师范学院学报, 2002, (6): 47-52.

④ 宋擒豹, 沈钧毅. Web 日志的高效多能挖掘算法[J]. 计算机研究与发展, 2001, (3): 328-333.

⑤ 罗金增. 内容分析法与图书馆学[J]. 情报杂志, 2003, 22(4): 51-53.

会的政治、经济以及普通大众的生活和思维方式都产生了难以估量的影响。

1.4.1 网络传播学概述

网络传播学是传播学学科的一个研究分支，可以视作是在传播学基础上发展而来的一个子学科，因此为了更准确地理解和把握网络传播学的含义，首先要理解传播学的概念。我国学者郭庆光曾经在其出版的学术著作《传播学教程》中提出，传播表现在两个方面：传播是社会信息的传递以及相关社会信息系统的运行；传播学就是研究社会信息系统的特征及其运行规律的相关学科[①]。那么网络传播就是在社会的生产和生活中，相关的信息、知识、资源通过互联网平台和技术进行传播的活动。在网络传播的知识、信息以及资源，必须通过数字化的形式进行生产、发布，并通过相关的互联网平台以及超文本链接技术促使人们进行分享、互动、评论、交流，从而达到相关文化、知识、资源传播的目的。与传统的传播学相比，网络传播的受众范围巨大，此外其依托的互联网技术导致其传播速度非常快。根据网络传播的定义，我们可以发现其三个基本特点，即交互性、全球性、超文本链接方式[②]。网络传播学的研究对象简单而言就是人类依托于互联网基础的传播活动，具体来说主要包括传播行为的发生、传播过程、传播机制以及发展规律等。网络传播的出现，极大地改变了人类信息知识的生产、传播以及获取，对人类生活的信息交流活动以及流通传播活动产生了深远的影响。

1.4.2 创新扩散理论

创新扩散理论是传播学中非常经典的理论，这个理论在以互联网为基础的网络传播学中仍然适用。创新扩散，其英文名称是 the diffusion of innovation，其代表人物是在美国新闻与传播学领域享有很高声誉的罗杰斯（Everett M. Rogers）教授。他曾经在自己的著作 *Diffusion of Innovation* 中对创新扩散理论进行了详细的论述和探讨。罗杰斯认为创新扩散理论主要是

① 郭庆光. 传播学教程[M]. 北京：中国人民大学出版社，2011：2-4.

② 匡文波. 论网络传播学[J]. 国际新闻界，2001，(2)：46-51.

研究新颖的观念、实践或者事物在社会系统中传播扩散的过程①。一般而言，创新扩散的过程可以分为五个阶段，分别是：①获知（knowledge）——接触创新并略知其如何动作；②说服（persuasion）——有关创新的态度形成；③决定（decision）——确定采用或拒绝一项创新活动；④实施（implementation）——投入创新运用；⑤确认（confirmation）——强化或撤回关于创新的决定。在创新扩散的过程中，其参与对象也包含五个方面，分别是创新者（innovator)、早期采用者（early adopters）、早期众多跟进者（early majority）、后期众多跟进者（late majority）、滞后者（laggards）。所谓创新者，一般是热衷于尝试新观念，具有见多识广的社会关系；所谓早期采用者，就是地位受人尊敬，通常是社会系统内部最高层次的意见领袖；所谓早期众多跟进者，就是深思熟虑，经常与同事沟通，但很少居于意见领袖地位的参与者；所谓后期众多跟进者，就是疑虑较多的参与者，而这些疑虑通常是出于经济必要或社会关系的压力；所谓滞后者，是指往往因循守旧，局限于地方观念，消息来源比较闭塞的社会参与者，他们的参考依据、借鉴资料往往是根据以往的经验去判断。

在当今的社会背景下，创新已经成为社会发展的推动力和主旋律。在 Web2.0 的时代背景下，在线科学交流可以加速知识创新，促进知识经济的发展，推动国家创新体系的建设。而对于在线科学交流过程中知识、信息、资源的传播、利用质量进行有效的测度和评估也是知识创新过程中非常重要的环节，而这恰恰是 Altmetrics 的使命和职能之所在。因此，创新扩散理论和方法的指导和应用，必将推动 Altmetrics 以及在线科学交流的发展和进步。

1.5　数据科学理论

随着计算机技术和网络技术的发展，数据与人们生产生活的联系愈来愈紧密。人类工作和生活的轨迹以及社会发展的进程都可以用数据形式进行记录和存储。在当今的时代背景下，数据可以快速且大量生产并且保存在计算机系统中，这种现象被称为 data explosion，即数据爆炸②。数据爆

① 埃弗雷特·M. 罗杰斯. 创新的扩散[M]. 4 版. 辛欣译. 北京：中央编译出版社，2002: 132-133.

② 朱扬勇，熊赟. 数据学[M]. 上海：复旦大学出版社，2009: 4-5.

炸的主要表现形式有：①数据量的庞大、高维、多源以及多态；②数据获取的动态；③数据内容的噪声；④数据关系的异构与异质。数据爆炸的这四种表现形式使得传统方法难以满足其需求，对相应的原始数据进行直接的处理和分析，其后果就是大量的原始数据被掩盖在浩瀚的“数据海洋”中，而这其中不乏能够提供有价值信息的数据。由此可见，数据爆炸对海量数据的分析与处理提出了更高的要求，而这一要求推动了大数据时代科学学领域中数据科学的兴起。数据科学一词最早出现在1968年国际信息处理联合会发布的一份关于数据科学的报告上；2002年，《数据科学》期刊成功创办。但是其真正的兴起是大数据的推动①。至此学界对数据科学达成了共识，即它是关于数据的特定科学研究的新学科。

1.5.1 数据科学定义

与其他的信息科学学科一样，数据科学尚处于发展阶段，学术界对于“数据科学”的定义一直都有着各种各样的解释，目前仍然没有一个被学界广泛认可的定义。

朱扬勇与熊赟从数据学与数据科学的对比角度去解释数据科学的定义。虽然两者只有一字之差，但是其研究对象与研究目的有着很大的区别。就数据学而言，其研究对象是数据自然界中的数据本身，其目的是揭示数据本身的类型、状态、属性，以及相应的变化形式和变化规律；而数据科学是对数据在特定环境下所表现的含义信息进行研究，它是一种科学研究的数据方法，其目的是揭示自然界以及人类行为的各种现象以及所表现出来的规律。

而鄂维南②认为，数据科学是一门新兴学科，对于其定义的理解和把握要依赖两个层面的因素，分别是数据的广泛性和多样性、数据研究的共性。数据的广泛性是指数据充斥在社会生活的方方面面、各行各业；数据的多样性是指数据的形式不仅有结构化的，还存在着如图像、语音、视频等非结构化的数据；数据研究的共性是指不同学科不同领域对于不同主题研究其数据研究思想往往存在共通之处。简单而言，数据科学的研究内容主要包含两个层面，它们分别是用数据的方法来研究科学和用科学的方法

① 汪小帆. 数据科学与社会网络：大数据，小世界[J]. 科学与社会，2014, 4(1): 27-35.

② 鄂维南. 中科院院士鄂维南：数据科学的基本内容[EB/OL]. http://www.sohu.com/a/131167937_465944 [2019-04-23].

来研究数据。前者适用于生物信息学、天体信息学、数字地球等学科领域，后者则适用于数据挖掘、统计学等领域。两个层面相互联系，有机统一，形成了整个数据科学的全貌。

此外，魏瑾瑞和蒋萍等为了更全面地理解数据科学的定义和内涵，从理论、技术以及商业应用三个维度对其进行了探讨。从理论的角度出发，数据科学是在统计学、数据密集型计算、应用数学、数据挖掘①②等数据处理和分析方法中发展而来的，它的出现推动了量化分析的浪潮；从技术的角度来说，数据科学以技术为辅助工具，通过“阅读”以及“理解”数据，形成基于“数据”的决策；从商业应用的角度而言，数据科学被定义为一个过程，这一过程将数据转换为商业信息从而创造出价值③。

陈为等从数据科学的研究对象、研究手段、研究结果和研究目的四个方面对数据科学的定义进行解读。他认为数据科学以数据为研究对象，研究手段囊括了电子科学、数据分析、语义网络、数据挖掘与可视化以及数据组织管理等，通过挖掘有价值信息，提高数据利用质量，从而达到揭示原理、验证假设、提供探索服务等目的。数据科学涉及和涵盖的学科内容十分广泛，具体包括统计学、计算机科学、图书馆学、信息管理学、人机交互以及可视化等，因此它可以被称作一门新兴的综合交叉学科。数据科学通过改变个人以及团体协作的工作模式，提高商业以及科学研究中数据分析处理的能力，为数据分析师以及科学家解决目前无法处理的数据问题提供解决方案和思路④。

从上述各个学者对数据科学的定义的讨论中，笔者发现数据科学具体包含如下几个方面的内容：①产生背景——大数据时代对于海量数据的分析处理需求；②学科性质——综合性交叉学科；③研究内容——用数据的方法研究科学和用科学的方法研究数据；④研究对象——数据；⑤研究手段——计算机科学、统计学、专业知识、交互可视化；⑥研究结果——提取有价值信息，提高数据利用质量；⑦研究目的——揭示原理、验证假设、服务科学。

---

① 郑京平，王全众．官方统计应如何面对 Big Data 的挑战[J]．统计研究，2012，29(12)：3-7.

② 王珊，王会举，覃雄派，等．架构大数据：挑战、现状与展望[J]．计算机学报，2011，(10)：1741-1752.

③ 魏瑾瑞，蒋萍．数据科学的统计学内涵[J]．统计研究，2014，31(5)：3-9.

④ 陈为，沈则潜，陶煜波．数据可视化[M]．北京：电子工业出版社，2013：23-24.

1.5.2 数据科学研究内容

针对数据科学的研究内容，国内外的学者都从自己的视角对其进行了研究和探讨。朱扬勇和熊赟认为：数据科学首先需要研究的是探索数据自然界的基础理论，即研究观察数据的方法和研究数据推理的理论和方法。此外，数据学还有以下研究主题：数据分类研究；数据集的结构研究；从数据自然界中获取有用的数据；用实验和逻辑推理方法探索数据自然界规律；数据资源的开发利用①。Mike Loukides 认为，数据科学家有三个重要技能：计算机能力（数据的获取和整理）、数学和统计学能力（数据挖掘）和图形可视化（数据的提炼和展现）。数据科学家的工作自然定义了数据科学，他们的工作涵盖了从数据收集到数据整理，应用统计学和机器学习等相关技术，对数据进行解释、沟通和可视化。Tony Hey 等从宏观的角度罗列了数据科学的一些基本主题：数据和信息的历史；数据、信息、知识概念和最新进展；数据与信息科学的学术基础；信息学简介；科学的数据生命周期；数据获取、保存和保护；数据集成；元数据；数据模型和架构；数据工具、基于数据的服务范式；数据网、网页上的数据、深层网；数据工作流管理；数据可视化；数据发现；数据和信息管理。同时从应用角度出发，提出了当今适合使用数据科学的研究领域，包括地球科学、生物、天文、环境与气候、化学、物理、航空、环境工程、数据图书馆和科学出版、商业、社会学、经济等②。IBM 公司从业务流程的角度对数据科学研究内容进行了探讨。它认为数据科学的源头是数据获取，数据可能是开放数据或来自内部业务流程的数据（比如网站统计数据）；接下来是提炼，即将数据化简为能回答具体问题的有用信息的创造性过程，通常，问题定义了提取信息的方法；在收集和提炼步骤中还包含其他重要的步骤，比如数据清理（或预处理）和数据可视化。武汉大学的陈必坤博士从数据科学的分析流程出发，对数据科学的研究内容进行了概述。他认为数据科学的研究内容可以分为以下几个方面：①数据整理。主要是对相关的原始数据进行获取、清洗、格式转换，使之成为可用数据。目前常用的方法有脚本语言（例如 Perl 和 Python）、非关系数据库（如谷歌的 BigTable 和亚马逊的 Dynamo）、大规模数据集计算（MapReduce）。②数据分析和挖掘。主要

---

① 朱扬勇，熊赟. 数据学[M]. 上海：复旦大学出版社，2009: 9-14.

② Hey T, Tansley S, Tolle K. 第四范式：数据密集型科学发现[M]. 潘教峰，张晓林，等译. 北京：科学出版社，2012: 109-111.

通过机器学习挖掘有价值的信息，提高数据利用质量；此外还需要一些具有统计功能的软件包对数据进行假设检验，从而确保数据结论的有效性。③数据可视化——数据科学的核心要素之一。海量的数据通过可视化方法变成形象、生动的图形，有助于人类对数据中的属性、关系进行深入探究，利用人类智慧来挖掘数据中蕴含的信息，从表面杂乱无章的海量数据中探究隐藏的规律，为科学发现、工程开发、医学诊疗和商业决策等提供依据。数据可视化的落脚点是数据的提炼和展现①。

1.6 小　　结

本章作为本研究的理论基础，主要对与本研究有密切关联的 Web2.0 理论、在线科学交流理论、网络计量学理论、网络传播学理论以及数据科学理论等基础理论进行系统的介绍和探讨。Altmetrics 作为计量学领域的一个分支和重要研究方向，其产生和发展都与这些理论息息相关。因为 Altmetrics 与网络计量学都是在互联网的技术环境背景下产生的，两者的关系更为密切，所以本章首先对 Web2.0 的含义、重要理论以及特点进行辨析和阐述，从而为更好地理解 Altmetrics 的内涵奠定基础。其次，本章对在线科学交流理论进行了阐述。Altmetrics 的研究对象是在线科学交流过程中学术成果的传播所产生的影响力，通过对科学交流和在线科学交流的相关理论以及它们之间的对比进行剖析，可以更清楚地认识 Altmetrics 的本质以及其与传统计量学的区别，通过对网络传播理论、过程、对象进行论述，可以为 Altmetrics 相关指标的设定提供依据。再次，本章对网络计量学的概念定义、研究对象以及研究方法进行阐述，然后对网络传播学理论进行阐述。最后，本章对数据科学理论进行了阐述。Altmetrics 的运行基础是在线科学交流产生的开放数据，规范化、系统化、高质量的数据可以促进 Altmetrics 的发展，因此数据科学的理论也是 Altmetrics 研究中重要的理论基础，具体主要从数据科学的定义、研究内容两个方面展开详细的论述。

① 陈必坤. 学科知识可视化分析研究[D]. 武汉大学博士学位论文, 2014.

第 2 章　Altmetrics 的基本问题

我国著名的计量学家邱均平教授曾经说过："评价是为管理服务的，没有评价就没有管理，没有科学的评价就没有科学的管理，评价才能弄清情况，才能为决策提供依据。"[①]对学术成果进行及时、恰当的评估是进行科学评价、获得科学发展的前提。随着 Web2.0 技术的发展，科学交流的环境发生了巨大的变化。具体主要表现在两个方面：①越来越多的科研工作者倾向于利用社交网络工具去开展学术研究和科学交流；②传播的学术成果也呈现出多样化的趋势，不仅包括学术论文，还包含学术视频、学术博客、程序片段、开放数据等。为了获得科学的发展，一种提供新兴测度方法和多元化指标的方法——Altmetrics 应运而生了。Altmetrics 作为一个新兴概念，同时又具有学科交叉的属性，要想拥有强覆盖性、高系统性以及严密性的理论，难度无疑很大。从目前的研究来看，Altmetrics 的研究存在着学科界限模糊，概念术语混乱，理论体系不清晰等问题，这些都会成为 Altmetrics 发展壮大的极大阻力。本章试图去解决这些问题，对"什么是 Altmetrics"给出一个清晰的答案。为此，本书将追本溯源，追随着 Altmetrics 产生和发展的脚步，探究 Altmetrics 的内涵与特点、指标等内容，对 Altmetrics 基本问题进行详细的探讨，从而能够更好地指导实践活动。

2.1　Altmetrics 的产生与发展

众所周知，Altmetrics 的产生有着深刻的学术背景和社会背景。总结

---

① 张其瑶. 没有科学评价就没有科学管理——访中国科学评价研究中心主任、武汉大学教授邱均平[J]. 评价与管理, 2004, (4): 62-63.

起来，主要有两个方面：一是传统计量评价的局限性，二是学术交流体系的转变驱动。目光敏锐的学者在洞悉了文献计量学无法弥补的缺陷，觉察到在线科研潮流可能带来的变革后，开始从各种途径来构建新的科学交流体系，并在此基础上提出传统计量指标的许多补充性方案①。这些科学思想和研究活动如星星之火，很快得到了国际学术界的响应，从而掀起了 Altmetrics 的研究热潮，得到了社会各界的广泛关注。

2.1.1　Altmetrics 的发展阶段

纵观 Altmetrics 的产生、发展以及演进的过程，发现 Altmetrics 大致可以分为三个阶段。

1. Altmetrics 的萌芽阶段（2010 年之前）

随着 Web2.0 技术的发展，科学交流体系发生了巨大的转变，这一转变推动了计量评价体系的发展。同时传统的计量评价方式有着无法弥补的缺陷，这些都为 Altmetrics 的出现创造了条件，推动了 Altmetrics 的产生。在这一初始时期，Altmetrics 的研究分散性强，研究主题数量少且规模小，大多是一些基础性的探索性研究。尽管如此，这些研究却拉开了 Altmetrics 研究的序幕，具有重要的开创意义。具体而言，在 Altmetrics 萌芽时期出现的代表性的研究者和作品如下所示。

（1）美国梅隆基金会支持的 MESUR 项目②。MESUR 与 measure 同音，是由 metrics from scholarly usage of resources 缩略而成的。2006 年，这个项目由美国梅隆基金会赞助支持，年限为两年。这个项目的执行人是来自洛斯阿拉莫斯国家实验室（Los Alamos National Laboratory，LANL）的数字图书馆研究及原型分析团队（digital library research and prototyping team）。这个项目的研究对象主要是使用数据（usage data），项目的实施过程主要包括四个步骤：构建学术交流模型；创建和收集相关的参考数据集；研究分析以数据集为基础的语义网络的结构和特性，从而能够深入理解学术交流的过程；定义各种基于使用数据的指标去评价多种学术交流载体（如文章、期刊、会议文献等）。

① 邱均平，余厚强．替代计量学的提出过程与研究进展[J]．图书情报工作，2013，57(19)：5-12.

② Bollen J, Rodriguez M, van de Sompel H, et al. MESUR: Usage-Based Metrics of Scholarly Impact [C]. Proceedings of the 7th ACM/IEEE-CS Joint Conference on Digital Libraries. ACM, 2007: 474.

（2）Dario Taraborelli 与基于社会软件的分布式科学评价[①]。这一研究成果也是在Altmetrics发展的萌芽时期比较经典的文献。2008年，Altmetrics学者 Dario Taraborelli 做了一项研究，他发现互联网时代人们对以同行评议和影响因子为主的传统评价方式的争议越来越多，而第一代搜索引擎的不可靠性也为内容评估的科学性带来了难题。因此，他在分析了社会化标签系统在基于使用数据的科学评价中所作出的贡献后，提出了一种自上而下分布式的评估模型，即基于社会软件的分布式科学评价模型。他认为这种基于社会标签的分布式科学评价模型将解决传统评价模型在覆盖率、评价效率等方面的问题。

（3）Neylon 与论文层面计量（article-level metrics）[②]。2009 年，学者 Neylon 和 Wu 提出了一种新的科学评价方式，即论文层面计量。他们认为传统的计量评价方法时滞过长，且评价的过程缺乏客观性，而论文层面的计量评价弥补了这些缺陷。最后，他们从计量数据的来源和专家评论的激励机制两个视角论证了该方法的可行性。

从以上的分析和研究中发现，在萌芽时期，Altmetrics 已经引起了广大学者的广泛讨论和关注，学术观点也呈现出了“百花齐放”和“百家争鸣”的状态。各位学者都开始根据自己的理解和研究成果来对 Altmetrics 命名，因此造成了 Altmetrics 领域概念术语混乱的状态。这一问题极大地阻碍了 Altmetrics 的学科发展。但不可否认的是，相关的研究人员在 Altmetrics 领域做了大胆的尝试，取得了一定的成果，这些研究都为 Altmetrics 的诞生和后期发展奠定了基础。

2. Altmetrics 的奠定阶段（2010～2011 年）

在这一时期，Jason Priem 等人的研究工作和成果被认为是 Altmetrics 领域的里程碑和分水岭。在这一阶段比较有代表性的研究成果主要有以下几个方面。

（1）Priem 与 Altmetrics[③]。2010 年，著名学者 Jason Priem 首次在自

---

① Taraborelli D. Soft peer review: social software and distributed scientific evaluation [EB/OL]. http://citeseerx.ist.psu.edu/viewdoc/download;jsessionid=753FD63A1C02F7C798F92ABBD12879F4?doi=10.1.1.218.486&rep=rep1&type=pdf [2019-04-23].

② Neylon C, Wu S. Article level metrics and the evolution of scientific impact [J]. PLOS Biology, 2009, 7(11): e1000242.

③ Priem J, Taraborelli D, Groth P, et al. Altmetrics: a manifesto [EB/OL]. http://altmetrics.org/manifesto/ [2019-03-10].

己的 Twitter 中使用 Altmetrics 一词。这个术语一经提出，就受到了 Altmetrics 领域的学者的广泛热议和认可，最后成为该领域的专有名词。究其原因，笔者认为主要有以下两个方面：①虽然在萌芽阶段出现了很多 Altmetrics 的英文术语，但是均存在着认识的片面性以及内涵的局限性。而 Altmetrics 是 alternative metrics 的缩写，从字面的意思来看，是为了弥补传统计量评价的缺陷提出的计量方式，这一说法就弥补了其他英文术语的片面性和局限性。②Altmetrics 作为计量学领域的下位类学科，与文献计量学、科学计量学、信息计量学、网络计量学、知识计量学有着不可分割的联系。而 Altmetrics 的英文术语仿照了上述“五计学”英文术语的构词法，均以 metrics 为结尾，这充分体现了 Altmetrics 与“五计学”的关系和联系。同时，他还提出了 scientometrics 2.0①的概念，很好地说明了 Altmetrics 与“五计学”的紧密联系。

（2）Altmetrics 宣言（*Altmetrics: A Manifesto*）②。2010 年 10 月，Priem 联合 Dario Taraborelli 等学者发表 Altmetrics 宣言，正式提出了 Altmetrics 这一术语。在这一宣言中，这些学者很好地描述了 Altmetrics 的发展前景，这极大地鼓舞了长期从事 Altmetrics 工作的人员的研究热情。同时为了更好地对 Altmetrics 进行研究和讨论，这些学者还建立了专门的网站（Altmetrics.org），呼吁开展基于社会网络的整合在线活动数据和定量评估论文学术影响力的研究。

（3）首次 Altmetrics 学术研讨会的召开。Priem 的这些工作为支持 Altmetrics 研究的学者带来了光明和希望。他们迫切地要求聚集在一起，共商 Altmetrics 的发展大计。于是 2011 年在美国加利福尼亚大学圣迭戈分校召开了第一次 Altmetrics 的学术研讨会。这次研讨会的召开在 Altmetrics 发展过程中具有标志性的意义，主要呈现出以下特点：①多样化的主题——包括对新工具（著作、科学工作流以及文献管理工具）的讨论、对标注模式和论文格式的讨论以及如何引导人们使用新工具和方法；②多种身份的参与者——这次研讨会的与会者除了有参与 Altmetrics 的研究人员以及评价学家，还包括出版商、网站的开发者、媒体工作者。这些来自各行各业的与会者都从自己的角度阐述了对 Altmetrics 的质疑、担

① Priem J, Hemminger B M. Scientometrics 2.0: new metrics of scholarly impact on the social web [J]. First Monday, 2010, 15(7): 1-17.

② Priem J, Taraborelli D, Groth P, et al. Altmetrics: a manifesto [EB/OL]. http://altmetrics.org/manifesto/ [2019-03-10].

忧以及发展展望。

综上所述，在这一时期，Altmetrics 形成了统一的命名，而且引发了各个相关行业的工作者对其进行研究和热议，并形成了一种热潮，被称为 Altmetrics Movement。

3. Altmetrics 的全面发展和分化阶段（2011 年以后）

在这一时期，Altmetrics 已经由狭隘的理论探讨发展到更为广阔的全面研究，除了进一步完善基础理论研究外，还开始侧重工具以及指标的研究。在这一时期，比较具有代表性的研究成果有以下几个方面。

第一，多个 Altmetrics 学术会议和专题讨论会的频繁召开。第一次 Altmetrics 学术研讨会的顺利召开，极大地鼓舞了 Altmetrics 研究者的学术热情。从此，他们如虔诚的信徒一般，开始规划 Altmetrics 的研究路线，热烈讨论 Altmetrics 领域中理论、方法、应用方面的各个问题，于是以 Altmetrics 为主题的各种学术会议和专题讨论会如雨后春笋般不断涌现。具体内容如表 2-1 所示。

表 2-1　以 Altmetrics 为主题的学术会议和专题讨论会

时间	地点	会议名称
2011 年 3 月 22～25 日	法国巴黎	Mining the Digital Traces of Science (Workshop + data challenge)
2011 年 5 月 9～11 日	英国伦敦	Beyond Impact Workshop (OSI/Wellcome Trust)
2011 年 6 月 15 日	德国科布伦茨	Altmetrics11 workshop (ACM Web Science Conference 2011)
2011 年 9 月 2～3 日	英国伦敦	Science Online London 2011
2011 年 10 月 24～25 日	美国波士顿	Transforming Scholarly Communication
2012 年 1 月 19～21 日	美国北卡罗来纳	Science Online 2012
2012 年 6 月 15 日	美国旧金山	Disrupting Scientific Communication StartUpScience
2012 年 6 月 21 日	美国伊利诺伊州埃文斯顿	Altmetrics12 workshop (ACM Web Science Conference 2012)
2012 年 10 月 10～12 日	加拿大蒙特利尔	Occupy Impact
2012 年 11 月 1～3 日	美国旧金山	ALM Workshop and Hackathon #alm12
2012 年 12 月 4 日	英国伦敦	Future of Academic Impacts #LSEimpact
2013 年 2 月 15 日	美国波士顿	A New Social (Media) Contract for Science
2013 年 4 月 11～12 日	英国牛津	Rigour and Openness in 21st Century Science

续表

时间	地点	会议名称
2014 年 6 月 23 日	美国伯明顿	Altmetrics14 workshop (ACM Web Science Conference 2014)
2014 年 9 月 25～26 日	英国伦敦	The 1st Altmetrics Conference

第二，传统计量学对 Altmetrics 的认可。众所周知，国际科学计量学与信息计量学大会（International Conference on Scientometrics and Informetrics）是计量学领域比较有影响力的国际会议，截止到 2017 年 10 月已经举办了 17 届。这是一个全球性的会议，每两年举办一次，每一次都会吸引众多国际计量学家参与。Altmetrics 的发展和壮大引起了传统计量学家的关注和认可，他们将其纳入到计量学的研究领域，在 2013 年国际科学计量学与信息计量学学会（International Society of Scientometrics and Informetrics，ISSI）国际会议上对 Altmetrics 的研究进行了专门的探讨，并设立了 Altmetrics1、Altmetrics2 和 Usage Metrics 三个分会场来报告和讨论相关的研究成果。具体的内容如表 2-2 所示①。

表 2-2　2013 年 ISSI 国际会议 Altmetrics 专题分会场

序号	名称	主席	分会场内容及作者
1	Altmetrics1	Judit Bar-Ilan	Motivation for Hyperlink Creation Using Inter-Page Relationships (Patrick Kenekayoro, Kevan Buckley and Mike Thelwall) How Well Developed are Altmetrics? Cross-Disciplinary Analysis of the Presence of 'Alternative Metrics' in Scientific Publications (Zohreh Zahedi, Rodrigo Costas and Paul Wouters) Download vs. Citation vs. Readership Data：The Case of an Information Systems Journal (Christian Schlöegl, Juan Gorraiz, Christian Gumpenberger, Kris Jack and Peter Kraker) An Examination of the Possibilities that Altmetric Methods Offer in the Case of the Humanities (Björn Hammarfelt)
2	Altmetrics2	Johan Bollen	Assessing the Mendeley Readership of Social Sciences and Humanities Research (Ehsan Mohammadi and Mike Thelwall) Disciplinary Differences in Twitter Scholarly Communication (Kim Holmberg and Mike Thelwall) Coverage and Adoption of Altmetrics Sources in the Bibliometric Community (Stefanie Haustein, Isabella Peters, Judit Bar-Ilan, Jason Priem, Hadas Shema and Jens Terliesner) Do Blog Citations Correlate with Higher Number of Future Citations? (Hadas Shema, Judit Bar-Ilan and Mike Thelwall)

① Programme overview of 14th International Society of Scientometrics and Informetrics Conference [EB/OL]. http://www.issi2013.org/programme.html [2019-04-23].

续表

序号	名称	主席	分会场内容及作者
3	Usage Metrics	Stefanie Haustein	Relationship between Downloads and Citation and the Influence of Language (Vicente Pablo Guerrero-Bote and Félix Moya-Anegón) Use of Electronic Journals in University Libraries: An Analysis of Obsolescence Regarding Citations and Access (Chizuko Takei, Fuyuki Yoshikane and Hiroshi Itsumura) Are Citations a Complete Measure for the Impact of E-Research Infrastructures? (Koen Jonkers, Gemma Elizabeth Derrick, Carmen Lopez illesca and Peter van Den Besselaar) Differences and Similarities in Usage versus Citation Behaviours Observed for Five Subject Areas (Juan Gorraiz, Christian Gumpenberger and Christian Schlögl)

第三，Altmetrics 理论、工具、实证的全面发展。在这一时期，Altmetrics 不再局限于单纯的理论探讨，研究逐渐走向分化趋势，涉猎的领域包括理论、工具、实证三个方面。从理论上来说，在完善基础理论研究基础上，研究的重点开始转移到 Altmetrics 指标的提出以及与传统计量指标的关系研究等深层次的内容；从工具上来说，学者们在研究相关网络数据的特征、结构之后，结合网络环境下科学交流的模式，开发了 Impact Factory、Altmetrics.com 等工具；从实证角度来说，许多学者在这些工具面世之后，开始利用相关数据进行实证，验证各个工具以及数据源网站的优势和不足。

如今，Altmetrics 的发展已经经历了萌芽、奠定、全面发展和分化三个阶段。在这三个阶段中，Altmetrics 作为一门学科，产生了不少成果，得到了广大学者的热议。这些都是社会发展需求造成的结果。当然在以后 Altmetrics 发展过程中还会产生一些新的研究成果和研究方向，这是社会发展的需要，也是 Altmetrics 发展的需要。

2.1.2 Altmetrics 的译名

随着 Web2.0 技术的发展和社交网络工具的出现及广泛使用，围绕社交网络环境下科学交流活动的定量研究就没有停止过。在研究之初，Altmetrics 没有统一的命名，学者们根据自己的理解和认识给出了不同的 Altmetrics 名称，如论文层面计量、科研成果计量（eurekometrics）。从名称上看，这些命名都存在着认识的片面性和内涵的局限性，因此这些命名没有得到广大专家学者的认可。尽管还有一些学者对该词命名存在着一些争议，但是相比较其他相关的英文词汇，Altmetrics 更为大家所接受，使用范围要广泛得多。因此，Altmetrics 成为国内外学术界代表 Altmetrics 这一科学学科的事实上的英语标准术语。

从我国的情况来看，目前对 Altmetrics 的中文译名也存在着各执一词、议论纷纷的情况①。根据查阅的资料来看，国内的专家学者对 Altmetrics 中文译名的确定主要存在以下几种方式：①直译法。众所周知，Altmetrics 是 alternative metrics 的缩写，而 alternative 的中文翻译是“可选择的、另类的”。因此一些专家学者将 Altmetrics 命名为“另类计量学”或者“选择计量学”。另类在中国的语言环境下带有贬义的色彩，因此用“另类计量学”去命名一个专有名词不太恰当。而“选择计量学”单纯从名称角度去看的话，不易让人理解这个学科的内涵。②借鉴法。借鉴法是进行新学科、新领域的研究中十分常见的一种方法。有的学者通过调查研究发现，在医学领域也出现过这种词，术语译过来就叫替代医学（alternative medicine），而且已经有 40 多年的历史。同理，一些专家学者认为 Altmetrics 应该译成“替代计量学”。但是随着社会和技术的发展，各种不同的媒体会不断涌现，如果这种不断的媒体涌现带来不断的“替代”，那么就失去了研究的意义，同时传统的计量方法虽然有着公认的弊端，但是由于传统的学术交流方式还是主流，所以要完全“替代”它也是不科学的。③内涵法。除了上述两种译法外，也有学者从内涵角度出发，将其译成“社交媒体影响计量学”，这一译法虽然可以让人们对 Altmetrics 有清晰的认识，但是名称太长，不简洁，不易作为一个学科的专有名称。从上述分析来看，翻译之事，要想信、达、雅，甚至更进一步，看出外文词的不足，殊非易事。

为免歧义本书仍直接使用 Altmetrics 一词。本书作者认为“补充计量学”更适合作为 Altmetrics 的标准译名，这是因为 Altmetrics 的实质是包括科研过程中产生的所有数据的计量学。而补充计量学这一译名是对其实质的正确理解和认识，因为它并不是替代传统科学计量学，而是结合原有评价体系再添加一些补充性指标去评价新的科学交流环境下的影响力传播情况。具体来说，补充计量学中的“补充”主要表现在以下几个方面。

1. “五计学”尤其是网络计量学的补充和发展

Altmetrics 从学科体系上来说属于“计量学”的下位学科，它是以传

① 赵蓉英，汪少震，陈志毅. 补充计量学及其分析工具之探究[J]. 情报理论与实践，2015, 38(6): 29-34.

统的“五计学”（文献计量学、科学计量学、信息计量学、网络计量学、知识计量学）为学科基础，针对新的社交网络媒体环境下的科学交流方式产生的计量学革命，是对传统计量学的补充。因此使用中文译名补充计量学将使这种继承关系更加明确。此外，Altmetrics 的应用目的是对社交媒体技术支撑下以及开放存取理念影响下学术交流和学术出版行为的评估和衡量，这一点 Jennifer Howard 在其研究中做了详细的论述①。而从上述表述中可以发现，Altmetrics 赖以存在的两大载体——社交媒体以及开放存取运动，均是 Web2.0 技术的标志和产物，其研究对象是学术交流活动和学术出版行为，因此 Altmetrics 可以看作是 Web2.0 时代网络动态数据的衡量。网络计量学将信息计量学（Informetrics）中的理论和方法（如引文分析法等）应用到互联网中，以商业搜索引擎、服务器日志、网络调查和开放存取数据库等提供的数据为原始数据进行定量研究②，其目的是揭示网上信息的数量特征及分布规律③。从网络计量学的概念中可以发现，其研究对象是网上信息特征规律，是静态的，运行载体是互联网环境，因此可以看成是对 Web1.0 时代静态数据的衡量。由此可以发现，Altmetrics 可以看成是网络计量学的拓展和延伸，是互联网从 Web1.0 到 Web2.0 转变下的产物，Altmetrics 的出现丰富了网络计量学的研究内容，拓展了网络计量学的应用目的，是对网络计量学多方面的补充和发展，这完全符合科学学科的发展阶段特征和继承性特征。因此本书认为从学科发展的一致性和继承性角度来看，将 Altmetrics 翻译为补充计量学更为恰当。

2. 计量指标的补充

Altmetrics 是基于单篇论文层面计量的研究发展而来，克服了传统引文指标的局限性（时滞过长、影响力片面、引文动机不明确），完善了论文影响力评价体系，使单篇论文的计量指标体系越来越庞大。美国科学公共图书馆（The Public Library of Science，PLOS）就将单篇论文计量指标归为五大类：使用数据统计（usage stats）、社会网络分享（social network shares）、学术书签标记（academic bookmarks）、学术引用（scholarly

---

① Howard J. Scholars seek better ways to track impact online [J]. Chronicle of Higher Education , 2012, 58: A1-A4.

② Thelwall M, Vaughan L, Björneborn L. Webometrics [J]. Annual Review of Information Science and Technology, 2005, 39(1): 81-135.

③ 邱均平. 网络计量学[M]. 北京：科学出版社, 2010: 6-8.

citations）、非学术引用（non-scholarly citations）[①]。这里需要指出的是，有不少学者将 Altmetrics 特指为单篇论文的社会网络分享或是转发（如 Twitter、Facebook、Google+等平台上的分享或转发）这一类型的计量指标，也就是前文所指的狭义视角下的 Altmetrics。但自 Altmetrics 提出以来，它所追踪的数据绝不仅仅来源于社交媒体平台，其所囊括的数据源种类不断增加，甚至包括了灰色文献（专利、政策等）中的引用数据[②]，其讨论的内容也绝不仅限于新型计量指标的探讨，无论从研究的规模还是内容来看，将其上升为一个学科领域都是非常必要的。此外，Altmetrics 若仅作为社交网络环境下的新型计量指标，译为“替代计量指标”貌似比较符合其特性，但如果将其拓展到一个学科领域后译为“替代计量学”，则易使人对其研究内容产生误解。因此，从计量指标的补充来看，本书认为将 Altmetrics 翻译为补充计量学更易于理解。

3. 计量评价对象的补充

互联网的快速发展催生了各种各样的研究成果或文献，它们已经受到了学术界的重视。Altmetrics 在被提出时强调了其是对单篇论文层面计量的深化和推广，不单是指计量指标的增加，还有计量对象的丰富[③]。扩充计量对象的意义在于一方面通过筛选能使更多有价值的学术成果、非学术成果甚至简要的观点等得到学者们的关注，另一方面则能更加完善、客观地评价学者或机构的影响力。但计量对象种类和数量的增加也为文献筛选带来了更大的挑战，人们不过是从论文的海洋进入了另一片更大的海洋，特别是在近年来语义网（semantic web）快速发展的环境下，文献筛选工具的认知负荷也在增加[④]。计量指标不仅用来评价筛选过后的文献，同时也应用在筛选工具的算法和规则的制定中。这些筛选工具的完善是建立在计量指标的研究成果之上的，只有保证计量指标的科学、完善，才能使文献的筛选工具更加智能、高效。而信息计量对象的增加也进一步刺激了计

① Lin J, Fenner M. The many faces of article-level metrics [J]. Bulletin of the Association for Information Science and Technology, 2013, 39(4): 27-30.

② Adie E. The grey literature from an Altmetrics perspective—opportunity and challenges [J]. Research Trends, 2014, 37: 23-25.

③ Piwowar H. Altmetrics: value all research products [J]. Nature, 2013, 493(7431): 159.

④ Schroeder R, Power L, Meyer E T. Putting scientometrics 2.0 in its place [A]//Altmetrics11: Tracking Scholarly Impact on the Social Web[C]. An ACM Web Science Conference 2011 Workshop, Koblenz, Germany, 2011: 14-15.

量指标的研究需求，两者相互促进、不断补充，Altmetrics 的提出更加快了它们的研究进展。因此，从计量对象的补充来看，本书认为将 Altmetrics 翻译为补充计量学也更为贴切。

综上所述，将术语 Altmetrics 翻译成“补充计量学”，无论从学科的继承性和发展性角度还是研究对象和方法的拓展角度，都具有一定的科学性和说明性。在接下来的研究过程中，为了保持研究的一致性防止读者出现概念混淆，全书仍采用 Altmetrics 这一术语进行论述。但是需要说明的是，Altmetrics 翻译成“补充计量学”是参考文献计量学、信息计量学在进行英语术语翻译时的习惯性做法。

2.1.3 Altmetrics 与“五计学”的相互关系

所谓“五计学”，就是文献计量学、科学计量学、信息计量学、网络计量学和知识计量学的简称。而 Altmetrics 是在当前特定的社会背景和技术条件下迅速形成与发展起来的，主要是由 Web2.0 技术、社交媒体、科学信息交流与计量学等相互结合、交叉渗透而形成的一门交叉性边缘学科，也是计量学的一个新的发展方向和重要的研究领域，其发展历程见图 2-1。从 1969 年到 1979 年，主要是文献计量学和科学计量学的发展时期，1979 年信息计量学开始发展，1997 年网络计量学开始发展，2002 年知识计量学开始发展，2010 年 Altmetrics 开始发展。从某种意义上来说，Altmetrics 可以看成是传统的“五计学”在新的社会环境和社会需求下发展的必然成果，“五计学”构成了 Altmetrics 的学科基础。

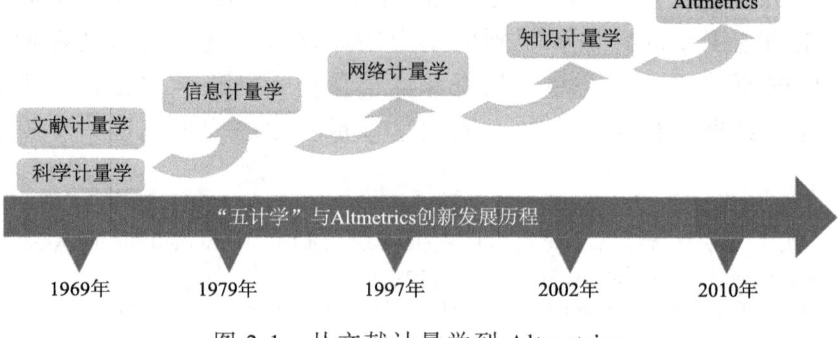

图 2-1　从文献计量学到 Altmetrics

综上，Altmetrics 与“五计学”之间存在着紧密的联系。纵观计量学的发展历史，根据各个计量学产生和发展的时期的不同，我们又可将其分为以下几个阶段：前网络时期、Web1.0 时期、Web2.0 时期①（图 2-2）。

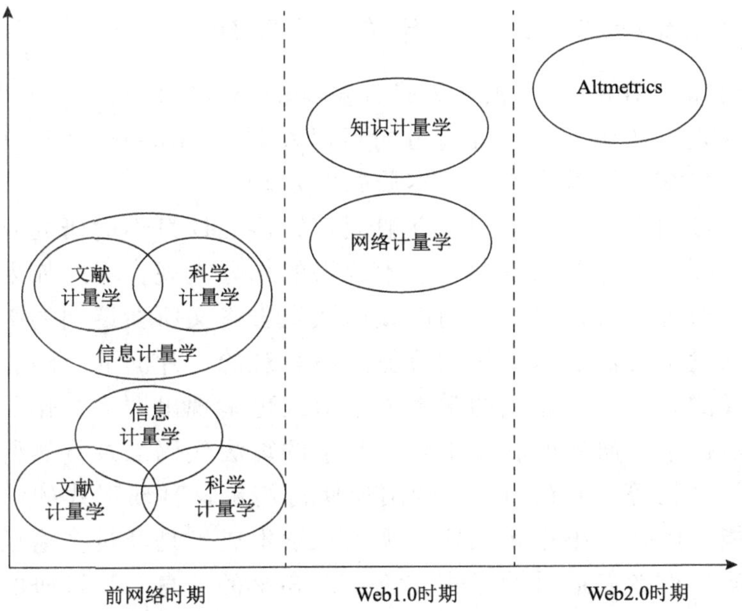

图 2-2　计量学的发展历程图

在前网络时期，科学成果的传播以及科学交流主要依靠图书、期刊等载体形式，因此文献计量学、科学计量学以及信息计量学（"三计学"）是计量学领域的研究重点。从研究内容上来看，三者既相互独立，又存在着一定程度的交叉；从发展趋势上来看，信息计量学的研究范围更加广泛，"三计学"将融合到"信息计量学"这一统一的学科体系之下。随着网络时代的到来，信息资源由早期的实物化、纸质化阶段进入到电子化、数字化和网络化阶段，以网络为媒介的信息交流活动迅速激增，计量学进入 Web1.0 时期。同时，随着知识经济与知识管理的兴起，相继出现了以网络信息和数据为计量对象的网络计量学和以知识单元为计量对象的知识计量学。而 Web2.0 技术的发展引发了科学交流模式的变化，导致了计量学 Web2.0 的革命，Altmetrics 在这一时期成为计量学研究的关注点。

虽然 Altmetrics 与文献计量学、科学计量学、信息计量学、网络计量学以及知识计量学都存在着紧密的联系，但是由于产生的时代背景和社会

① 由庆斌，汤珊红. 补充计量学及应用前景[J]. 情报理论与实践，2013，36(12)：6-10.

需求不同，它们又各具特色，存在着一些本质的区别。下面将以时代依据为标准，分别展开说明。

1. Altmetrics 与传统“三计学”的区别

众所周知，Altmetrics 被认为是计量学的 Web2.0 革命。而“革命”必然会带来区别，产生发展。经过分析可以发现，Altmetrics 与以文献计量学为基础的传统计量学有着以下本质的区别。

第一，影响力的范围不同。一般而言，传统计量学的研究对象通常是期刊或者文献，而这些只是学者学术成果的部分表现，因此如果以这些为研究对象，通过同行评议、引用次数以及发表论文所在期刊的影响因子这些手段去衡量学者们学术工作的价值是不客观的、片面的。随着科学技术和交流方式的改变，学者们的学术成果形式也呈现出“多样化”的趋势，如开放的数据集、研发的软件工具、共享的算法代码以及自然科学中发现的新的分子结构等。Altmetrics 的出现使得衡量这种新形式的学术成果价值成为可能。此外，根据普赖斯的观点，学术成果是经过多途径传播的。他认为科研工作者们通过非正式交流获得 80%的信息，且科研的重要信息是通过谈话等直接交流方式获得的①。Web2.0 技术的发展使得普赖斯的思想变成了现实，但是传统的计量方式无法跟上时代的脚步，去全面衡量学术成果影响力的多途径传播。Altmetrics 完成了这一任务，实现了对在线读者行为、网络交互情况、社交媒体、在线内容管理等的有效测量。

第二，影响力的发生时间不同。传统的期刊论文，从投稿、审阅到最终出版，经历的周期一般是 6 个月到 2 年，而发表论文要被他人引用产生影响力又要经历很长的时间，因此传统计量学在进行测量和评价时的一个致命缺点就是时滞过长。而 Altmetrics 的评价是即时发生的，通过浏览、下载、转发、评论等活动方式就可以测量，正如 Altmetrics 宣言中所说的，Altmetrics 的速度为创建实时推荐和协同过滤系统提供了可能（the speed of Altmetrics presents the opportunity to create real-time recommendation and collaborative filter system）②。

① Burnett G, Jaeger P T. Small worlds, lifeworlds, and information: the ramifications of the information behaviour of social groups in public policy and the public sphere [J]. Information Research, 2008, 13(2): 18.

② Priem J, Taraborelli D, Groth P, et al. Altmetrics: a manifesto [EB/OL]. http://Altmetrics.org/manifesto/ [2019-03-10].

第三，影响力评价的准确度不同。引用在传统计量学的评价中占有十分重要的地位，但是其重要前提即为引用行为要准确规范。然而就目前的学术行为来看，"不恰当的引证"还时有发生。此外，"用而不引"的情况也比较普遍。这些都降低了传统计量学评价影响力的准确度。而 Altmetrics 则不存在这一问题，在社交媒体上，学术成果的浏览、下载、使用、评论都会留下印记，因此影响力评价的准确度大大提高。

2. Altmetrics 与网络计量学、知识计量学的区别

2010 年，Priem 和 Hemminger[①] 在研究中指出，网络计量学是 Web1.0 环境下的计量学（metrics on Web1.0），而 Altmetrics 是科学计量学 2.0（Scientometrics 2.0），即 Web2.0 环境下的计量学（metrics on Web2.0）。可见，相对而言，网络计量学与 Altmetrics 有着更为紧密的联系，它们都可以看作是基于 Web 的计量学衍生体。区别在于：网络计量学以网络信息和网站内容为研究对象，借鉴传统计量学的研究方法并加入了网络链接分析法，同时又提出了网络影响因子的说法，对网络信息和网站进行定量的分析和评价，从某种意义上说网络计量学可以看成是传统的"三计学"在网络环境下的应用；知识计量学是在文献计量学、信息计量学、科学计量学、网络计量学的基础上，对零碎、分散且不系统的知识进行系统化管理，从知识单元的角度出发，对不同领域、不同形态的知识进行系统的研究和分析，对知识的细粒度化进行研究，从基于知识载体的计量转移到对知识本身的计量；而 Altmetrics 的研究对象是社交网站和开放存取平台上学术成果的使用和传播情况，应用基于科学交流过程的评价指标，是交流过程的测度和影响力的评价，是对传统计量学的继承和补充。

2.2　Altmetrics 的内涵与特点

2.2.1　Altmetrics 的内涵

1. Altmetrics 的定义

作为一门新兴的学科，学者们一直致力于对 Altmetrics 的定义进行界

① Priem J, Hemminger B M. Scientometrics 2.0: new metrics of scholarly impact on the social web [J]. First Monday, 2010, 15(7): 1-17.

定和讨论，以期对 Altmetrics 的研究有一个清晰的认识。

最早提出和使用 Altmetrics 一词的 Jason Priem 将其定义为“以社交网络工具为途径，在网络背景环境下为测量和评价学术影响力而展开的研究”①。他认为 Altmetrics 开拓了学者们在影响力评价方面的视野，这种方法为多媒体和多平台环境下多样研究成果的影响力评价开拓了新的思路。从中可以看出，Priem 是将其作为一种研究方法而提出的。因此，在最初的一段时间里，对 Altmetrics 的定义一直都倾向于研究方法方面。例如，Howard 就将其定义为测量评价网络环境驱动下的学术交流，具体表现为学者的研究在 Twitter 和博客上讨论转发状况以及被社会标签的标注情况。Galligan 则认为，Altmetrics 是以学术成果在社交媒体、社会标签系统以及网络协同工具上传播的深度和广度为标准，来评价学术影响力的一种新的计量方法②。Altmetrics 可以作为期刊影响因子的补充，它弥补了期刊影响因子在学科差异性上的缺陷，并且适应了当今数字环境下学术交流的特点，为学术内容影响力的评价提供了一种新思路③。此外，也有学者认为 Altmetrics 是专门针对社交媒体的一种方法，研究人员可以利用这种方法挖掘相关信息，从而可以进行更为精确、详细的学术分析和评价。

随着研究和认识的深入，Altmetrics 逐渐发展成一门独立的科学学科，成为计量学的分支学科，因此对其定义的界定也逐渐有了更为清晰的认识。Altmetrics 已经超越了以引证为基础的传统的评价指标以及以下载和点击浏览率为表现的使用指标的界限，它以博客、社交媒体、评审系统及包含社会标签工具和参考文献管理系统在内的协同标注工具为平台，对各类学术成果的分布、阅读以及在利用情况进行定量描述和分析，以便全面揭示其影响力特征和规律。

尽管上述学者对 Altmetrics 的定义从描述的细节到关注的视角都大相径庭，但是不可否认的是他们对 Altmetrics 的认识都是准确的，其原因就是他们对 Altmetrics 本质内涵的把握如出一辙。那就是通过对社交网络本质内涵的更深刻的认识，来为评价学术工作的影响力和价值提供一种新方

---

① Priem J, Taraborelli D, Groth P, et al. Altmetrics: a manifesto [EB/OL]. http://altmetrics.org/manifesto/ [2019-03-10].

② Howard J. Scholars seek better ways to track impact online [J]. Chronicle of Higher Education, 2012, 58: A1-A4.

③ Galligan F, Dyas-Correia S. Altmetrics: rethinking the way we measure [J]. Serials Review, 2013, 39: 56-61.

法，这是对传统期刊影响因子和点击浏览率测评的一种补充。

此外需要说明的是，Altmetrics 作为一门正在成长中的新兴学科，其产生和发展也不过短短的几年时间，对其定义的理解还没有达成共识和定论。但是可以预见的是，随着 Altmetrics 的发展和壮大，其学科定义还会随之演进，直到成为一门成熟的、被学术界认可的科学学科。

2. Altmetrics 的研究对象

一个学科要想成为一个独立的学科，必须有明确的研究对象，这是一个学科区别于其他学科的重要标志。因此，我们要构建 Altmetrics 学科，必须首先界定一个明确、清晰的研究对象①。对 Altmetrics 的研究对象，不同的学者从不同的角度做出了各自的总结和归纳。Altmetrics 领域中的著名学者 Jason Priem 认为 Altmetrics 的研究对象包括社交网络工具上的科学交流活动和开放存取平台上广泛应用的科学成果②。国内学者刘春丽的观点与 Jason Priem 大致相同，她认为 Altmetrics 的研究对象可以概括为开放存取平台与学术社交网络中科技论文的各种使用、交流活动。选择性计量学中的学术影响力评价拓展了先验和后验科学质量评价的内涵③。Dario Taraborelli 则认为 Altmetrics 的研究对象为科学文献在网络环境下的各种应用数据资源④。来自美国杜克大学的 Heather Piwowar 则指出 Altmetrics 的研究对象是影响力，具体可以表述为四个方面：①影响力的细致研究，即学术产出的浏览、下载、讨论情况；②影响力的实时研究，即可以测量短时间甚至一天内的影响力；③影响力的不同受众，即学者、专业技术人员、一般人众均可对学术成果产生影响；④影响力的不同形式，即不仅仅局限于科研论文，开放数据、算法程序、学术视频均在研究范围内⑤。Zohreh Zahedi 等认为，Altmetrics 的研究对象应该非常广泛，包括以下载量和浏览量为指标的使用数据分析[usage data analysis（download and view counts）]、网络引用和链接分析（web citation and link analyses）以及社交

---

① 宋艳辉. 知识计量学的构建与应用研究[D]. 武汉大学博士学位论文, 2012.

② Priem J, Hemminger B M. Scientometrics 2.0: new metrics of scholarly impact on the social web [J]. First Monday, 2010, 15(7): 1-17.

③ 刘春丽. Web2.0 环境下的科学计量学: 选择性计量学[J]. 图书情报工作, 2012, 56(14): 52-56, 92.

④ Taraborelli D. Soft peer review: social software and distributed scientific evaluation [EB/OL]. http://citeseerx.ist.psu.edu/viewdoc/download;jsessionid=753FD63A1C02F7C798F92ABBD12879F4?doi=10.1.1.218.486&rep=rep1&type=pdf [2019-04-23].

⑤ Piwowar H. Altmetrics: value all research products [J]. Nature, 2013, 493(7431): 159.

网络分析（social web analysis）三个方面[1]。从以上的众多观点来看，学术界对 Altmetrics 的研究对象还没有达成定论从而形成统一的认识。

本书认为，Altmetrics 的研究对象简单而言就是“Web2.0 环境下的学术影响力”，关键问题是如何有效描述“Web2.0 环境下的学术影响力”。首先我们要对“Web2.0 环境”有一个清晰的认识，即这种学术影响力的产生是在 Web2.0 技术发展这个前提条件下。这个前提条件包含两层意义，一是 Altmetrics 的研究是基于学术成果在 Web2.0 工具平台（包括社交媒体、开放存取平台、社会标签系统、协同标注平台等）传播的深度和广度；二是 Web2.0 环境下的交流模式是实时交流，因此 Altmetrics 研究的也是实时的影响力。其次我们也要对产生学术影响力的载体形式有一个准确的理解，即载体形式是多样的，这种多样性包含格式的多样性和内容的多样性两个方面。格式的多样性即为产生学术影响力的载体不仅仅是文本格式，还可以是视频、图片、PPT 等；内容的多样性即为产生学术影响力的载体不仅仅是学术论文，还可以是程序片段、数据算法、分子结构等。

2.2.2 Altmetrics 的特点

与评价科研成果的传统引文计量方法不同，Altmetrics 工具具有更广泛的同行评议特征，它将社交媒体、网络上的用户行为（包括浏览、下载、评论、标引、注释等）作为一种可以计算的用户使用数据（user usage data）进行测量。例如，论文层面计量可提供关于不同学术影响类型的具体项目的最新信息，帮助研究人员进行筛选，以更快、更便捷的方式找到目标研究成果。从科研价值评估的角度看，学术交流的表达方式趋于多元，Altmetrics 工具可支持不同的学术交流模式。Altmetrics 组织开放的数据可呈现直观的视觉内容，如数据集、代码和实验设计的“原始科学”，发布论文部分的参数或语义内容，用户用微博、博客和评论注释现有的研究成果等。Altmetrics 的特点主要包括：信息源的丰富性、覆盖面的广阔性、评价过程的透明性、评价指标的多元性、评价结果的实时性。

1. 信息源的丰富性

Altmetrics 拥有海量的信息源，除了正式发表的期刊论文外，还包括

① Zahedi Z, Costas R, Wouters P. How well developed are Altmetrics? A cross-disciplinary analysis of the presence of “alternative metrics” in scientific publications [J]. Scientometrics, 2014, 101(2): 1491-1513.

开放存取的非 OA 论文、会议论文、博客、代码、软件、研究数据集、课件和演示文稿等资源。除了广阔的信息源外，Altmetrics 的数据源来源亦十分丰富，包括传统数据库、社交网络、科研数据存储库等，如 Drynd、Figshare、GitHub、PLoS、SlideShare、Facebook、Google+、LinkedIn、Reddit、Twitter、PubMed、Scopus、Science、Seeker、Wikipedia、Mendeley、Zotero、CiteULike 等。随着研究者对新媒体文献获取偏好的流行，信息源的丰富性可促使评价结果相对趋于客观公正，从而突破传统科技期刊评价“以引文为主”“以刊评文”等弊端，在多元评价信息源和数据源的保障上实现对科技期刊内容及其影响力的客观评价。

2. 覆盖面的广阔性

如果一篇论文被引用，可能表明该论文有一定的影响力，但这种引用影响力的内涵相对狭窄。正如影响因子评价的局限性一样，高影响因子期刊刊登的论文并不能与高质量的论文“画等号”。同样，如果某篇论文未被其他论文引用，但其在社交网络或其他平台被广泛阅读、讨论、转发，并给学者提供研究思路和启发，我们就不能否定该论文的现实影响力。Altmetrics 实现了对论文更广泛的社会影响和对学术专家以外人的影响的测量，即其在更广阔的范围内充分反映了科研成果更广泛的影响力。同时，社交网络的广泛参与和公共传播特征，使得应用 Altmetrics 方法衡量论文的社会和经济影响成为可能，从而实现对科技期刊影响力更现实、更综合的评价。

3. 评价过程的透明性

期刊评价的绝对公平、公正是不现实的，但通过提升评价过程的透明度，使得期刊评价达到相对公平、公正是可以实现的。正如《南京大学学报》朱剑编审所言：学术评价权力回归学术共同体的过程必然是学术民主重建的过程，必须要让评价权力置于有效的民主监督之下，使其成为“透明的评价”①。Altmetrics 工具可利用互联网信息技术在社交媒体上对论文进行集体公开评议，并利用互动式公开讨论，借助公众力量甄别论文优劣，增强评价的透明度，缩短高质量论文的出版时滞；同时，其利用论文在社交媒体上的网络影响力指标，将数据反馈速度从几年缩短到几天，并通过应用程序接口（application program interface，API）和其他方式免费访问

① 朱剑. 重建学术评价机制的逻辑起点——从“核心期刊”、“来源期刊”排行榜谈起[J]. 清华大学学报(哲学社会科学版)，2012，(1)：5-15.

开放数据，打破了传统引文数据库封闭和不透明的弊端，为提升科技期刊评价的效率和公平性奠定了基础。

4. 评价指标的多元性

Altmetrics 评价工具以单篇论文层面的计量指标的研发为基础，打破了传统引用指标的局限性（如过长的时滞、片面的影响力及不明确的引用动机）。多元性的评价指标完善了论文和期刊评价体系，例如，Altmetrics 工具 Plum Analytics 将单篇论文计量指标归为五大类：使用（usage）、捕获（capture）、提及（mention）、社交媒体（social media）和引用（citation）。多元指标从不同角度揭示论文被阅读、讨论、保存、推荐、引用的程度，使得对学术论文和科技期刊影响力的评价更全面、客观。

5. 评价结果的实时性

在传统的以引文为主要指标的科技期刊评价体系中，论文从产生、非正式交流到正式出版，需要经过 1～5 年才可能达到引用高峰；而基于 Altmetrics 的聚合工具（如 PlumX），可通过对各类型科学成果的监测，实现从科学思想到科学成果影响力的及时发现与揭示，学术论文在网络上发表后即可被查看、下载，并在各社交网络中进行讨论、推荐、标签或引用。Altmetrics 的测量数据来自网络，通过实时获取用户在网络系统上留下的使用、捕获、提及、社交媒体和引用等方面的数据，实时进行计算，计量的时效可以缩短到以天为单位。因此，学术论文公开后即可动态、定量测定其影响力，克服了传统评价方法受时滞性约束的弊端，实时性优势明显①。

2.2.3 Altmetrics 的概念体系

一门学科之所以被称为交叉学科，是因为其研究内容通常涉及不同的研究层次和研究视角，涵盖多个学科内容。Altmetrics 作为一门新兴的交叉学科也是如此。因此，在研究的过程中为了避免“交叉性”引起无谓的争执和混乱，需要建立一个统一的 Altmetrics 的概念体系，来统一研究视角和研究层次不同带来的分歧，从而为各个领域的研究者指明共同的研究方向，促进 Altmetrics 学科的进一步发展。Altmetrics 的概念体系是其内在

① Priem J, Hemminger B M. Scientometrics 2.0: new metrics of scholarly impact on the social web [J]. First Monday, 2010, 15(7): 1-17.

逻辑结构的集中体现，它是一种客观存在，不以人的意志为转移。下面，本书将从 Altmetrics 的涵盖范围、实践应用两个维度出发来理解和分析 Altmetrics 的构成，并以此为基础构建 Altmetrics 的概念体系。

1. 广义 Altmetrics 与狭义 Altmetrics

按照研究内容涵盖的范围，Altmetrics 可以划分为广义 Altmetrics 和狭义 Altmetrics。这一说法的提出是有其科学依据的。从上面的分析论述中，我们知道 Altmetrics 的重要性质之一就是它是计量学的分支学科，它与传统的“五计学”有着密不可分的关系。著名的计量学家邱均平教授曾经指出，信息计量学应分为广义信息计量学与狭义信息计量学。前者主要探讨以广义信息论为基础的广义信息的计量问题，其范围非常广泛；而后者主要研究情报信息（或文献信息）的计量问题，即通常所讲的信息计量学（情报计量学），其主要内容是应用数学、统计学等定量方法来分析和处理信息过程中的种种矛盾，从定量的角度分析和研究信息的动态特性，并找出其中的内在规律①。鉴于信息计量学与 Altmetrics 的紧密关系，Altmetrics 也可以相应地划分为广义 Altmetrics 和狭义 Altmetrics。广义 Altmetrics 是从广义的信息论角度出发，研究 Web2.0 环境下科学交流传播过程中的现象、过程和规律的一门学科，其研究范围扩展到了最广泛的认识论层次上，即同时考虑事物运动状态及其变化方式的外在形式、内在含义和效用价值的全信息②。换言之，就是广义 Altmetrics 关注的不只是 Web2.0 环境下科学成果传播带来的影响力变化情况，还要研究科学交流传播的过程、影响传播的因素以及呈现出来的传播规律。其研究内容不仅涉及计量学，还涉及传播学，研究的问题极为复杂，也超出了本书的研究范围。因此本书的研究属于狭义 Altmetrics 的内容。其研究的关注点主要是科学成果在 Web2.0 技术平台上的传播，其研究的数据源涵盖了除引用数据外所有的信息源，包含诸如使用（下载率、浏览量、图书馆藏、馆际互借和原文传递）、获取（喜欢、收藏、保存、读者）、提及（博客帖子、新闻报道、Wikipedia 文章、评论和评议）和社交媒体（推文、朋友、赞扬、共享和评级）等③。广义 Altmetrics 和狭义 Altmetrics 的具体比较如表 2-3 所示。

---

① 邱均平. 我国文献计量学的进展与发展方向[J]. 情报学报, 1994, (6): 454-463.

② 张洋. 网络信息计量学理论与实证研究[M]. 北京: 科学出版社, 2009: 39-41.

③ 崔宇红. 从文献计量学到 Altmetrics: 基于社会网络的学术影响力评价研究[J]. 情报理论与实践, 2013, 36(12): 17-20.

表 2-3　广义 Altmetrics 和狭义 Altmetrics 比较

维度	广义 Altmetrics	狭义 Altmetrics
研究内容	学术成果的 Web2.0 传播，科学交流传播的过程、影响因素和规律	学术成果的 Web2.0 传播
学科性质	计量学与传播学	计量学
研究者	多领域学者	计量学领域学者

2. 宏观 Altmetrics 与微观 Altmetrics

从 Altmetrics 的实践应用角度出发，可以把 Altmetrics 划分为宏观 Altmetrics 和微观 Altmetrics。微观 Altmetrics 的研究是对微观层次的在线科学交流展开的计量研究，具体来说其研究内容诸如论文层面计量、科研成果计量、科研发现计量，也可以称为科学计量学 2.0，可以认为是科学计量学的进一步发展。微观 Altmetrics 一般是为了指导具体的在线科学活动实践，为组织机构（高校、政府的教育科技部门等）所属教育科研信息资源的有序化组织和合理分布、为科技教育管理的规范化和科学化提供必要的定量依据，提高其管理水平。与之相对，宏观 Altmetrics 的研究针对的是宏观层次的科学交流，其研究内容不仅仅包含了对科研工作价值和影响的测量，还包括对在线读者行为、网络交互情况、社交媒体、在线内容管理的测量。宏观 Altmetrics 的目的是探讨 Web2.0 环境下在线交流的理论原理，促进国家层面上在线科学交流经济效益和社会效益的充分发挥，推动科学交流网络化和社会信息化的健康蓬勃发展。宏观 Altmetrics 和微观 Altmetrics 的具体比较如表 2-4 所示。

表 2-4　宏观 Altmetrics 与微观 Altmetrics 比较

维度	宏观 Altmetrics	微观 Altmetrics
研究内容	对科研工作价值和影响、在线读者行为、网络交互状况、社交媒体以及在线内容管理的测量	对科研工作价值影响的测量（包括论文层面计量、科研成果计量、科研发现计量）
研究目的	指导国家层面的在线交流效益的发挥，促进科学交流的网络化和社会的信息化	指导组织机构层面的科研管理以及相关资源的组织和分配

2.3　Altmetrics 指标

Web2.0 技术的发展引发了科学交流模式的变革，而这种变革对学术影响力的计量评价方式也产生了影响，从此计量学领域开始了一场 Web2.0 模式的变革，Altmetrics 应运而生。Altmetrics 作为在线科学催生的产物，其在推动科学成果的快速传播以及提供全面、多样化的影响力评价方面有着自身无可比拟的优势，但是这些优势要想得到充分的发挥，就必须将研究的切入点落到 Altmetrics 指标及其相关研究上。Altmetrics 作为一门新兴的学科，自其诞生之日起，就将 Altmetrics 指标的研究作为它的主要研究内容之一。换言之，Altmetrics 指标研究与 Altmetrics 是相伴而生的。就目前国内外针对 Altmetrics 的研究来看，探讨最多的仍然是 Altmetrics 指标的分析研究。这些都充分说明，对 Altmetrics 指标的分析研究一直都是 Altmetrics 的研究热点与重点，作为 Altmetrics 研究内容中重要的组成部分，其研究发现和研究成果将会成为 Altmetrics 飞速发展的巨大推动力。本书认为："Altmetrics 指标的研究将成为 Altmetrics 发展和成熟的巨大推动力。"

近年来，随着 Altmetrics 研究不断得到关注和热议，Altmetrics 领域的专家学者对 Altmetrics 指标的分析和研究也有了一定的积累。但是由于其研究时间的短暂性，Altmetrics 指标的研究并没有形成系统的理论体系，其理论内核没有真正形成，大多数的研究成果和研究发现仍然处于探索阶段。因此，本书将在本节中针对 Altmetrics 指标进行全面系统的分析和论述。首先，Altmetrics 指标的研究目的是为了综合全面地评价学术影响力，因此本节从在线科学交流与 Altmetrics 指标的关系进行论述，分析在线科学交流过程中影响力的产生，研究能体现在线科学交流全过程的 Altmetrics 指标；其次，探讨 Altmetrics 指标的内涵，明确 Altmetrics 指标的作用、适用范围以及可信度；再次，从 Altmetrics 指标的可应用性角度出发，探讨相关的应用标准，从而确保 Altmetrics 指标的准确性、一致性以及意义的统一性；最后，在上述研究的基础上，根据在线科学交流的行为特征，制定构建原则，规范构建程序，建立规范性和科学性的 Altmetrics 指标概念，研究和探索 Altmetrics 指标体系的构建。

2.3.1 Altmetrics 指标与在线科学交流的关系

在社交媒体技术不断进步与开放存取运动不断发展的背景下，科学交流的模式发生了重大变革，呈现出了在线化的趋势。这种科学交流模式的繁荣，使得 Altmetrics 应运而生，从而为学术成果以及学者影响力的全面、综合评价提供了新思路。Altmetrics 的出现对规范在线科学交流，提高科学交流效率有着重要的意义①。而 Altmetrics 指标是 Altmetrics 的核心，是其思想的基本体现。Altmetrics 指标的运行基础是在线科学交流过程中产生的开放数据，是对学术交流在线化数据的提炼和应用。因此 Altmetrics 指标与在线科学交流存在着相辅相成、紧密相依的联系。所以在对 Altmetrics 指标进行科学、系统的研究和构建时，我们有必要对 Altmetrics 指标与在线科学交流的关系进行详细的探讨。具体来说，我们需要明确两个方面的问题：①在线科学交流过程中影响力是如何产生的；②Altmetrics 指标和在线科学交流的关系是什么。

1. 在线科学交流中影响力的产生过程模型

影响力是一种能力，这种能力以别人非常乐意接受的方式对他人的思想和行动进行改变，发生影响。但是值得说明的是，这种能力的发生并不是一个瞬间的突变过程，而是要经历长期的系统过程。著名的传播学家麦奎尔将影响力的形成过程完整地划分为 12 个阶段：接触传播内容、对传播内容感兴趣、理解传播内容、接受传播内容、记忆传播内容、在记忆中寻找并恢复信息、产生传播倾向、获得传播技巧、做出传播决定、产生传播行为、强化中意的传播行为、形成更坚定的传播态度②。麦奎尔的理论形象化地说明了影响力的产生过程，让我们对影响力有了深入理解。

在线社交网络技术支撑下和开放存取理念影响下的科学交流模式产生重大变革，这种变革使得学术成果的传播也呈现出在线化、即时化的特征，在这一背景下形成的影响力产生过程与麦奎尔的 12 阶段理论大致相同。其中，麦奎尔理论的 1～4 阶段分别对应学术成果在线传播过程中的“浏览—点击—下载”，5～9 阶段对应学术成果在线传播过程中的“收藏—

① 余厚强，邱均平. 替代计量学视角下的在线科学交流新模式[J]. 图书情报工作，2014，58(15)：42-47.

② 陈明亮，邱婷婷，谢莹. 微博主影响力评价指标体系的科学构建[J]. 浙江大学学报（人文社会科学版），2014，44(2)：53-63.

评级—订阅追踪”，10～12 阶段对应学术成果在线传播过程中的“提及—讨论—评论—摘用—引用”。因为麦奎尔的 12 阶段理论划分过细，不便于在实际研究中应用,因此本书将在线科学交流中影响力的产生过程划分为“获取—互动—利用”三个阶段，构建了在线科学交流中学术成果影响力的产生模型，如图 2-3 所示。

在这三个阶段中，获取是基础和前提，互动是途径和手段，而利用是影响力的最终表现形式，也是下一阶段传播的开始。三个阶段层层深入，循环往复，形成了循环逻辑链，成为一个系统整体，因此对在线科学交流模式下的影响力的评估衡量不能只关注结果或者单一环节，必须要全面把握形成过程中的三个阶段，在 Altmetrics 指标的构建过程中要充分考虑到这一点。

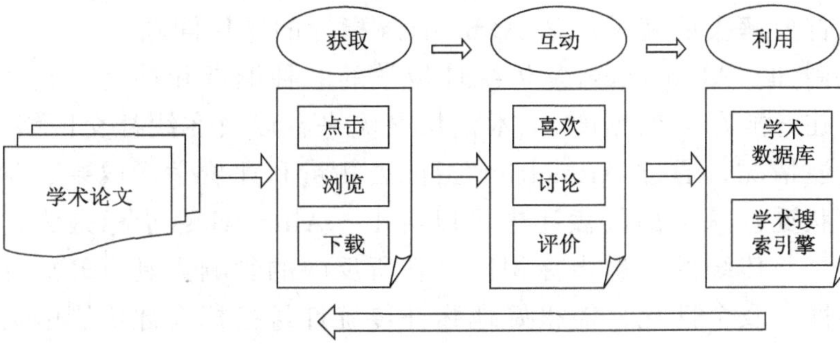

图 2-3 在线科学交流中学术成果影响力产生模型

2. Altmetrics 指标反映在线科学交流的全过程

在 Web2.0 时代，科学交流模式在社交媒体技术以及开放存取理念的支撑下引发了交流途径的变革和创新，这也从根本上改变了科研交流的过程①。与传统科学交流行为不同的是，在线科学交流中用户的交流行为全方位地揭示了其交互过程中的心理状态、情感状态和认知状态，表现为获取、互动和利用等行为类型，每一种行为又包括不同类型和不同程度的测度指标,这些行为构成了对学术成果和学者的影响力进行测度的 Altmetrics 指标。从前面的论述中可知，在线科学交流过程主要包括以下三个阶段：①获取阶段，即学术成果被关注、浏览和下载阶段；②互动阶段，即公众对学术成果发表评论，产生讨论和交流的阶段；③利用阶段，即学术成果或学术工作引发了其他学者的思考，促进了其研究的进行，从而被学者在其研

① 徐佳宁，罗金增. 现代科学交流体系的重组与功能实现[J]. 图书情报工作，2007，51(11)：94-97.

究论文或者学术著作中利用。在上述学术传播的三个阶段中，学术成果均产生了相应的影响力，因此反映影响力的 Altmetrics 指标涵盖了在线科学交流的全过程，这种评价指标体系的设置更符合学术影响力的传播交流途径，可以更全面、综合地评价学术成果或科研工作的学术影响力水平①。

2.3.2 Altmetrics 指标的作用

在线科学交流催生而出的 Altmetrics，与传统计量学相比有着无可比拟的优势，而这些优势体现的最终落脚点就是 Altmetrics 指标及其相关研究。因此，学者们要想对 Altmetrics 进行深层次的研究，使得 Altmetrics 的研究成果出现质的飞越，就必须对 Altmetrics 指标有着深刻全面的理解，而这其中首要解决的就是厘清 Altmetrics 指标的作用问题。

众所周知，Altmetrics 是传统计量学的一种继承和补充，它通过追踪学术成果在开放存取数据库、学术论坛交流平台以及在线社交网络中使用、讨论、关注情况，通过 Altmetrics 指标去测量和评价学术成果、学术工作的影响力状况。从上面的表述中可以看出，Altmetrics 指标是为评价影响力服务的，与传统的计量指标相比，它所反映的影响力具有开放性、即时性、社会性以及个性化，能很好地弥补传统计量指标在评价影响力方面所带来的偏差。具体说来，Altmetrics 指标的作用主要体现在以下两个方面。

第一，Altmetrics 指标提供开放性、即时性以及个性化的影响力评价。所谓“开放性”是指区别于传统计量指标单纯地使用引文数据库中的数据，Altmetrics 指标所基于的数据源往往供人免费、及时、快捷地获取，具有开放数据的特征，学者们可以通过 API 方便地获取数据并验证他人的研究结论。所谓“即时性”是指 Altmetrics 指标几乎可以实时反映学术成果以及学术工作所产生的影响力。传统的引文指标通过学术论文数据库中引证次数来反映学术成果所产生的影响力，这些数据的产生往往要历经一年甚至数年的时间，影响力具有滞后性的特点，而 Altmetrics 指标是基于在线交流产生的，学术成果的使用、传播以及受关注程度所产生的影响力往往以迅捷的速度展示，影响力产生所历经的时间往往只有几个小时或者几天的时间。所谓“个性化”是指学术成果的影响力评价不再千篇一律地使用引文指标，Altmetrics 指标将因科学交流平台的不同、

① 刘春丽．基于 PLOS API 的论文影响力选择性计量指标研究[J]．图书情报工作，2013，57(7)：89-95．

学术成果载体的不同、学术成果形式的不同而表现出异质性的特征，从而使影响力的评价结果更具有针对性。

第二，Altmetrics 指标反映的影响力更具有社会性。所谓“社会性”是指 Web2.0 环境下普及的社交媒体与兴起的开放存取运动使得科学交流的模式发生了质的变化。传统的科学交流的载体为纸质出版物，其影响力的产生是基于学术成果在纸质出版物上的正式引用，参与者往往是有着共同研究领域和研究方向的专家学者。而科学交流模式出现在线化、网络化的特征后，Altmetrics 指标从传播、获取、评论、标签、排名等各个方面去展示影响力，影响力的受众不仅仅局限于学术共同体，政府机构、普通民众的话语权也被反映在影响力的结果中，从而使得 Altmetrics 指标所覆盖的影响力范围更广、更具有“社会性”。这在某种程度上对基金项目的申请批复也具有一定的指导意义，对学术资源的有效配置起到了一定的促进作用。

2.3.3　Altmetrics 指标的适用范围

目前，Altmetrics 学科才刚刚发展起来，Altmetrics 指标的研究还不够深入，处于测试和验证阶段，因此对 Altmetrics 指标的使用须谨慎，不能立即、盲目地投入使用。而 Altmetrics 指标要做到恰当使用的必要前提就是厘清 Altmetrics 指标的适用范围，明确 Altmetrics 指标的使用目的。就 Altmetrics 指标的适用范围来说，主要包括学术成果的推荐、科研工作的监督以及学术影响力的评价。

所谓“学术成果的推荐”是指学术信息爆炸的问题困扰着从事科研工作的专家学者，学术资源的数量繁多、质量参差不齐给科研工作带来了一定的阻碍，而 Altmetrics 指标通过快速发现在线科学交流过程中下载量与浏览量、发帖率与标签数以及评论量与讨论数较多的学术成果，为“学术信息爆炸”建立了一种完善的过滤机制，从而可以为学术工作者的科研工作提供决策和参考的资料。

所谓“科研工作的监督”是指传统的科研评价通过引证的形式对科研成果的影响力进行衡量，这是具有共同研究兴趣的学术共同体对科研成果在理论上的认可，然而 Altmetrics 指标可以反映该科研成果在社交媒体以及开放存取数据库等平台的被关注状况，这种被关注状况是社会学术共同体对学术成果传播使用水平的监督、对学术成果质量的监督、对学术成果实践可行性的监督，可以防止不可进行实践应用甚至是错误实践应用的学术成果的广泛传播造成的不必要的经济和科研损失。例如，*Science* 杂志于2010 年 7 月发表了一篇题为“人类寿命基因预测”的文章，当时造成了很大的轰动，最早被著名的新闻媒体《华尔街日报》报道，并以狂热字眼“科学家发现长寿秘诀”为标题[①]，随后便引起了众多媒体的跟风。从 Altmetrics 指标的角度来看，这一科研成果所引发的社会影响力巨大，因此引起了科学研究人员的再思考、再研究，并得出该研究成果存在着很大不可行性和错误的结论。于是科研人员在很短的时间通过博客、Twitter 等在线社交网络公开对该科研论文进行了严厉的批评和辨析[②]，对该科研成果的错误传播起到了监督和纠正作用。

学术影响力的评价在科研工作中起着至关重要的作用，因为其影响深远，与科研工作的多个环节，如科研工作者职称的晋升、基金项目的资助以及组织机构的科研管理都紧密相关。然而，社交媒体技术以及开放存取理念推动着科学交流模式发生变革，此时引用指标已经无法跟上时代发展来对学术成果的影响力进行有效的评价衡量。正如美国国家信息标准协会（National Information Standards Organization，NISO）项目部主任 Nettie Lagace 所说的那样：“引文分析无法对更新且更为普遍的文献产生影响的方式进行衡量，比如，通过像 Twitter、Facebook 或博客等社交网络工具产生的影响。”[③]而 Altmetrics 指标顺应时代发展的步伐，采用科学合理的方式有效地对学术资源的影响力实现综合、全面、科学的评价，通过科学的评价实现科学的管理，通过科学的管理实现评价主题的科学进步。总的来说，科研人员要想充分利用 Altmetrics 指标进行评价就必须充分地理解其内涵，要考虑到发表时间不同的学术成果在使用水平和传播过程中的差异度，此外还要根据不同 Altmetrics 指标的重要性的不同对其赋予不同的权重，从而确保评价的科学性和有效性。

2.3.4 Altmetrics 指标的可信度

目前，Altmetrics 指标要想走出现在的测试和验证阶段，学界必须就

① Mandavilli A. Peer review: trial by Twitter [J]. Nature, 2011, 469(7330): 286-287.

② 王贤文，张春博，毛文莉，等. 科学论文在社交网络中的传播机制研究[J]. 科学学研究，2013, 31(9): 1287-1295.

③ 本刊讯. NISO 计划为补充计量制定标准和推荐做法[J]. 现代图书情报技术, 2013, (9): 66.

一个问题达成共识，即 Altmetrics 指标的可信度。可信度，亦称为健壮性，用以衡量指标可用性，是指标研究过程中的必备内容[①]。从目前的研究情况来看，Altmetrics指标的可信度所受到的质疑均来源于Altmetrics数据源。由于 Altmetrics 指标所基于的数据源均来源于网络平台中的网络数据，而网络数据源的数据来源多种多样，例如有的交流平台的数据均由用户自发上传，有的交流平台因为盈利的限制使得公众无法获取其数据收集算法，再加上网络数据本身所具有的不稳定性和不确定性，使得以 Altmetrics 数据源为基础和依靠的 Altmetrics 指标的可信度受到了学界专家学者的质疑，其可用性大大降低。具体来说，Altmetrics 指标的可信度所接受的挑战主要有三个方面。

第一，Altmetrics 指标存在着被网络环境下的“不恰当传播”污染和影响的风险。Altmetrics 指标是基于网络交流数据的，网络交流数据就是指反映学术成果在网络平台中影响力的传播数据。但是网络交流的低成本化（低廉的上网费用和免费的社交网络交流工具）以及社交媒体应用技术的低门槛化，使得 Altmetrics 数据源规模化操作，从而引发学术成果“不恰当传播”的行为。部分学者或者科研工作者为了提高自己的影响力，雇佣网络公关公司或者网络水军，通过服务器的大规模操作，生成自身学术成果在网络平台上传播的不真实数据，从而提高自身在 Altmetrics 评价中的影响力。这种“不恰当传播”的行为不可能真实反映科学发展、科学交流的实际过程，只能造成混淆和污染，从而也使 Altmetrics 指标失去了其原本应有的意义。

第二，Altmetrics 数据源的主观性使得 Altmetrics 指标的科学严谨度受到质疑。众所周知，社交媒体技术突破了学术交流过程的边界，从而引发了科学交流模式的改革。与传统的科学交流模式相比，新形式的学术交流参与者不仅仅局限于学术共同体，社会普通民众也可以参与其中。部分研究工作由于其主题涉及民众关心的生命健康、历史文化以及生活现状，且话题具有趣味性，在新闻媒体的推动下使得受众的参与度增加，在这一过程中社会普通民众对学术成果的真实性和正确性并没有很深的理解，只是从自己的主观感觉出发对该学术成果进行评论、讨论、传播等，这种数据源的主观性影响了人们对 Altmetrics 指标的科学严谨度的认识。

---

① 邱均平，余厚强．论推动替代计量学发展的若干基本问题[J]．中国图书馆学报，2015，41(1)：4-15.

第三，部分 Altmetrics 数据源的无法回溯性影响了 Altmetrics 指标的可信度。Altmetrics 指标是以 Altmetrics 数据源为基础的，而 Altmetrics 数据源多为网络数据，这些网络数据本身就具有不确定性和不稳定性，使得某些网络数据存在着被删除的现象，后续研究者无法利用原有数据回溯和查证前人的研究，研究的可重复性遭到了质疑，从而影响了 Altmetrics 指标的可信度。

尽管 Altmetrics 指标的可信度从数据源的角度出发受到了专家学者一定程度的质疑，但是可以肯定的是，Altmetrics 指标的内涵和研究意义已经得到了国内外相关领域大部分专家学者的认可，因此 Altmetrics 指标所面临的这些威胁和挑战必定能克服和消除，这一点是毋庸置疑的。此外，我们也坚定地相信，Altmetrics 指标在影响力评价方面给学界带来的价值要远远大于我们克服和消除这些威胁和挑战所花费的成本。鉴于数据源在指标长期利用中的基础性和重要性，Altmetrics 学者从开始就认识到建立新数据源的必要性。从研究现状分析可知，当前 Altmetrics 研究的数据源分为两个部分。一是发掘既存可用的数据源，如 *PLOS ONE*、Mendeley 等，这些数据源原来属于不同功能部分，有着不同的愿景和使命，譬如 *PLOS ONE* 是开放科学运动下的产物，Mendeley 是在线题录管理，但是这些数据源积累并将持续积累的数据，为 Altmetrics 指标的构建提供了便利，也是最初 Altmetrics 实证研究最广泛采用的数据源。二是针对特定目的为 Altmetrics 量身定制数据源。虽然上述数据源为 Altmetrics 的研究提供了便利，但是毕竟出发点存在不同，所以有必要为 Altmetrics 本身建立特定的数据源，就像科学引文索引奠定了文献计量的地位，也迫切需要新数据源为 Altmetrics 提供发展的基石，现在 Plum Analytics、Altmetric.com 等已经投入使用，但是离成熟还有很长的路。开发 Altmetrics 新数据源是未来研究热点，我国要想在 Altmetrics 研究上取得领先地位，必须在新数据源开发上奋起直追。

2.3.5 Altmetrics 指标选取的标准

在 20 世纪 60 年代，Eugene Garfield 在学术影响力评价方面有着开创性的贡献，他提出的引用数据指标一直被学术评价领域的专家学者视为黄金法则。然而自社交媒体作为应用工具突破传统科学交流的壁垒后，学术成果和影响力的传播呈现出快速度、高效率以及强交互性的特点，从而科研工作者以一种全新的学术传播和工作方式进行学术交流。在这种情况下，传统的引用数据指标已经无法适应时代前进的脚步，无法对学者的在线交流行为、在线学术互动状况、社交媒体影响、在线学术内容进行有效的测度和衡量，在这一背景下 Altmetrics 指标应运而生。Altmetrics 指标可以提供更为全面、综合、客观的学术影响力评价，但是由于其兴起的时间短，其研究还处于测试和概念验证阶段，此外其可信度与科学严谨性还受到诸多质疑。为了克服上述阻碍，学界必须将注意力集中，做到对其内涵以及各个角度进行充分的理解，制定相应的标准和达成固定的共识，确保其使用标准的一致性、意义的统一性以及使用方法的准确性。

为了达到上述目的，本书认为须从 Altmetrics 指标的可用性角度出发，就某些关键问题达成共识，形成标准，具体主要有以下几个方面。

1. 衡量 Altmetrics 指标质量好坏的标准

众所周知，Altmetrics 指标是实现 Altmetrics 服务的必备条件，也是 Altmetrics 研究价值体现的一个重要途径，因此设置的 Altmetrics 指标要具有高质量的特征，从而保障 Altmetrics 研究价值和服务的实现。既然 Altmetrics 指标的质量如此重要，那么判断 Altmetrics 指标好坏的标准必然也是 Altmetrics 指标研究过程中非常重要的内容，就本书而言，主要有以下几个方面：①覆盖面广。因为 Altmetrics 指标是基于在线科学交流过程的，其具有过程性的特征，所以 Altmetrics 指标要做到覆盖面广，能够简洁有效地描述在线交流过程中学术影响力的传播过程，能够以深入浅出的方式表现学术影响力产生的机制原理。②独立性强。对 Altmetrics 指标进行设置和选择后，应该运用相应的方法和工具对指标的相关性进行分析，从而判断 Altmetrics 指标在独立性方面的表现。高质量的 Altmetrics 指标应该做到指标类别间无交叉性，指标类别内部无重复性。③扩展性好。随着信息技术日新月异地发展，学术交流模式以及学术出版方式也会发生天翻地覆的变化，这种变化可能会引发 Altmetrics 数据源的变化，在线科学交流的步骤也会有所不同。Altmetrics 指标要具备可扩展性，要做到随时容纳未来新出现的 Altmetrics 指标，根据发展状况改善现有的 Altmetrics 指标，删除已经无用的、不适宜的 Altmetrics 指标。

2. Altmetrics 指标应该在何种粒度上收集和分析

Altmetrics 是在 Web2.0 环境下的在线科学交流活动中产生的，因此 Altmetrics 指标的运行机制依赖于社交媒体软件所提供的开放数据。这些开放数据不仅仅包括社交媒体软件收集的原始数据，还包含着基于这些原始数据所计算的二次开放数据，这些开放数据通常是 Altmetrics 指标应用的根本。本书经过调研发现，这些开放数据的计算和收集原理通常基于不同的粒度，具体主要分为两大类：①单个学术成果在 Altmetrics 工具软件中的计算收集数字，比较常见的主要有均值、样本量、拆分值以及所占排名的百分比等；②学术成果在纸质载体（期刊）中的统计信息，比较常见的主要有该纸质期刊中所有刊载的学术成果的统计量、某一时间段内该学术成果在同一载体中的相关统计信息、某一时间段内该学术成果在任意学术载体中相关的统计信息。不同粒度下收集和分析的 Altmetrics 指标所针对的应用也不同，第一种粒度下的方法适用于单篇学术成果（也包括数据集、程序片段等非常规形式的学术成果）学术影响力的 Altmetrics 评价；第二种粒度下的方法适用于刊载论文学术影响力的 Altmetrics 评价。对于终端受众而言，第一种适用于 Altmetrics 中的学术推荐；而第二种更适用于学科内容比较精细、过于小众的学术成果，更能够体现该学术成果在学术圈内的价值。通过明晰 Altmetrics 指标的收集和分析粒度，可以明确认识 Altmetrics 指标的本质和原理，赋予不同 Altmetrics 指标的权值，从而建立更为科学的 Altmetrics 评价体系。

3. Altmetrics 指标测度的时间跨度

Altmetrics 要求的是更为细致和精密的学术影响力评价，因此作为其内在发展动力的 Altmetrics 指标在细粒度以及时间跨度的即时性方面更为先进。Altmetrics 指标分析的时间跨度是某一学术成果在发布后短期的使用量与引用量，这种短期的时效性在时间跨度上的精确度要以月和天数为计算单位。Altmetrics 指标具备新兴的学术服务能力，它适用于在学术开放交流平台环境下，评价某些学术资源或者学者群体的学术实时影响力和社会贡献度。

4. Altmetrics 指标中社交媒体技术的角色

在线科学交流环境下，专家学者们借助各种社交媒体软件和工具，通过评论和交流方式执行学术评审角色，通过推荐、转发、分享、点赞等方式使得学术资源在同行内部和公众之间进行传播。在这些过程中，社交媒体在学术资源的快速传播和影响力的产生中充当了重要的角色。在利用 Altmetrics 指标对学术资源的影响力进行评测的过程中，应该充分明确社交媒体的作用，在以下几个方面做出明确的规定：①重要程度。不同的社交媒体因为重要程度不同所体现的 Altmetrics 指标的影响力就不同，比如同一篇学术成果在新闻报纸上被关注的影响力要大于被博客关注，而在科学博客中被关注的影响力要大于被 Twitter 等社交媒体关注。②提及数量。低廉的上网费用以及社交媒体技术的“零”门槛，使得学术成果在社交媒体上传播的成本微乎其微。在这一过程中要注意，对学术成果在一个社交媒体被一个人转载或者浏览所产生的影响力与一个人在此社交媒体上多次转发或者浏览产生的影响力孰重孰轻做出明确的规定，从而确定在进行 Altmetrics 指标的计算时应该如何体现。③名人效应。所谓名人是指在现实世界中具有较高知名度和重要影响力的明星人物以及在网络社区互动中成长的意见领袖①。名人在社交媒体中往往拥有较多的粉丝数，具有很强的个体吸引力，因而名人发起或者转发的学术资源及其话题更容易得到传播，因此在利用 Altmetrics 指标进行评测的过程中，要对社交媒体中的名人效应做出合理的规定。

5. Altmetrics 指标应用中数据分析技术要求

Altmetrics 指标的运行机制是基于社交媒体软件所产生的开放数据，这些开放数据也是网络数据，因此在 Altmetrics 指标运行过程中需要对这些网络数据进行计算分析，这就要求有必要的技术设备进行支撑。具体而言，主要涉及以下分析技术：①数据的传输技术。Altmetrics 指标的运行基础是开放数据，其开放性的特征就要求数据的收集和传输要做到快捷、高效以及免费。这些要求的实现可以通过外部 API 来进行控制。为了控制开放数据的滥用或者商业化使用，进行特殊应用或者大规模数据使用的用户可以通过申请参数获得密钥的方式实现数据的收集与传输。②数据追踪技术。因为 Altmetrics 指标是基于学术成果的网络传播数据的，所以其应用的前提就是有效地追踪学术成果在网络环境下的传播状

① 王贤文，张春博，毛文莉，等. 科学论文在社交网络中的传播机制研究[J]. 科学学研究，2013，31(9)：1287-1295.

况。这就要求学术成果在网络环境下必须有机械可读的标识符，从而可以确定该学术成果的有效指涉对象。目前常用的标识符有五种，分别是Altmetric Article ID、DOI（digital object identifier）、PubMed ID、arXiv ID以及ADS Bibcode。从理论上来说，这五种标识符应该是相互映射的，查询其中一种，可以同时获得另外的四种。根据这些标识符，可以获得学术论文或者数据集等学术成果在网络上的互动传播情况。③数据质量控制技术。网络数据是Altmetrics指标运行之根本，因此其数据质量的好坏严重影响着Altmetrics指标的可信度和可用性。首先，在数据质量控制方面，从源头上说最好要来源于本身就具备质量保障机制的口碑好的主流媒体和平台；其次，数据汇聚使用时，要设立数据一致性检验机制；再次，在数据监测方面，要开发相应的审计机制，监测数据的异常波动，此外还要设计反剽窃算法，防止数据被大规模篡改；最后，在数据的保存和复用方面，需要设立相关的基础设施使得Altmetrics指标的原始数据得到备份，这样即使原文被删除，研究仍然可以回溯，从而达到预期的科研目的。

Altmetrics指标标准的制定将有利于科学研究领域的专家学者对Altmetrics指标的信任和采纳，有利于Altmetrics指标被更广泛地接受，从而促进科研定量评价机制的进一步发展，使得基于Altmetrics的科学评价能够更全面地反映科研成果和学者的学术影响力，使得评价更加公正客观。

2.3.6 Altmetrics指标体系的构建

众所周知，Altmetrics指标可以全面综合地描述学术成果在社交媒体软件和平台中影响力的产生和传播状况。根据上述研究基础，学者在进行Altmetrics指标的科学构建过程中，根据在线科学交流的行为特征，制定构建原则，规范构建程序，建立了规范性和科学性的Altmetrics指标概念。

1. Altmetrics指标的构建原则

Altmetrics指标可以从多维度反映学术成果的影响力、评判科研工作者在学界和社会的知名度和影响力，Altmetrics指标是Altmetrics理论的核心，是其中心思想的体现，因此研究者能否构建出科学客观的Altmetrics指标，是Altmetrics学科发展成功与否的关键。在构建Altmetrics指标时，要遵循一定的原则，具体主要有以下几个方面。

第一，维度覆盖要完整。前文中提到影响力的产生是一个系统的过程，所历经的四个阶段是层层紧扣、环环相依的。因此在构建 Altmetrics 指标去评估和衡量影响力时，要注意不要单纯关注结果或者某一中间环节，维度的覆盖要完整，这样才能实现影响力评价的全面性和综合性。Altmetrics 指标构建时最好在一定理论框架的指导下完成。

第二，遴选重要、关键的 Altmetrics 指标。目前 Altmetrics 指标形式多样，在加以利用的过程中不能将其简单地罗列，这样无法将其优势发挥到最大化。本书认为应该运用相应的原理和算法，深入研究这些 Altmetrics 指标的属性和特征，遴选出在学术影响力评价中有较高集中趋势和较广适用范围的 Altmetrics 指标，也就是通常所说的重要的、关键的指标，从而体现出 Altmetrics 的价值所在。

第三，指标间要相互独立。所谓“相互独立”是指 Altmetrics 指标应该做到指标类别之间无交叉性，指标类别内部无重复性，指标之间要相互独立。换言之，就是指每一个 Altmetrics 指标要有自己唯一的类别，每个类别中的 Altmetrics 指标不重复，但是与类别内部其他的指标具有相似的数据格式，在统计与应用时具有相关性。

第四，遴选出的指标必须要有鉴别力。所谓“鉴别力”是指评价指标区分评价对象特征的能力①，要能评估出差异。

2. Altmetrics 指标体系的构建步骤

根据上述影响力形成原理，我们清楚地认识到，影响力的产生和形成是一个系统过程，其中的四个环节是层层紧扣、环环相依的。我们应该以系统整体的观点去看待问题，在影响力产生原理的理论框架指导下，遵循 Altmetrics 指标体系的构建原则，分步骤有逻辑地构建出有着针对性强、独立性好、鉴别力高等良好特性的指标，剔除和淘汰不具备这些良好特性的指标，从而为 Altmetrics 的持续发展提供内在动力。具体来说，主要包含以下几个步骤。

第一，应该设置哪些 Altmetrics 指标进行测度。Altmetrics 指标是反映在线科学交流全过程的全面综合的指标，所以对 Altmetrics 指标的设置应该涵盖在线科学交流过程中不同的交流阶段和每一交流阶段的不同角

---

① 范柏乃，单世涛，陆长生．城市技术创新能力评价指标筛选方法研究[J]．科学学研究，2002，20(6)：663-668.

度。根据在线科学交流中学术成果获取、互动、利用的全过程，学者们可以根据这一过程的三个不同阶段设置相应的 Altmetrics 指标，如表 2-5 所示，从而进行学术影响力的评价。

表 2-5　基于科学交流过程的 Altmetrics 指标

一级指标	二级指标	具体表现形式
获取	点击	链接的点击数
	浏览	摘要、全文、图形、表格以及科学研究的支撑数据的浏览数
	下载	数据、学术成果文件、摘要、PPT 的下载次数
互动	喜欢	分享数、推荐数、书签数、点赞数
	讨论	讨论帖数、提及数、微博数、博客数
	评论	评级打分、评阅数以及评论数
利用	在各个学术数据库以及学术搜索引擎的引用数	Scopus、CrossRef、Web of Science、Google Scholar 引用数

第二，Altmetrics 指标的确定。根据以上四大构建原则，分三步确定 Altmetrics 指标。第一步对 Altmetrics 指标做出隶属度分析，遴选出重要的、关键的指标。隶属度这一术语来源于模糊数学，其基本思想是，对于某个集合而言，某一元素与其的关系程度不能以是否来评判，应该判定这一元素在多大程度上属于这一集合，因此隶属度就是指某一元素属于某一集合的程度。根据隶属度的高低，可以评判出 Altmetrics 指标在测度影响力方面的有效性，从而遴选出关键性的、针对性强的 Altmetrics 指标。第二步就是通过相关性的分析，来保持 Altmetrics 指标间的相互独立性，对 Altmetrics 指标类别之间具有交叉性、指标类别内部具有重复性的情况，通过相关性分析后，要做去重等方式的处理。最后一步就是要通过鉴别力分析，剔除对评价结果没有区分度的 Altmetrics 指标。

第三，Altmetrics 指标的聚合。通过以上两个步骤可以遴选出相应的 Altmetrics 指标来评估在线科学交流过程中的学术成果以及学者的影响力。但是需要说明的是，这些 Altmetrics 指标揭示的是在线科学交流过程的不同层面的影响力，要想得到综合、简便、可应用的评估结果，需要通过聚合的手段和方式，将多源性和多样性的 Altmetrics 指标进行相应的处理，使得 Altmetrics 指标应用更为简单便利，从而促使 Altmetrics 指标的不断发展成熟。

首先需要对 Altmetrics 指标的聚合原则进行清晰的界定。具有多源性和多样性的 Altmetrics 指标通过聚合的方式使其应用更加便利，可以为相关的个人或者机构提供简便易用的评价结果。但是值得说明的是，Altmetrics 指标在聚合时应该遵循以下原则。

（1）有效性原则。有效性是聚合得以实现和成功的基础和前提。如果原始指标本身就不具备有效性，那么聚合就毫无意义可言。因此我们要对所有的 Altmetrics 指标进行透彻的研究，对其实质含义和应用范围都要有明确的规定，以便在聚合时有一个统一的标准。

（2）可比性原则。聚合是为了更好地进行分析判断，从而得出更有说服力的分析结果，但是要避免在聚合的过程中把属性上没有可比性的 Altmetrics 指标杂糅在一起，因为这样不仅使得分析结论出现错误，也使得 Altmetrics 指标失去了其原有的意义。

（3）学科针对性原则。因为 Altmetrics 指标是以社交网络技术为支撑而运行的，其传播受众不仅仅包括专业的科研人员，还包含着普通大众。而部分学科的研究结论由于涉及普通大众所关心的生命健康或者生活现状，所以其浏览和下载这些 Altmetrics 指标的表现就尤为突出，而其他学科在这一方面可能表现平平。我们应该根据学科的不同有针对性地进行 Altmetrics 指标的聚合，而不能千篇一律地对待。此外，在聚合结果的解读方面也要注意学科差异性，例如一篇科研工作突出的数学论文的聚合指标分数比大众水平的基因学论文还要低，所以我们要针对相应的学科合理解读聚合后的 Altmetrics 指标分析结果，做到具体问题具体分析。

（4）计算方法简便易行原则。Altmetrics 指标聚合后得到的还是一个指标。对于一个科学的指标，必须要有一种科学而简便的计算方法，以提高聚合的质量和分析的效率。

其次需要对聚合方式进行详细的探讨。根据以上聚合原则，我们可以将众多离散的 Altmetrics 指标通过聚合的方式进行重新设置，最终以概念清晰、计算简便的方式呈现给相关的专家学者。一般而言，Altmetrics 指标的聚合方式主要有以下几个方面。

（1）数据处理。Altmetrics 指标以数据的形式进行表现，因此数据处理是 Altmetrics 指标进行聚合最直观、最可靠的方式。通过相应的数据处理和变换，可以将相关的 Altmetrics 指标聚合成一个新的指标，从而实现其理论的概括和结论的升华。具体的处理方法主要有：①相对数，是两个指标数值相除所得，用于表征相互联系和发展程度；②平均数，这可以在一定程度上消除某种偶然性，代表总体数据的一般水平，它的表现形式主要有算术平均数、几何平均数、中位数以及众数四种；③统计指数，用以说明同类现象中变动情况的比较指标；④标志变动度，用来测定和评价平均指标的代表性，其表现形式主要有全距（极差）、平均差、标准差以及标志变动系数（离散系数）。以上这些处理方法均可以实现 Altmetrics 指标的聚合，聚合后的新指标不仅带有原始指标的特征，还能够综合反映和评价学术影响力的结果。

（2）权重的确定和分配。聚合的另一种方式就是为多源（数据源）性和多样性的 Altmetrics 指标赋予相应的权重，经过计算后得出相应的分数，作为 Altmetrics 指标的聚合结果。在权重的分配过程中要注意以下几点：①社交媒体平台的重要程度。不同的社交媒体平台对学术成果的传播所发挥的作用大小不同，因此在进行权重的分配时得分也要有高有低。例如新闻媒体的权重要大于科学博客的权重，而科学博客的权重要大于 Twitter、微博的权重。②推荐人的重要程度。学术成果在传播的过程中可能被不同的个人或者机构转发，个人或者机构的专业背景和知识相关度对权重的分配也存在着重要的影响。例如一篇医学类论文的链接，被一位医生与其他同事分享的权重要远远高于一个期刊日常化自动推荐。③数据源的重要程度。Altmetrics 指标的运行基础是社交媒体或者软件生成的数据源，因此数据源的质量和数据源的确定性对 Altmetrics 指标的权重也存在影响，同时数据源本身也具有波动性，权重的调节可以削弱这种状况所带来的影响。权重的确定通常应用层次分析法来完成，具体的步骤有：邀请本领域相关专家学者对 Altmetrics 指标进行两两比较；采用相关的软件和工具计算各个指标的权重。

以上这两种方式在 Altmetrics 指标聚合方面均起着至关重要的作用。总体而言，数据处理仍然是 Altmetrics 指标聚合的王牌方法①，因为它通过数据之间的转换改变指标之间的关系，这不仅降低了 Altmetrics 指标应用的复杂性，也使得学术影响力的数量特征和变化规律得到了一定程度的描述和揭示。但是需要说明的是，数据处理不是万能的，它不可能将所有的 Altmetrics 指标聚合成一个适用无限制的终极指标，这时权重的确定和分配就成为 Altmetrics 指标聚合的有力补充。

---

① 余厚强，邱均平. 替代计量指标分层与聚合的理论研究[J]. 图书馆杂志，2014，33(10)：13-19.

2.4　Altmetrics 指标类型

目前传统数据库及相关学术评价机构流行的“以引文数据为主评刊”和“以刊评文”的“狭隘”评价方式导致的批评之声不绝于耳。笔者认为，前者是将引文的检索功能放大、简单移植至期刊评价领域，后者是在对前者“以引文数据为主评刊”的基础上进行的“好刊均载好文、差刊均载差文”简单逻辑推理，进而对论文进行评价分级。显然，这两种传统的“评刊”和“评文”方式在新媒体环境下急需变革，需要更全面的、更适合数字化、网络化时代学术论文传播方式的评价指标予以补充和完善。

在新媒体环境下 Altmetrics 指标是一个集成，其包含来自多种类型的社交媒体和不同关注程度的指标①。以 PlumX 为例，EBSCO 公司于 2014 年初收购 Plum Analytics 公司，将 Altmetrics 运用于检索结果排序，推出了 PlumX 服务，其目标是通过在社交网站和研究平台上的对话来制定学术论文的评价标准。Altmetrics 评分是一篇学术论文在社交媒体上获得的关注的质量和数量的定量度量，其完成对所有单篇学术论文影响力的度量后再评价期刊的总体影响力，进而对科技期刊进行客观评价，实现“以文评刊”。在新媒体时代这一评价方法，对作者而言，可以客观感受其论文被关注的程度及其实时影响力；对科研工作者而言，该评价结果提供了一种识别最近阅读的、最有价值的论文的快捷方法；对出版商和编辑而言，它是反映期刊内容质量和读者群的重要指标。在对学术出版物进行评价的指标方面，本书将 Altmetrics 指标类型总结为使用型指标、捕获型指标、提及型指标、社交媒介型指标和引文型指标五种类型，同时参考金贞燕等②的研究，将每种指标类型的数据来源总结如后文所述。

2.4.1　使用型指标

“使用”是研究人员继“引用”学术出版物之后对其进行深度利用的指标。使用影响力指标主要测试受众阅读或以其他方式使用学术的程度，具体指标包括对学术出版物的点击量（clicks）、下载量（downloads）、

① 刘烜贞，湛乐．替代计量指标评价科研成果社会影响的研究[J]．情报探索，2017,（10）：35-38.

② 金贞燕，侯景丽，孙华丽．Altmetrics 数据整合分析工具的现状特点及相关问题研究[J]．情报理论与实践，2019, 42（4）：74, 93-99.

浏览量（page views）、视频播放量（video views）、推广量（extensions）、馆藏量（collections）、馆际互借（exchange）、文献传递（transportations）等。对这些指标的定量测度可实时反映论文被利用的情况，进而反映期刊内容的传播广度和使用深度。此类在线行为数据易于量化统计，但可供深度发掘的信息量较少，属于较浅层次的影响力指标。指标主要从Altmetric.com、PLOS ALM、Plum Analytics、Impact Story、Webometric Analyst获取到，主要可分为社会使用、视频使用量、社交点击量、学术平台使用四大类，如表2-6所示。

2.4.2 捕获型指标

受众在打开一篇学术出版物之后觉得对自己有用，想要下次方便快速地找到该学术出版物，其添加收藏等行为所产生的数据便构成了捕获影响力。捕获影响力指标数据是反映未来引用、使用、传播该学术出版物的重要数据指标。构成学术出版物捕获影响力的数据主要包括书签（bookmarks）、代码分支（code forks）、收藏夹（favorites）、阅读器（readers）、观察者（watchers）等数据。这些指标数据可反映学术出版物内容在网络环境下被再次使用的概率和程度，从而间接反映学术出版物的内容质量和影响力。相关指标可从Altmetric.com、PLOS ALM、Plum Analytics、Impact Story、Webometric Analyst获取到，主要可分为社会读者数/社群、社会书签、视频订阅/喜爱、评审评级四大类，如表2-7所示。

2.4.3 提及型指标

提及是人们参与研究的一种方式。这种提及可以是对学术出版物的认同，也可以是对学术出版物的批判，提及途径主要包括博客文章、评论、维基百科链接、自媒体和新闻媒体报道等，其主要测量指标为学术出版物在以上途径中被提及的次数和频率。构成提及型指标的数据主要有博客帖子（blogs）、新闻报道（news reports）、维基百科文章（wikipedia）、留言（messages）、评论（reviews）等。这一指标数据是对期刊内容被关注度和反馈度的重要反映。相关指标可从Altmetric.com、PLOS ALM、Plum Analytics、Impact Story、Webometric Analyst获取到，主要可分为视频评论、社会提及/评论、博客、微博、评论、学术平台评论、在线百科全书七大类，如表2-8所示。

2.4.4　社交媒介型指标

该指标主要测试学术出版物在各类社交媒体上被提及后，受众对学术出版物及其内容的评论、观点等。例如，美国的 Facebook 中有分享（shares）、喜欢（likes）、评论（reviews）三种表达方式；中国的新浪微博有点赞、评论、转发三种方式。受众通过诸如此类的社交媒体表达其对学术论文的观点（喜欢、评论、转发等），进而对这些观点进行量化和质化分析，即可得出学术论文的社交媒体影响力。通过社交媒介影响力指标可以弥补传统学术论文评价方式无法涉及社交媒体层面的不足，在受众阅读方式变革的当下该层面的权重越来越大，其越来越成为评价学术论文和期刊推广程度及影响力的重要方面。该类指标可从 Altmetric.com、PLOS ALM、Plum Analytics、Impact Story、Webometric Analyst 获取到，主要可分为视频、社交媒体、微博、博客四大类，如表 2-9 所示。

2.4.5　引文型指标

引文影响力是衡量学术出版物被他人引用的频次的传统指标，包含传统引文索引的类别（如医学、社会学、数学、化学等领域），以及有助于表明社会影响的引文类别（如临床和政策引用），主要包括 CrossRef、PMC、Web of Science（WoS）、Scopus、Microsoft Academic Search 等数据库中的引用数（citations）。然而，对于学术出版物的被引频次须客观看待。例如：一些“标新立异”学术论文可满足受众的好奇心，造成“围观”现象进而带来高被引；一些“综述性”论文可能因梳理了相关领域的数年研究成果而带来高被引；甚至有些呈现诸多谬误性观点、方法的学术论文被诸多后来者“批判”“进行反面案例解读”，进而带来高被引。以上这些情况显然不能说明这些论文具有高影响力和高质量。因此，应用引文影响力指标作为 Altmetrics 指标在对学术出版物进行评价时，应客观甄别其被引的性质和引用背后的原因，剔除“无效被引”，将那些对受众有积极影响的学术成果的被引纳入补充测量指标数据。相关指标可从 Altmetric.com、PLOS ALM、Plum Analytics、Kudos、Impact Story、Webometric Analyst 获取到，主要可分为在线学术平台、社交平台两大类，如表 2-10 所示。

表 2-6　使用型指标数据来源

类别	工具					
	Altmetric.com	PLOS ALM	Plum Analytics	Kudos	Impact Story	Webometric Analyst
社会使用	Mendeley users	Mendeley users	Mendeley users	无	Mendeley users	Mendeley users
视频使用量	YouTube views/plays	无	YouTube views/plays、Vimeo plays、SlideShare views/download	无	YouTube views/plays、Vimeo plays、SlideShare views/download	YouTube views/plays
社交点击量	Facebook clicks	Facebook clicks	Facebook clicks	无	Facebook clicks	Facebook clicks
学术平台使用（下载量、馆藏量、文献传递）	PMC	PMC、Figshare、WorldCat	Figshare、WorldCat、EBSCO、SSRN、ePrints	无	PMC、Figshare、WorldCat	WorldCat

表 2-7　捕获型指标数据来源

类别	工具					
	Altmetric.com	PLOS ALM	Plum Analytics	Kudos	Impact Story	Webometric Analyst
社会读者数/社群	Mendeley readers/groups、CiteULike readers	Mendeley readers/groups、CiteULike readers	Mendeley readers/groups、CiteULike readers、Goodreads readers	无	Mendeley readers/groups、CiteULike readers	Mendeley readers/groups
社会书签	Mendeley bookmarks、CiteULike bookmarks、Delicious bookmarks	Mendeley bookmarks、CiteULike bookmarks	Mendeley bookmarks、CiteULike bookmarks、Delicious bookmarks	无	Mendeley bookmarks、CiteULike bookmarks、Delicious bookmarks	Mendeley bookmarks
视频订阅/喜爱	YouTube subscribers	无	YouTube favorites/subscribers、Vimeo subscribers	无	YouTube favorites/subscribers、Vimeo subscribers	YouTube subscribers
评审评级	Publons forks	无	无	无	Publons forks	无

表 2-8　提及型指标数据来源

类别	工具					
	Altmetric.com	PLOS ALM	Plum Analytics	Kudos	Impact Story	Webometric Analyst
视频评论	YouTube comments/ citations、Pinterest user citations	无	YouTube comments/ video citations、Vimeo comments、SlideShare comments	无	YouTube comments/ video citations、Vimeo comments、SlideShare comments	YouTube comments
社会提及/评论	Facebook comments/ posts/mentions/citations、Google posts/citations	Facebock comments/ posts/mentions/citations	Facebook comments/ posts/mentions/ citations、Google posts/citations	无	Facebook comments/ posts/mentions/ citations	Facebook comments/posts/ mentions/citations
博客	Scientific American blogs、Nature blogs、PLOS blogs	Research Blogging、Google blogs、Nature blogs、WordPress blogs	Research Blogging	无	无	Google blogs
微博	Twitter、Sina Weibo	Twitter	Twitter	无	Twitter	Twitter、Tumblr
评论	F1000、Reddit、Publons	F1000、Reddit	Reddit、Goodreads、Amazon reviews	无	Publons	无
学术平台评论	PMC reviews	PMC reviews	无	无	PMC reviews	无
在线百科全书	Wikipedia	Wikipedia	Wikipedia	无	Wikipedia	Wikipedia

表 2-9　社交媒介型指标数据来源

类别	工具					
	Altmetric.com	PLOS ALM	Plum Analytics	Kudos	Impact Story	Webometric Analyst
视频	YouTube favorites/likes/dislikes	无	YouTube likes/dislikes、Vimeo likes、SlideShare favorites	无	YouTube likes/dislikes、Vimeo likes、SlideShare favorites	YouTube favorites/likes/dislikes
社交媒体	Facebook、Google+	Facebook	Facebook、Google+	无	Facebook	Facebook
微博	Tests Re-tweets	Tests Re-tweets	Tests Re-tweets	无	Tests Re-tweets	Tests Re-tweets
博客	Blogs、其他	WordPress blogs、其他	无	无	无	无

表 2-10　引文型指标数据来源

类别	工具					
	Altmetric.com	PLOS ALM	Plum Analytics	Kudos	Impact Story	Webometric Analyst
在线学术平台	PMC	PMC、Scopus、CrossRef、Web of Science、Europe PMC、Bio^{M}	PubMed、Scopus、CrossRef、SSRN、USPTO	Web of Science	PMC、PubMed、Scopus、CrossRef、Figshare、arXiv	CrossRef、arXiv
社交平台	无	Google Scholar	无	无	无	Google Scholar

2.5　小　　结

本书从 where、what、how 三个维度探讨了 Altmetrics 的基本理论问题，试图对“什么是 Altmetrics”这一基本问题进行准确、全面的回答。where 主要探讨的是 Altmetrics“源”的问题，本章从“发展阶段”“英文名称由来与中文名称的界定”“与传统计量学的关系”三个视角分析和研究了 Altmetrics 的产生和发展。what 主要是对 Altmetrics“做什么”进行研究，通过对 Altmetrics 的定义进行剖析，把握 Altmetrics 的内涵本质；同时，探讨和描述 Altmetrics 的特点，把握其研究范围、学科界限及基本特点。通过对以上两个问题进行研究和分析，可以明晰 Altmetrics 的研究任务和关注点。how 主要是从“广义与狭义”的研究视角和“宏观与微观”的研究层次对 Altmetrics 内部概念体系进行构建和探讨，通过定义一个统一的体系结构来统一研究视角和研究层次不同带来的分歧，从而为各个领域的研究者指明共同的研究方向，促进了 Altmetrics 研究的进一步发展壮大及其学科服务的早日实现。

本章还主要针对 Altmetrics 研究的核心内容——Altmetrics 指标进行分析和研究。首先，笔者厘清了 Altmetrics 指标与在线科学交流的关系，全面阐述了 Altmetrics 指标的作用、适用范围以及可信度（可用性），深化了对 Altmetrics 指标内涵的认识。其次，为了促进 Altmetrics 指标的广泛应用，使得其科学性和严谨性被学界认可，本书针对 Altmetrics 指标的标准进行研究和探讨，具体的标准主要从五个方面进行阐述，分别是 Altmetrics 指标的质量、指标的收集和分析粒度、指标的测度时间跨度、社交媒体的作用标准以及应用时的数据分析技术要求。再次，本章以影响力形成理论以及 Altmetrics 指标要全面表现在线科学交流全过程为切入点，在这个理论框架的指导下，遵循 Altmetrics 指标体系的构建原则，分步骤、有逻辑地构建出有着针对性强、独立性好、鉴别力高等良好特性的指标，剔除和淘汰不具备这些良好特性的指标；同时本书探讨了多源性、多样性、离散性 Altmetrics 指标的四大聚合原则和两种聚合方式——数据处理和权重的确定与分配。在这两种聚合方式中，数据处理是王道，权重确定与分配是有力的补充。最后，本章阐述了 Altmetrics 指标的类型与指标数据来源。

在未来的研究工作中，Altmetrics 能否发展出像传统计量学中影响因子这样经典的指标，是 Altmetrics 成功与否的关键。所以 Altmetrics 指标的构建和评价，无疑是主要的研究趋势，也是国内外学者在 Altmetrics 领域的科研道路上的指示灯塔。

第 3 章　Altmetrics 的分析方法与工具

子曰："工欲善其事，必先利其器。"这里的"器"就是指方法和工具。所谓"方法和工具"，就是人们在从事任意活动的过程中，想从理论或实践里认识某种事实，达到某项目的的手段。换句话说，方法和工具作为联系理论与实践的中介，一方面能帮助人们正确有效地获得关于对象的本质和规律的认识，另一方面又能指导人们对客观对象进行正确而有效的实践改造，达到使客观对象满足主体合理需要的目的。

随着在线学术生态系统日益繁荣，在线科学交流形式多样化，所产生的数据源类型多种多样，并且存在数据的多态、异构、繁杂等特性。而在大数据的技术环境背景下，科学研究工作无论是理论研究还是实际应用都必须要有一定规模的数据资料支持，系统化、规范化的数据资料是进行严谨、有效的科研工作的前提。学术评价是科研工作中很重要的一环，影响深远，包括哪个项目得到资助、谁应该晋升、哪个出版物更加优秀等。随着 Web2.0 技术的发展、社交媒体平台的广泛应用和开放存取运动的不断深化，科学交流模式和学术成果传播途径都发生了巨大的变化，学术评价遭遇了前所未有的挑战。而传统的引用数据、h 指数等已经无法满足时代发展的需要，无法对在线学术行为、学术交互状况、学术社交媒体应用以及在线学术内容管理传播进行有效的评估和测度。Altmetrics 的出现恰好弥补了这一缺陷，它在学术论文在社交媒体平台上传播以及新形式学术成果的在线传播所产生的影响力评价方面有着无法比拟的优势，弥补了传统计量学在在线科学交流环境下进行学术评价的不足，从而作为一种新的研究方法为学术成果的全面性和综合性评价服务。

3.1　Altmetrics 的分析方法

科学研究方法学认为，科学研究方法只有通过研究过程才能看出其本质意义。任何一项科学研究工作，从开始到结束，都是一个连续进行的动态过程，按照知识产品的完成情况，可以将科学研究过程划分为不同的研究环节，每一个研究环节都采用相应的研究方法，因此，只有根据科学研究的一般过程来讨论科学研究方法，才能用系统的、联系的眼光看待科学研究方法[①]。Altmetrics 的运行基础是在线科学交流过程中学术成果的传播数据，因此本章首先按照数据收集、处理、分析以及结果表示四个主要研究环节，对目前应用到 Altmetrics 研究中的具体研究方法进行详细的论述和探讨。

3.1.1 数据收集方法

开展 Altmetrics 分析研究的前提是系统全面地收集研究中所需的原始数据。数据的收集过程是为数据分析阶段准备原始数据的过程。这里的原始数据是指学术成果在 Web2.0 应用平台上的传播数据，本质上是一种网络数据。由于在线科学交流的实时性和便捷性，每天产生的相关数据增长迅速，表现出了数量庞大、内容丰富、类型多样、结构复杂等特性。在这样的背景条件下，单纯依靠人工收集方式从经济成本到实际可行性方面都是行不通的，因此充分利用计算机技术去收集相关原始数据成为 Altmetrics 研究的必然选择。就目前的情况而言，使用最多的网络数据收集技术是网络爬虫技术。

网络爬虫是一个自动提取网页的程序，它一般从一个或者多个初始网页的 URL 中获得相关的 URL 列表，并以此为起始点进行抓取，在抓取程序运行的过程中，当前页面上新的 URL 被不断提取，放入待爬行队列中，直到满足系统所设定的停止条件后即完成抓取工作[②]。其具体的工作流程主要如图 3-1 所示。

网络爬虫在运行过程中要遵循以下工作原理。首先，在抓取网页的过程中，它只对网站的主网页进行分析然后选择相关链接加入下载任务列表中。在抓取时只抓取前三层的网页，因为它默认三层以上的网页质量不高，会导致抓取的性价比不高。抓取网页时通常使用的抓取策略有深度优先、广度优先以及最佳优先三种，在很多情况下会导致爬虫的陷入（trapped）问题，目前常见的是广度优先和最佳优先方法。其次，在下载过程中，通

① 张洋. 网络信息计量学理论与实证研究[M]. 北京：科学出版社，2009：39-41.
② 刘金红，陆余良. 主题网络爬虫研究综述[J]. 计算机应用研究，2007，24(10)：26-29.

常使用多线程访问维护下载任务队列，为了避免网络不稳定造成的程序终端，通过在一定的时间间隔后进行状态维护，重启下载。同时为了避免对同一个网站的过多下载，可以在 Hash 表中对所下载过的网址进行记录。最后，为了更好地定制网址，还要进行网址过滤，过滤的方式是设定 URL match 的值。此外，还要注重爬虫性能和效率的提高，具体可以采用分布式的方式①。

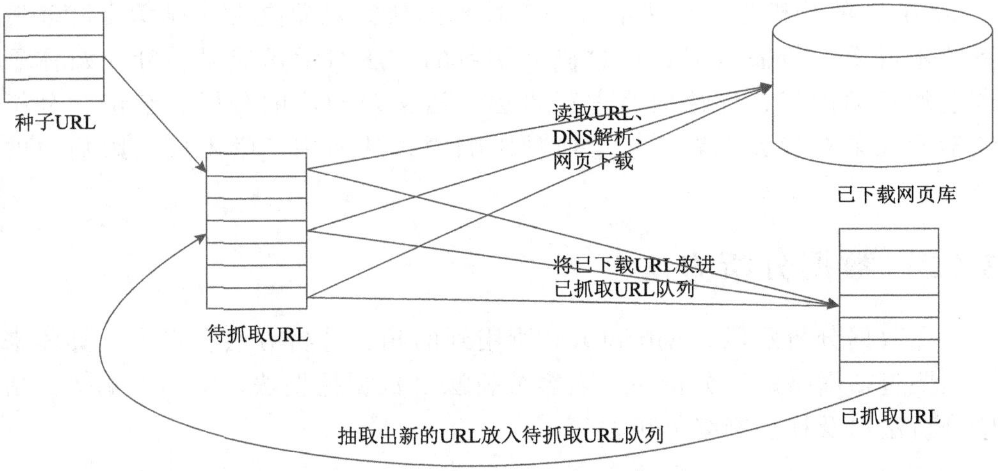

图 3-1　网络爬虫工作流程图

3.1.2　数据处理方法

Altmetrics 的运行基础是 Web2.0 环境下在线科学交流产生的开放数据，这些开放数据均来自社交媒体、新闻媒体等工具或者平台，因此在进行相关的数据处理时，所采用的方法主要是自然语言处理。

从 1940 年到 1950 年，自然语言处理技术产生并取得了一定的发展。自然语言处理技术主要是以计算机智能识别技术为基础，通过对自然语言进行相应的模拟化加工使用，达到人人之间以及人机之间的准确理解和交流②，它是智能识别的重要研究分支领域③。从目前的情况来看，语

① 乔峰. 基于模板化网络爬虫技术的 Web 网页信息抽取[D]. 电子科技大学硕士学位论文，2012.

② 李翠霞. 现代计算机智能识别技术处理自然语言研究的应用与进展[J]. 科学技术与工程，2012, 12(36): 9912-9918.

③ 王维兰，丁晓青，戴玉刚. 藏文识别后处理研究[J]. 术语标准化与信息技术，2002, (2): 30-34.

言含义与语言行为是自然语言处理技术的两个研究重点[①]。它一方面理解语言的相关语法结构，另一方面从语境出发进行相应的语用关联推理，从而使计算机可以理解具体的动态化语境以及理解人类如何进行语言思维的交流[②③]。关于自然语言处理技术的相关处理流程，具体来说主要有四个方面。它们分别是形式化地描述相关语言、科学构建计算处理算法、成功应用所构建的算法以及分析和研究被形式化处理后的语言。在Altmetrics的分析中，自然语言处理技术的研究对象是在线科学交流环境下学术成果的传播数据，通过机器学习的方法对学术成果在社交媒体平台上的互动内容、评论内容进行语法、语义及句法的分析和解读，分析该学术成果对相关学者产生了何种影响力，从而用于学术成果影响力的评价。

3.1.3 数据分析方法

在数据分析阶段，Altmetrics 所用到的相关分析方法有很多。具体来说主要包括网络链接分析法、内容分析法、数据挖掘法、文本挖掘法、情感分析法以及社会网络分析法。

1. 网络链接分析法

链接是互联网技术的最基本构成要素和最显著特征，它将分散在网络空间中各个位置的信息有机地组织和联系起来。它也可以被称作超级链接，是指一个网页指向一个目标的连接关系，Web 页面只有通过与其他网页及其自身内容链接，才能相互交换信息，扩大使用价值。而根据目标所在的页面位置不同，链接的目的也不同。根据这一划分标准，可以把网络链接划分为以下几种类型：①网站结构链接，其目的是将一个网站内的所有网页联系成为一个整体，并反映出结构和层次关系；②信息关联链接，是在一个网站内根据信息的关联关系所作的链接；③信息推介链接，出于商业或其他目的向访问者介绍其他相关的网站；④信息来源链接，反映信息来源，表明知识产权和责任归属；⑤网络结构链接，向访问者展示同一组织

① 冯志伟. 自然语言的计算机处理[J]. 中文信息, 1997, (4): 26-27.

② 刘秉权，王晓龙. 一种面向用户的语言模型及其机器学习方法[J]. 哈尔滨工业大学学报, 2004, (2): 150-153.

③ 刘海涛. 关于自然语言计算机处理的几点思考[J]. 术语标准化与信息技术, 2001, (1) : 23-27.

机构各网站的空间结构[①]。在 Altmetrics 的分析过程中，关注最多的是三个方面，分别是信息关联链接、信息推介链接以及信息来源链接，通过这三个方面的链接，可以很好地分析学术成果在 Web2.0 应用技术平台上影响力的传播状况。

网络链接分析的核心思想是如果网页 A 链接到网页 B，那么这说明 A 网页认为 B 网页具有更大的价值；如果指向网页 B 的链接越多，那么说明网页 B 的价值越高，如果网页 A 本身就有很多网页链接，那么表明网页 B 的价值更大。在在线科学交流过程中，学术成果通常以 DOI 链接的方式进行传播。相关的专家学者在博客、微博等社交媒体平台对其进行讨论、互动时，通常在博文或者微博内容中附以学术成果的 DOI 链接，以便相关的读者能够更好地阅读全文，从而对研究结论和学术观点进行更深层次的了解。根据网络链接分析的核心思想，在这样的传播过程中，指向学术成果的网页链接越来越多，那么说明该学术成果的影响力越大。

2. 内容分析法

内容分析法（content analysis）是形成于第二次世界大战时期的一种社会科学研究方法。对于它的定义，最经典的是美国著名的传播学家 Bernard Berelson 提出的，他在其出版的学术著作《传播研究中的内容分析》（*Content Analysis in Communications Research*）中对该方法这样论述："一种对具有明确特性的传播内容进行客观、系统和定量描述的研究。"

一般而言，内容分析法的实施包括以下步骤：①提出研究问题或假设。要将研究目标进行清楚明确的陈述。②确定研究范围。要详细说明所分析内容的界限。③抽样。可按信息内容或者时间进行抽样。④定义分析单元。即选择实际计算的对象，这是内容分析最基本的元素。⑤建立分析的类目。有效的类目应该具有互斥性、完备性和信度。⑥建立量化系统。一般涉及类目、等距和等比三个尺度。⑦进行内容编码。要注意做好训练编码员、改进编码计划，进行实验性研究、检查编码员间的信度，使用标准化表格、简化编码任务等工作。⑧分析数据资料。既可使用描述性统计方法，也可使用推理的统计方法。⑨解释结论。对统计结果和含义进行解释，并在统计分析的基础上，对所研究的问题做出科学、客观的结论[②]。

---

① 俞培果，邱均平. Web 页面链接动机分析及链接测度研究[J]. 情报科学, 2003, (3): 320-323.

② 张洋. 网络信息计量学理论与实证研究[M]. 北京: 科学出版社, 2009: 39-41.

3. 数据挖掘法

数据挖掘，又被称为 data mining。数据挖掘一般是指从大量的数据中通过算法搜索隐藏于其中的信息的过程。数据挖掘通常与计算机科学有关，并通过统计、在线分析处理、情报检索、机器学习、专家系统（依靠过去的经验法则）和模式识别等诸多方法来实现上述目标。数据挖掘的整个过程一般包含以下几个步骤：①数据清理，消除噪声和不一致数据；②数据集成，多种数据源可以组合在一起；③数据选择，从数据库中检索与分析任务相关的数据；④数据变换，通过汇总、聚集操作等方式将数据统一变换成适合挖掘的形式；⑤模式提取，使用智能方法提取数据模式；⑥模式评估，根据某种兴趣度量，识别表示知识的真正有趣的模式；⑦知识表示，使用可视化和知识表示技术，向用户提供挖掘的知识。

随着互联网技术的进步与发展，人们对互联网的依赖越来越强，迫切需要从相关的网络数据中寻找出许多有价值、有意义的信息和知识。于是将数据挖掘的技术应用到网络数据的分析中，就变成了顺理成章的事情，网络数据挖掘就产生了。网络数据挖掘（web data mining）是指从与网络相关的资源和行为中抽取用户感兴趣的、有用的模式和信息，它针对包括网页内容、页面之间的结构、用户使用记录等在内的各种网络数据。简单而言，网络数据挖掘就是从网络上发现具有潜在价值或者事先未知的信息的全过程，是知识发现在网络数据中的一种应用。

4. 文本挖掘法

文本挖掘最早出现在 20 世纪 80 年代中期，人们也常把它称作文本知识发现，就是从大量的数据中抽取未知的、隐藏在内部的但是潜在有用的知识的过程①，其步骤包含分析数据、抽取信息以及发现知识三个方面。获取文本的内容特征是进行文本挖掘的主要目标。文本内容特征主要是文本的主题、主题类属以及内容浓缩，其具体的实现技术有文本分类、聚类、特征提取、自动摘要、主题标引等②。文本挖掘目前的应用领域非常广泛，包含信息检索、机器学习、计算语言学、统计学以及数据挖掘等学科或者领域；其应用目的也十分多样化，主要有文本分类与聚类、观点分析、实

① 张群. 文本挖掘技术及其在专利信息分析中的应用[J]. 现代情报，2006，(3)：209-213.

② 赵蓉英，曾宪琴，陈必坤. 全文本引文分析——引文分析的新发展[J]. 图书情报工作，2014，58(9)：129-135.

体/概念挖掘、实体关系模型等方面[①]。

5. 情感分析法

情感分析，也就是我们通常所说的意见挖掘。它就是利用计算机技术，对相关的文本、数据通过处理、分析、归纳、推理等一系列的手段和过程[②]，对其观点、情绪、主客观性以及极性进行挖掘，从而对文本和数据的情感倾向进行有效的判断[③]。情感分析的对象分为词、句以及篇章三个层次。其研究步骤也包括三个方面，分别是：从词、句或者篇章中抽取出相应的情感信息；对所抽取的信息按照研究目的进行分类，可以划分为观点、情绪以及主客观信息；最后进行相应的归纳和检索。从目前的研究来看，情感分析法的应用领域主要有三个方面：分析用户评论信息以支持决策；舆情监控；通过对互联网上的新闻、事件以及话题进行情感挖掘，预测其未来发展状况。

Web2.0 的出现和发展，使得人们对互联网的应用从“阅读式”向着“交互式”转变。科研工作者们不仅仅可以通过网络获取自己所需的学术资源，还可以就某个学术成果发表自己的观点，分享自己的经验。当 Altmetrics 应用于学术成果评价时，通过对用户的相关评论信息进行分析和挖掘，可以得到用户对该学术成果的观点、看法、好恶等主观信息，这也是对学术成果影响力进行揭示的一个方面。

6. 社会网络分析法

社会网络分析（social network analysis，SNA）反映的是一种结构，其构成要素为社会行动者以及他们之间的社会关系。社会网络分析主要研究社会网络的关系结构以及这些关系结构所构成的模式及发挥的功能。社会网络分析领域的专家 Barry Wellman 对社会网络分析的本质给出了这样的解释：“社会网络分析探究的是深层结构——这种结构是隐藏在复杂的社会系统下表现出来的一定的网络模式。”[④]

在进行社会网络分析时，学者们通常从两个视角——关系与位置进行

① Feldman R, Sanger J. The Text Mining Handbook [M]. New York: Cambridge University Press, 2007: 1-12.

② 赵妍妍，秦兵，刘挺．文本情感分析[J]．软件学报，2010，(8)：1834-1848.

③ 杨立公，朱俭，汤世平．文本情感分析综述[J]．计算机应用，2013，33(6)：1574-1578.

④ 刘军．社会网络分析导论[M]．北京：社会科学文献出版社，2004：13-19.

分析和探讨。基于关系视角的社会网络分析重点研究社会行动者之间的社会网络关系，具体主要利用中心性分析、密度分析、网络规模分析来实现；基于位置视角的社会网络分析重点研究位置对社会关系的影响，它讨论的是两个或者多个行动者与其他任意的第三方的关系模式以及由此反映出来的社会结构，它强调的是利用“结构等效”的观点来理解社会人的行为。这主要通过核心-边缘结构分析以及结构对等性分析来实现[①]。

近年来，随着 Web2.0 技术的成熟和发展，社交媒体得到了广泛的应用。学者们开始尝试利用社会网络分析法对虚拟环境下的人际关系进行研究。邱航明就以新浪博客中的 NBA 博客圈为研究对象，采用社会网络分析方法，对相关的成员地位、行为特征以及关系结构特征进行了分析，并在此基础上，探讨了链接动机与行为之间的关系，挖掘了隐藏在背后深层的行为特征[②]。学术成果在社交媒体平台上的传播过程，也能够在一定程度上反映出学者内部的一些潜在关系，如潜在合作、学术同行、潜在竞争等；在关系分析的基础上，可以挖掘传播行为与传播动机之间的关系，从而可以为 Altmetrics 学术评价结果的合理性和科学性提供保障。

3.1.4 结果表示方法

可视化方法（visualization）是目前关注较多，发展比较迅速的一种方法。相关术语的正式提出是在 1987 年美国国家科学基金会（National Science Foundation，NSF）举办的一次学术会议上。其目的就是通过这种可视化的方式，将海量的科学数据直观有效地展示出来，以便于人们理解和应用[③]。从其应用目的来看，可视化是一种很好的结果表示方法，一方面它可以将分析结果以直观、清晰、准确、炫彩图谱的方式展示出来，另一方面它有助于人们发现隐藏在大规模数据背后的事物特征和规律，从而预测事物发展的趋势，为决策者提供迅速、及时的决策支持[①]。

目前，可视化的发展已经先后经历了数据可视化、信息可视化以及知识可视化，其研究对象分别对应了数据、信息以及知识三个方面。由于三者在本质上存在着不同，所以数据可视化、信息可视化以及知识可视化也

① 赵蓉英，吴胜男．图书情报领域信息可视化分析方法研究进展[J]．情报理论与实践，2014，37(6)：133-138.

② 邱航明．博客圈的社会网络分析[D]．哈尔滨工业大学硕士学位论文，2008.

③ 陈为，沈则潜，陶煜波．数据可视化[M]．北京：电子工业出版社，2013：1-5.

存在着本质的区别[①]，具体如表 3-1 所示。

表 3-1 数据可视化、信息可视化与知识可视化的比较

类别	数据可视化	信息可视化	知识可视化
可视化对象	空间对象	非空间对象	人类知识
可视化目的	将抽象数据以直观方式呈现出来	从大量抽象数据中发现新的信息	知识发现、知识传播以及知识创新
可视化方式	计算机图形、图像	计算机图形、图像	知识动画、视觉隐喻
交流类型	人机交互	人机交互	人人交互

3.2 Altmetrics 的分析框架

Altmetrics 是计量学在 Web2.0 环境下的一次革命，是对文献计量学、信息计量学、科学计量学、网络计量学和知识计量学的继承和发展，因此，它具备了计量学的优良品质和良好特性，具有定量计算和定性分析相结合的特性。Altmetrics 的分析框架自上而下共设数据收集层、数据处理层、数据分析层以及结果表示层四个层次，这四个层次串联了 Altmetrics 方法从初始数据准备到针对用户需求提供分析结果的整个过程。

3.2.1 数据收集层

Altmetrics 的运行基础是在线科学交流产生的开放数据，全面、充分、大数据量、高质量的数据是有效开展 Altmetrics 服务，促进 Altmetrics 学术价值和社会价值充分发挥的必要保障。在数据收集层，主要实现的是多态、异构、繁杂的数据源的采集入库。在具体实现中，可以运用爬虫工具或者批量获取工具从相应的 Altmetrics 数据源中采集相应的数据源。目前，Altmetrics 可用的数据源非常广泛，主要包括以下几个方面：①标签数据源，如 Mendeley、CiteULike、Delicious；②科学博客数据源，如 Bloglines、Nature blogs、Research Blogging；③新闻媒体数据源，如 MSM（mainstream media）、News articles；④社交媒体数据源，如 Twitter、Facebook；⑤协

① 赵国庆，黄荣怀，陆志坚. 知识可视化的理论与方法[J]. 开放教育研究，2005，11(1)：23-27.

同式网络数据源，如 Wikipedia；⑥学术搜索引擎数据源，如 Google+；⑦开放存取网站数据源，如 PLOS；⑧学术数据库，如 Web of Science、Scopus、CrossRef、PubMed。

在对以上表现出不同特征的数据源进行采集时，可能会受到来自数据源的可获取性方面的挑战。虽然 Altmetrics 数据源大部分都是开放性的，或者具有部分开放性的，但是在数据采集获取时，仍然会受到一些阻碍。例如，Twitter 平台可以获取过去 30 天以内的相关推文数据，但是超过了这个时间跨度，就需要支付一定的费用；而 Google Scholar 上的数据是不能够完全获取的；此外，有些 Altmetrics 需要数据源存在于 PDF、spreadsheets 或者 HTML 文件中，而这些文件格式中的数据源通常是不能够被计算机识别、重用的，这就为数据源的获取带来了很大的难度。因为 Altmetrics 的数据源在数据源的可获取性方面有着如此大的区别，所以在数据采集工作的过程中要针对不同的来源和特征，制定相应的采集策略和方法，设计并研发相应的数据源采集器。

3.2.2 数据处理层

数据处理层是连接数据收集层和数据分析层的中间层，是实现 Altmetrics 分析应用，提供 Altmetrics 服务的关键层。Altmetrics 分析结果的合理性、科学性和可靠性在很大程度上取决于数据的精确性、系统性以及全面性。数据收集层获取、收集的数据来源于不同的数据源，因此到达数据处理层的数据是多态、异构、繁杂的，这就为数据处理带来了巨大的挑战。在这一层中，主要的步骤包括数据清洗、格式转换、词性标注和特征提取。

要想获得高质量的样本数据，数据清洗是必不可少的。就目前的情况而言，在数据清洗环节中，遭遇最多的挑战是数据的去重问题。所获取数据的多态、异构给计算机可读性和批量处理带来了不小的阻碍，这就对 Altmetrics 实时分析带来了影响。这时需要对收集的数据按照制定的格式规则进行标准化的处理，使数据的易用性增强。就目前的情况来看，一些图书馆及其分支机构利用 Python 和 R 语言开发了一些通用的程序算法来帮助相关学者进行 Altmetrics 分析数据的存储和格式转换①，从而为科研工作者的科学工作提供便利。

---

① Piwowar H, Cameron N. Who shares? Who doesn't? Factors associated with openly archiving raw research data [J]. PLOS ONE, 2011, 6(7): e18657.

词性标注和特征提取主要是为数据分析层服务，主要是实现各类型用户数据、文本数据、时间数据、使用数据、传播数据、互动数据、评论数据等字段的准确提取和有效统计，该过程可以通过 Eclipse 集成开发环境下的 Java 开发语言和相关的数理统计工具予以实现。在特征提取时，也要注意不同类型的数据字段间关系特征的提取，这些特定关系属性的明确，对进行后续的分析也有着很大的帮助。

综上所述，针对 Altmetrics 数据源的多样化特征，通过相应的数据清洗、格式转换、词性标注和特征提取等方法对数据进行处理，能够满足后续分析的需求，以保证 Altmetrics 分析结果的有效性和准确性。

3.2.3 数据分析层

这一层是整个 Altmetrics 分析框架的关键与核心之所在。在这一层上，既要准确地捕捉用户的需求定位，还要根据数据处理层中所提取数据字段的基本特征、结构特征、内容特征以及关系特征，再辅以网络链接分析、内容分析、数据挖掘、文本分析、情感分析和社会网络分析等方法，提供不同类型、不同层面以及不同程度的 Altmetrics 分析结果，从而向用户提供精准、恰当以及个性化的 Altmetrics 服务。该层共设三个子模块，分别是评价模块、知识挖掘模块以及知识推荐模块。评价模块主要是将相关的数据导入建立好的评价指标体系和模型中，对相关学术成果的影响力进行评价；知识挖掘模块主要是通过对用户数据、使用数据、传播数据进行深度的挖掘和内容分析，可以发现在线科学交流规律、学术网络、学术成果传播模型等；知识推荐模块主要是通过相应的数据分析向用户进行资源推荐和个性化定制服务。

3.2.4 结果表示层

这一层承担着为用户提供 Altmetrics 服务的任务，这可以通过相应的用户输入和结果输出的操作来实现。首先用户应该定位好自己的资源需求，并准确传达到分析层，这一过程中要保证用户输入接口的友好性，降低对用户的技术要求[①]。在进行结果输出时，可以通过与可视化软件如 Gephi、

① 邱均平，王菲菲．基于共现与耦合的馆藏文献资源深度聚合研究探析[J]．中国图书馆学报，2013, 39(3): 25-33.

Network Workbench 等进行对接，从而向用户呈现直观、清晰、准确、炫彩的结果，同时还可以向用户进行相关成果、信息的推荐，引导用户的需求，并在此基础上开展个性化、智能化的 Altmetrics 服务。

3.3 Altmetrics 工具

对 Altmetrics 而言，其工具手段的研究是一剂催化剂，这项研究将推动 Altmetrics 理论体系的构建与应用领域的拓展发生质的突破，它对提高 Altmetrics 研究的效率、提高 Altmetrics 分析的可靠性、促进 Altmetrics 研究的精确化以及拓展 Altmetrics 的研究领域都有着十分重要的意义。目前随着 Altmetrics 发展的不断繁荣，学者们对 Altmetrics 的研究兴趣也不断增加，由此催生了一些研究工具的发展和开发，这些研究工具被 Altmetrics 的研究者们应用到具体的研究中，从而对 Altmetrics 的发展起到了积极的推动作用。

通常来说，Altmetrics 的研究工具可以分为两大类：一类是通用工具，即这类工具并不是专门针对 Altmetrics 的研究而开发的，但是它们的某种功能、数据可以作为 Altmetrics 研究的数据源或者指标，如 Mendeley、CiteULike 以及 F1000；另外一类是专门的 Altmetrics 研究工具，它们是针对 Altmetrics 研究开发的，存在着很多类型。下面将分别对这两类研究工具进行具体的介绍。

3.3.1 Altmetrics 通用工具

1. Mendeley

Mendeley 是 2008 年开发的一款免费的跨平台文献管理软件，同时也是一个在线的学术社交网络平台。Mendeley 是一个免费的学术文献交流平台，所有人都可以在 Mendeley 上搜索到世界各地的学术文献，而这些学术文献都是由用户自己上传进 Mendeley “图书馆”（Library）进行编辑管理的。作为可以用于 Altmetrics 研究的软件，Mendeley 具有以下特征。

第一，可以提供阅读者（readers）及社会标签（tags）的数量，从而用于 Altmetrics 研究中学术成果使用情况的评价标准。在 Mendeley 中，当注册用户检索某一个或者某一类文献时，出现的检索结果里会标注出该篇文献的阅读者或者标签的数目，这可以视作该文献影响力的某种体现。不过，值得说明的是，这里显示的阅读者数或者标签数是指该篇文献在 Mendeley 系统中的使用情况，因此也具有一定的局限性。

第二，检索途径多样化。Mendeley 系统中提供了多样化的检索途径和检索手段，包括题名、作者、摘要、MeSH 词表、文献类型、出版年以及学科领域。多样化的检索手段可以使用户更快捷、更方便地找到自己所需的文献资源。此外，Mendeley 还提供了 API，可以为用户提供高质量的数据，数据的可获得性比较高。因此其数据的易用性也为 Mendeley 成为 Altmetrics 数据源提供了可能。作为一款开源软件，Mendeley 的开发团队还鼓励研究者为了更好地利用 Mendeley 开展研究，自主开发适用于自身研究的 API，这也为 Mendeley 成为 Altmetrics 研究数据源起到了积极的推动作用。

第三，可用于探测和评估个人学术活动。在 Mendeley 系统中，每一个注册用户都生成了一个个人文件夹，这个个人文件夹有两个方面的作用：①把 PDF 文件放进设定的文件夹里，Mendeley 会自动检测论文的题名、作者等；②文献条目与 PDF 文件相连。想看谁的文章，在 Mendeley 里输入名字搜索，搜到后点击对应的 PDF 文件就可以阅读。从以上的个人文件夹说明中不难发现，个人文件夹中的数据很好地体现了学者学术活动的轨迹，因此可以用于探测和评估个人学术活动，发现学者在线科学交流规律。

Mendeley 作为可以用于 Altmetrics 的研究工具，虽然有着令人欣喜的优势，但是不可否认的是，其存在的致命弊端也限制了其作为 Altmetrics 研究工具的发展，这些弊端主要体现在以下几个方面：第一，虽然 Mendeley 可以提供某一篇学术文献的阅读者数或者标签数，但是表示阅读者数或者标签数的数据不容易被下载下来；第二，Mendeley 文献数据库中数据覆盖范围有很强的局限性，它完全依赖于注册用户所感兴趣的、所上传的文献数据，可能造成小众化研究文献的缺失；第三，Mendeley 系统中所提供的阅读者数或者标签数是指该篇文献在 Mendeley 系统中的其他注册使用情况，因此直接用这个数据进行 Altmetrics 的研究容易造成研究结果的偏颇和不客观。

根据以上分析，Mendeley 作为 Altmetrics 的研究工具要想取得巨大突破，需要从以下几个方面努力：①对表示文献被关注情况的阅读者数或者标签数的数据，其透明度和可获得性应该得到保障；②Mendeley 应该注重与其他工具的融合使用。

2. CiteULike

CiteULike是由Richard Cameron与Springer合作开发的一款免费的社会化文献管理工具。它被用来帮助学者存储、管理和分享正在阅读的学术论文。当学者在互联网上读到一篇感兴趣的论文，利用它，只需点一下功能键，就可以将该论文添加到个人论文库里，并且CiteULike会自动提取论文的参考文献信息。更方便的是，CiteULike是基于浏览器工作的，无须安装任何额外程序。此外，因为论文库是存储在服务器上的，所以学者可以在任意地点登录论文库，当然这需要网络接入。学者还可以对论文进行分类、对单篇或一组论文贴标签。值得一提的是，CiteULike还提供社交化功能。通过CiteULike，学者可以寻找到与自己有着共同关注文献的学者用户，他们可能是和自己有着共同研究兴趣或者研究领域的人，学者可以在CiteULike上直接与他们交流，也可以查看他们还添加了哪些其他文献，也许这当中有潜在的、对自己的研究有用的文献。除此之外，学者还可以创建自己的兴趣小组，也可以加入别人的小组共同分享文献，还可以针对文献作出评论、记笔记。

作为Altmetrics的研究工具，CiteULike有着与Mendeley类似的功能，即通过社会标签的数量来追踪某一篇文献被使用、被关注的状况。此外，CiteULike工具所支持的评论、笔记功能也可以视作Altmetrics研究中某一指标的数据源。与Mendeley相似，CiteULike作为Altmetrics的研究工具，也存在着不容忽视的弊端。具体主要表现为以下几个方面：第一，CiteULike虽然提供了文献数据的下载功能，但是在下载的过程中，学者针对该文献做出的评论、笔记数据通常会丢失，而这些数据在Altmetrics的研究中往往是最需要的。第二，CiteULike不支持系统化的下载和搜索，这就极大地阻碍了它作为Altmetrics数据源的发展。第三，CiteULike数据量的大小完全依赖于用户。前文中提到过，CiteULike是基于浏览器工作的，其中的文献数据是用户通过点击而自动添加进去的，其来源于文献数据库或者学术网站。因此，当越多的人使用CiteULike工具，它作为数据源的价值就越大。这种用户依赖性也极大地制约了其作为Altmetrics研究工具的发展。

总体来说，CiteULike与Mendeley作为文献管理工具，其作为Altmetrics研究工具的特征和功能甚至弊端都总体相似。因此，CiteULike要想作为Altmetrics研究工具来取得重大的突破，其发展方向也无外乎两个方面：①数据的可获得性、标准化以及数据来源的透明性；②与其他工具的融合使用。从目前的研究来看，CiteULike 与 Zotero 软件相结合使用，可以在数据的收集和探索方面取得不错的效果。

3. F1000——Faculty of 1000

F1000 于 2002 年由维特克·特拉茨（Vitek Tracz）创立。作为全球最大的医学和生物学专家组成的评价工具，它旨在为科研人员和临床医生提供集快速发现、评价和发表为一体的综合服务。目前，F1000 可以为生命科学家和医学家提供三种独特的服务，分别是 F1000Prime、F1000Research 以及 F1000Posters。三种服务分别可以实现学术成果的评价推荐功能、在线传播和分享功能以及存储和发表功能，这些功能都可以为 Altmetrics 的研究提供指标因子、研究环境以及数据来源，因此 F1000 成为 Altmetrics 研究中一种很重要的研究工具。下面将分别来做介绍。

1）F1000Prime

F1000Prime 的前身是 F1000Biology 与 F1000Medicine，这两个姐妹数据库于 2010 年进行了合并，成为现在的 F1000Prime。F1000Prime 是由全球近 6000 名生物学和医学领域的顶尖科学家以及另外 5000 名优秀科研人员对世界上最重要的科研论文提供推荐的在线服务工具。作为世界上唯一一个根据生物学和医学领域的全球领导者意见来评级和评价的服务，它的评价体系涵盖了 40 多个具体领域以及超过 3700 种期刊，每篇获得 F1000 推荐的论文都会获得一个星级分数以及一篇阐述该论文重要性的评论。论文的星级分为“好”、“非常好”和“杰出”（分别对应着一颗星、两颗星和三颗星）。F1000Prime 对每个领域的论文按综合得分进行排名。F1000Prime 得分是论文质量的度量标准，也是判断一篇论文科学影响力的重要提示。

从上述分析中可知，F1000Prime 的评价团队主要是生物医学领域的专家学者，评价团队很专业，评价范围囊括多个领域，涉及数千种期刊，评价范围广泛，因此 F1000Prime 的评价、评级结果应该具有很强的权威性。此外，这种评价、评级结果可以视作在线科研环境下，学术成果在专家学者中影响力的传播情况，这是 Altmetrics 评价研究中影响力的一种表现。

F1000Prime 中还有一项重要的功能叫做 F1000Journal Clubs，它旨在鼓励和促进专家学者们对科学论文进行讨论和结论的分享，能够促进在线科学交流，推动 Altmetrics 的发展。

2）F1000Research

F1000Research 是一个涵盖所有生命科学领域的全球开放存取期刊。在获得编辑部基本的科学性以及完整性审核后，未经审稿人审稿的论文会立即被刊发在网站上。总的来说，F1000Research 是作为开放科学的模式进行运作的。在 F1000Research 刊发的每一篇文章及其文章背后的实验数据都将具有开放数据的特征，因此可以自由发布，免费下载。此外，F1000Research 所刊发的文章形式多样，不仅仅包括了传统形式的论文文章、综述、单项发现、实验指南等，同时也包括了传统期刊不可能发表的科研重复、无效结果以及错误发现等。

F1000Research 满足了学术成果的及时传播、同行评议和数据共享，克服了传统期刊出版的时滞性问题，为 Altmetrics 研究中的实时性以及新形式的学术成果（数据集）的传播评价提供了研究环境，从而将促进 Altmetrics 研究的突破。

3）F1000Posters

F1000Posters 的本质是一个开放存取的知识库，内部主要存储的是生命科学领域中一切会议的海报和幻灯片报告。同时它也满足开放存取的特征，可以供用户免费存储和浏览获取。同时，值得一提的是，只要提供英文摘要，F1000Posters 也接收非英文的会议海报和幻灯片报告。

目前，Altmetrics 最为关注的两个问题是：①传播的学术文献在社交网络工具上产生的影响如何衡量；②新形式的学术成果，如数据集、幻灯片等产生的影响如何衡量。另外，F1000Posters 的侧重点为新形式的学术成果（会议幻灯片报告）的开放存取传播，这也是 Altmetrics 的重点关注内容。

通过上面的分析可以发现，F1000 作为 Altmetrics 的研究工具，在 Altmetrics 的研究中起着至关重要的作用，但是不可否认的是，F1000 也存在着自身的缺陷和不足，具体主要表现为：①F1000 并不是一款免费的软件，在经历了一段时间的试用期后，用户要想再获取其上面的数据，享受其提供的服务，必须每月交付将近 10 美元的费用；②F1000 的研究领域局限于生物学和医学领域，这就使得其在进行广泛领域科学评价研究方面的价值大大降低了；③F1000 中学术论文的评价、评级主要依赖于其所选择的专家学者的意见，因此专家学者遴选的客观与否将大大影响评价结果的客观性。

4. 三种通用软件工具的比较

总体而言，上述三种软件工具作为 Altmetrics 的研究工具都各具特色和优势。为了能够更清晰地表示出三种软件工具的特色和优势，本书对其进行了比较研究，具体主要从软件工具本身的特性、作为 Altmetrics 数据源的特性、在 Altmetrics 影响力评价方面的特性三大方面进行比较，如表 3-2 所示。

表 3-2　Mendeley、CiteULike 以及 F1000 三种工具的比较

比较项目		Mendeley	CiteULike	F1000
软件工具本身的特性	免费性	是	是	否
作为 Altmetrics 数据源的特性	数据下载和管理	是	是	是
	API	是	是	否
	数据来源的透明性	否	否	是
	数据覆盖的多学科性	是	是	否
	数据的标准化	否	否	否
在 Altmetrics 影响力评价方面的特性	Altmetrics-readers	是	是	否
	Altmetrics-tags/bookmarks	是	是	否
	Altmetrics-comments	否	是	是
	Altmetrics-discussions	否	否	是
	Altmetrics-downloads/views	是	否	否

3.3.2 Altmetrics 专用工具

科学是随着研究工具与方法所获得的成就而前进的。研究工具与方法每前进一步，我们就更提高一步，随之在我们面前也就开拓了一个充满着种种新鲜事物的、更辽阔的远景。随着学者们对 Altmetrics 应用研究的热情越来越高涨，Altmetrics 专用工具的研究成为一个蓬勃发展的新方向。各种各样的 Altmetrics 专用研究工具如雨后春笋般不断涌现，下面将介绍几种目前应用比较广泛的 Altmetrics 研究工具。

1. Altmetric.com

Altmetric 网站是 2011 年由 Euan Adie 开发的一款 Altmetrics 研究工具，它的总部设在伦敦，旨在追踪和分析学术文献的在线活动状况，通过提取单篇学术论文在不同社交网络和在线媒体上被提及的次数，来综合这些数据计算学术论文的影响力，从而使得单篇论文层面的计量更加容易。它是一款商业软件，用户要想使用其数据及服务，就必须进行网上注册并付费。为了提高其竞争力，Altmetric 网站开发团队将其 APP 嵌入爱思唯尔的 Apps for Science，从而使它的影响力不断扩大。

Altmetric 网站的服务对象主要有四类人，分别是出版商、机构、图书馆馆员以及个人研究者。对出版商而言，通过使用 Altmetric 网站，读者可以多维度地了解期刊的影响力，监测自身以及竞争对手的在线交流情况，评价自身以及竞争对手的影响力；对机构或者图书馆馆员来说，Altmetric 网站可以用来监测和评估机构成员或者图书馆的在线交流情况以及出版物的影响力；对个人研究者而言，Altmetric 网站可以为其推荐或者发掘新的学术论文，监测个人学术成果的网上影响力。

目前，Altmetric 网站可以提供四个方面的服务，分别是 Altmetric API、Altmetric Bookmarklet、Altmetric Explorer 以及 Altmetric Badges，下面将分别介绍这几款服务的功能。

1）Altmetric API

总体来说，Altmetric 网站的 API 主要是为出版商来提供商业服务。Altmetric 网站通过提取、消歧以及整理学术著作被在线提及的用户数据，让出版商可以更关注自己的核心产品。Altmetric 网站的 API 还能够为出版商提供论文层面数据的编程接口，通过 API 出版商能够获取到相关论文及其数据集，如下载量、社交媒体的讨论、新闻报道以及政策文件的引用等，这在很大程度上补充了传统的论文层面计量，最大限度地释放了论文层面计量的潜力。例如，通过 Altmetric 网站的 API 可以看发表在 Nature.com 上的一篇文章的数据，具体如图 3-2 所示。此外，还可以获取这篇文章从出版之日至今的访问量，被新闻、博客、谷歌以及 Twitter 的提及量。

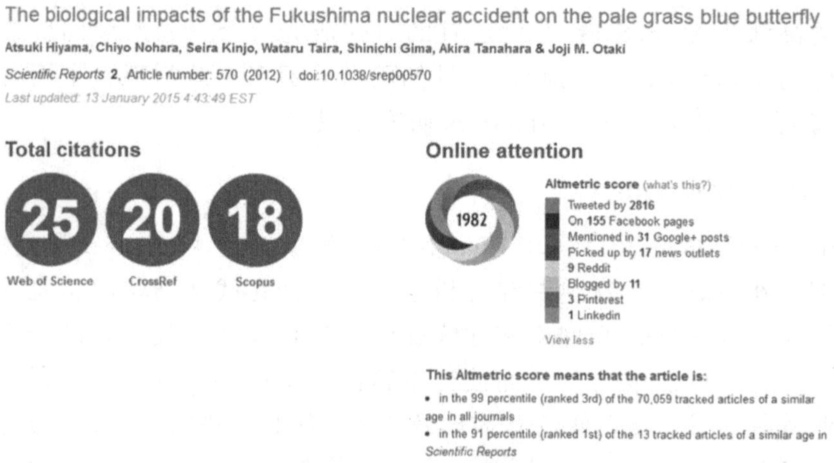

图 3-2　单篇论文影响力计量结果

此外，Altmetric 网站为其 API 提供了非常人性化的规定。如果此 API 是为商业用途所用，则需要花钱购买该网站的相应服务，如果组织机构的科研人员想用其进行相关的项目研究，那么 Altmetric 公司可以免费提供 API 服务。

2）The Altmetric Bookmarklet

The Altmetric Bookmarklet 是面向个人的免费工具，它能够分析具有 DOI 论文的在线社交数据，并实时、直观地反映出来。

3）The Altmetric Explorer

The Altmetric Explorer 主要服务于图书馆等非营利性机构，同时也对商业用途提供了商业许可。图书馆用户通过发邮件来申请账号才可以使用 The Altmetric Explorer。它能够让用户灵活地对数据信息进行筛选以及排序，从而可以从多个维度观察、分析数据，并直接生成数据报告。

4）The Altmetric Badges

Altmetric 公司基于自己的 API 设计网页应用，将 Altmetrics 指标可视化地展现在论文的页面上，其服务对象主要还是出版商，同样也需要申请商业许可，具体的使用步骤如下：①选择徽章形式；②在文章页面加入代码；③定制着陆页面，即点击徽章跳转页面。

Altmetric 网站作为 Altmetrics 的研究工具，对单篇论文网络影响力的大小是通过 Altmetric 总得分来表示的，具体的图标是一个由不同颜色线条组成的圆环，通常人们称它为“甜甜圈”。在 Altmetric 网站的甜甜圈图标中，中间的数字代表的是文章的综合得分，周围的彩色线条代表的是该篇文章被各种资源转载或者阅览的次数，比如蓝色的代表 Twitter，黄色的代表博客，红色的代表主流媒体。

Altmetric 总得分的计算取决于三个方面：①数量。在一个社交媒体上，一个人转载或者阅览一次计数为一次，如果一个人在该社交媒体上多次转载和阅览也是计数一次。②作者。Altmetric 公司根据被关注文章的作者讨论学术文章的频率、对某个期刊或者出版社的偏向性以及该作者追随者的多少来赋予权重值。比如一个医生与同事分享一个链接的得分要高于一个期刊的日常化推送得分。③社交媒体影响力的大小。同一篇文章在不同社交媒体上被提及所赋予的得分是不同的，比如通篇文章在新闻报纸被关注的得分要大于博客，而在博客的关注得分要大于 Twitter。

然而，任何一个工具都不可能是完美的，Altmetric 网站也不例外，也存在着自身的局限性。对在 2011 年 7 月以前出版的文章，其在社交媒体和在线网络（尤其是 Twitter）上的被关注情况就没有被很好地反映。因此，

Altmetric 网站只代表的是文章曾经被关注的最低程度。

2. ImpactStory

ImpactStory 是由 Altmetrics 领域著名的专家学者 Jason Priem 与 Heather Piwowar 开发的一款免费的开源网络应用工具，旨在帮助研究者们分享和评估其所有学术成果的影响力。被评估的学术成果除了传统形式的期刊论文以外，还包括博客文章、数据集以及软件等多种新形式的科研成果。ImpactStory 的前身被称为 Total-Impact，它的出现引发了评价学领域的一次巨大革命，成功地将学者们的关注点从传统的学术评价体系转换到重视学术成果的网络影响力。

作为 Altmetrics 领域影响力比较大的研究工具，ImpactStory 具有以下几个方面的优势和特征：①数据来源广泛。ImpactStory 的数据来源十分广泛，不仅数量繁多，而且种类齐全。具体来说主要有 Twitter、Mendeley、Delicious、CiteULike、F1000、SlideShare、GitHub 等。多样化的数据来源使得 ImpactStory 的评价结果更加客观、真实、具有权威性。②识别的数据格式多样。所要评估的学术成果在 ImpactStory 中可以通过多种数据格式被识别，如文献标识号 DOI、PubMed ID 以及 SlideShare 的 URL 等。③来源数据的透明度高，输出结果可以实时更新。ImpactStory 可以提供任一学术成果的 Altmetrics 报告。这个报告可以清楚地显示该学术成果在开放存取网站以及社交媒体网络中被提及和讨论的状况。此外，任意点击某一 Altmetrics 数据，系统将自动跳转到抓取该数据的来源页面，从而可以使用户清楚地认识到该学术成果在此网站工具上被讨论、转发、使用、标签的具体状况。ImpactStory 的输出报告是以 URL 的形式出现的。这个 URL 是稳定的，因此它可以永久传播并且进行实时更新。

与其他的 Altmetrics 研究工具相同，ImpactStory 也存在着自己的缺陷和不足，从而限制了其进一步发展：①尽管 ImpactStory 并没有进行明确的说明，但是实践证明，其一次所能分析的最大数据量仅有 250 条。此外，其运行速度也比较慢。通常情况下，如果同时运行分析这 250 条数据的 Altmetrics 数据，往往要花费 3～4 分钟。②ImpactStory 所能识别的学术成果标识符往往是具有唯一指代性的数据格式，如文献标识号 DOI、PubMed ID 以及 SlideShare 的 URL。而对学术成果中模糊指代的标识符，如作者、篇名、期刊名称、出版年等，ImpactStory 通常不能识别，从而无法给出其 Altmetrics 的数据报告。

总的来说，ImpactStory 在 Altmetrics 研究领域所处的地位是毋庸置疑的。目前，该工具仍处于发展试用阶段，要想发掘其存在的巨大潜力，仍需要 Altmetrics 研究的爱好者们共同努力。Altmetrics 领域的专家学者可以在 GitHub 上获取该网站的源代码，来对其进行进一步的开发和完善。

3. PLOS ONE Altmetrics（Article-Level Metrics)

众所周知，*PLOS ONE* 是世界上最著名的且具有很大影响力的开放存取期刊。它的最大特点莫过于三个方面：①它是开放的；②读者可以通过互联网进行即时免费的获取；③对于文章质量和影响力的评价引入了大众传媒和社交媒体。从其特点不难发现，*PLOS ONE* 的理念和 Altmetrics 的研究理念有着共通之处。在 2009 年 3 月，*PLOS ONE* 期刊开发了一款新的应用，被称为 Article-Level Metrics Information，也就是说这款应用旨在提供论文层面的计量数据或者信息。

由分析可知，*PLOS ONE* 期刊的 Article-Level Metrics Information 应用呈现出以下特征和优势。

第一，计量数据的种类多样，覆盖面广。*PLOS ONE* 期刊可以为论文提供多种类计量数据，包括论文的浏览下载量（viewed）、引用量（cited）、保存量（saved）、讨论量（discussed）以及推荐次数（recommended）。其中论文的浏览下载量指的是 *PLOS ONE* 中论文的 HTML 格式访问量、PDF 格式下载量以及 XML 格式浏览量。此外，为了使浏览访问数据更客观，更具有说明性，*PLOS ONE* 还对浏览访问量的数据进行了二次处理，生成了一个指标，称为浏览下载率（view-download ratio）。论文的引用数据主要来源于以下几个数据库：Scopus、Web of Science、PMC 及 CrossRef。论文的保存量准确地来说应该是该论文被标记、标签的数量，主要从 CiteULike 与 Mendeley 两个网站上获取。论文的讨论量主要来自社交媒体网站（博客、Twitter）对该论文的提及和讨论量，此外，PLOS publishing platform 对论文的讨论评论量也被考虑在内。最后，论文的推荐次数主要是通过在线推荐渠道来获取的，F1000Prime 是其主要的数据源。

第二，所提供的数据具有免费性以及易获取性。作为在开放科学领域非常有影响力的期刊，*PLOS ONE* 所提供的数据也具有开放数据的特点，旨在鼓励研究者们能够更好地分析这些 Altmetrics 数据，从而突破传统评价体系的束缚，为论文影响力的评价提供新思路。因此，为了促进研究的开展，*PLOS ONE* 免费提供其所收集的 Altmetrics 数据。此外，*PLOS ONE*

还提供了相应的 API 为研究者获取数据提供了便利，下载的数据可以保存在 Excel 文件中，这就降低了数据处理的难度，为研究分析提供了便利。

虽然 *PLOS ONE* 可以为 Altmetrics 研究开展提供免费的、种类繁多以及易分析获取的数据，但是值得说明的一点是，这些 Altmetrics 数据所依存的论文都是在 *PLOS ONE* 期刊上发表的，因此具有一定的局限性。

但是不可否认的是，Altmetrics 与开放科学在理念上具有一定的共同性，开放科学所强调的科学知识的共享、免费获取、迅速交流、高效过滤和对科研成果的评价在 Altmetrics 研究中也有一定的体现。*PLOS ONE* 作为开放科学的代表，将成为 Altmetrics 孕育和发展的土壤，它的蓬勃发展，将成为 Altmetrics 发展和进步的推动力量。将 Altmetrics 与开放科学进行结合将成为未来的发展趋势，这是研究发展的需要，也是社会发展的需要。

4. Plum Analytics

Plum Analytics 于 2011 年建立于匹兹堡大学，其创始人是 Andrea Michalek 和 Mike Buschman，目的是为了突破传统评价体系对引用次数和期刊影响因子的依赖性，从而为计量评价研究提供更为可靠的方法。下面将分别从服务对象、评价主体、数据来源、评价指标各个方面对 Plum Analytics 进行详细的介绍。

Plum Analytics 的服务对象非常广泛，不仅仅包括个人研究，也可以为实验室、部门机构、组织团体的学术成果的全面性评价提供数据支持。

从评价主体上来说，Plum Analytics 所追踪的大概有 20 种。其中包括期刊论文、图书、学术视频、学术展示（如会议海报及 PPT 等）、会议论文集、数据集、源代码以及案例等。从中可以看出，Plum Analytics 的评价主体既有传统形式的学术成果，也有新形式的学术成果。Plum Analytics 通过收集相应的数据，来追踪传统形式学术成果以及新形式学术成果的全面影响力情况，这也正是 Altmetrics 所关注的问题之所在，因此 Plum Analytics 是 Altmetrics 研究中用处非常广泛的研究工具。

从数据来源的角度来说，可以称得上数量繁多，种类齐全。Plum Analytics 通过 API 来收集和获取数据，其数据源除了包括博客数据（如 Blog、Twitter）、开放存取数据库（如 PLOS）以及文献管理社会标签工具（如 Mendeley、CiteULike）外，还包括一些不太常用的数据源，如数据机构库、代码机构库、学术成果展示分享网站以及基金数据库等等。多样化的数据来源为研究结果的全面性和客观性提供了保障。

Plum Analytics 的口号是构建新一代的学术研究评价的计量指标(它所认为的第一代指标是引证次数和期刊影响因子)。它所提供的指标数据总体可以分为五类，分别是使用、获取、提及、社交媒体及引用。前四种计量指标是 Altmetrics 的研究重点，最后一种是传统的计量指标。具体的说明如表 3-3 所示。

表 3-3　Plum Analytics 所设置的指标及其详细说明

一级指标	二级指标	数据源范例
使用	摘要浏览量	dSpace、EBSCO、ePrints、PLOS
	点击	bit.ly、EBSCO、Facebook
	合作者	GitHub
	下载	Dryad、Figshare、SlideShare、GitHub, Institutional Repositories
	图表浏览量	Figshare、PLOS
	全文浏览量	EBSCO、PLOS
	持有量（针对图书）	WorldCat
	HTML 浏览量	EBSCO、PLOS
	PDF 浏览量	dSpace、EBSCO、ePrints、PLOS
	全部数据浏览量	Dryad、EBSCO
	支持数据浏览量	EBSCO、PLOS
获取	社会标签	CiteULike、Delicious
	点赞	SlideShare、YouTube
	转发	GitHub
	复制	GitHub
	阅读者（readers）	Goodreads、Mendeley
	资源更新提交者	Vimeo、YouTube
	资源更新的关注者（watcher）	GitHub
提及	评论次数（comment）	Facebook、Reddit、SlideShare、Vimeo、YouTube
	论坛话题讨论量	Vimeo
	代码管理访问数（Gist）	GitHub
	链接数	Stack Exchange、Wikipedia

续表

一级指标	二级指标	数据源范例
提及	评论人数	SourceForge
	博客数	Research Blogging、ScienceSeeker
	评论意见	Amazon、Goodreads
社交媒体	喜爱	Facebook、Vimeo、YouTube
	Google+	Google+
	平均使用率	SourceForge
	推荐	Figshare、SourceForge
	打分	Reddit
	分享	Facebook
	Twitter	Twitter via DataSift
引用	引证次数	PMC、Scopus、USPTO、CrossRef

除了上述特征外，Plum Analytics 还提供了一些非常人性化的个性服务，具体包括：①Plum Analytics 提供了一个开放的 API 供用户下载研究数据，而且该 API 的设计非常人性化，用户可以从需求出发，选择自己所需要的数据。具体的界面如图 3-3 所示。②Plum Analytics 还具有可视化的功能，可以将个人、组织机构、期刊等的影响力通过图谱方式展示出来。

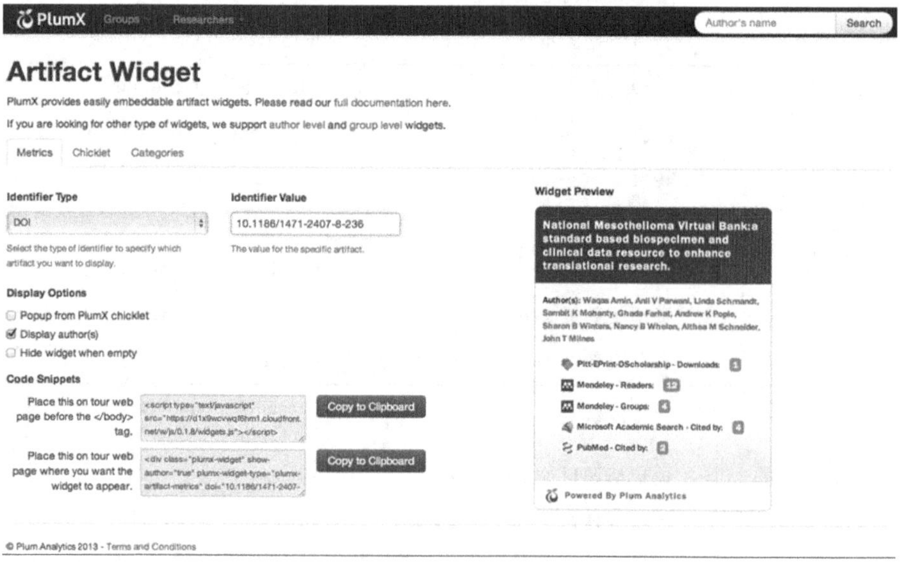

图 3-3　Plum Analytics 的下载页面

总体来说，Plum Analytics 的出现扩展了 Altmetrics 的研究途径，丰富了 Altmetrics 的研究资源，拓宽了 Altmetrics 的研究视野。

5. ReaderMeter

ReaderMeter 是 2010 年由 Dario Taraborelli 创立的，旨在通过科学论文在 Mendeley 论文中的阅读数来评估研究论文的影响力。ReaderMeter 对科学论文的影响力主要是通过两个计量指标来衡量的，它们分别为 h 指数和 g 指数。不同于对 h 指数和 g 指数的传统理解，ReaderMeter 利用书签而不是引文重新定义了这些计量指标，在重新定义后又分别赋予其新的名称，被称为 h_R 指数和 g_R 指数，这其中的 R 是 redefine 的缩写。此外，ReaderMeter 还对 Mendeley 中的阅读数据进行分析，这将在某一程度上反映学术论文的实时影响力状况，从而弥补基础的传统评价指标的“时滞性”缺陷。

同时，值得一提的是，ReaderMeter 可以可视化地展示作者数据和论文层面的数据。其生成的影响力评估报告是可获得的，通常为 HTML 格式或者其他机读格式。

ReaderMeter 作为 Altmetrics 的研究工具之一，其数据来源比较单一，仅仅依靠 Mendeley，此外表示论文的 Altmetrics 指标也比较缺乏，主要依靠书签。但是它这种对传统计量指标的改造和重新定义思路是非常可取的。ReaderMeter 如果想在 Altmetrics 研究中站稳脚跟，要做的努力还很大。

6. ScienceCard

ScienceCard 是 2010 年由 Martin Fenner 创立的一款网络应用，可以用来收集某一学术研究者所发表的全部论文以及论文层面的计量数据。在 ScienceCard 网站上，研究者可以很容易地创建和维护一个研究成果文件夹，而文件夹中的研究资料可以被研究者输出和再利用。为了使研究者可以快捷、便利地获取到自己所需的资料，ScienceCard 对作者和学术论文通常使用专指性的标识符，通常情况下，ScienceCard 用来自 Microsoft Academic Search 和 AuthorClaim 的标识符来识别作者，用 DOI 来识别学术论文。在 ScienceCard 的新版本中，技术人员在这方面进行了技术改进。对作者的标识符加入了开放研究者与贡献者身份识别码（Open Researcher and Contributor ID，ORCID），此外还利用 arXiv 中的标识符来识别学术内容。

ScienceCard 所收集的计量数据的数据源都是免费的，且具有 Altmetrics 特征，如 Twitter、Mendeley、PMC、CiteULike、Wikipedia 及

CrossRef。

需要说明的是，ScienceCard 所提供的论文层面的计量数据所针对的论文主要是 ScienceCard 的注册用户提供的，因此在 Altmetrics 评价的广泛性和全面性上具有很大的局限性。此外，ScienceCard 所提供的 Altmetrics 指标数据都是非标准化的，如果 Altmetrics 的研究要使用其数据，必须要进行再处理、再加工，这无疑又增加了研究的难度。因此，ScienceCard 在 Altmetrics 研究工具这个领域要走的路还很长。

7. PaperCritic

PaperCritic 的创始人认为科学研究环境应该是开放透明的，因此科学家们可以很自由地进行讨论、评判。PaperCritic 就为这个理念提供了一条途径，一方面科学家们可以监测、了解所有的关于其科学研究的反馈和评论；另一方面他们也可以对他人的科学工作发表自己的看法。PaperCritic 的功能在某种程度上与 F1000 和 Peer Evaluation 有着很大的相似性。除此之外，PaperCritic 还可以帮助研究者们创立自己的个人图书馆，因此从某种意义上来说它也是一个文献管理系统。

然而，PaperCritic 作为一种 Altmetrics 研究工具，具体会有哪些特征呢？下面将一一进行说明：①PaperCritic 是一个对 Mendeley 非常依赖的系统，它的所有数据都来自 Mendeley，包括社会标签、笔记、讨论等。因为它对 Mendeley 的强依赖性，所以研究者在 PaperCritic 上所能够评论的论文必须是 Mendeley 上的。②只有注册用户才能够评论和评价 Mendeley 上的论文。③在 PaperCritic 上，要想对某一篇学术文献进行评论，必须要首先进行检索。但是 PaperCritic 所能够识别的检索条件只有作者或者文献的名称。而其他的检索项（如 DOI、期刊名称、出版年以及文献类型等）都是不可用的。④PaperCritic 上不存在任何关于数据下载的功能选项，也就是，要对 PaperCritic 上的数据进行批量下载是不可行的。⑤PaperCritic 提供的 Altmetrics 数据在标准化方面也存在着问题。

8. CitedIn

CitedIn 是由马斯特里赫特大学（Maastricht University）生物信息学的 Andra Waagmeester 创建的，它可以帮助研究者们通过互联网去检索生物信息领域的学术成果的被引状况。这里“被引”不仅仅指的是被学术期刊的引用情况，还包括在博客、数据库、Wikipedia 等数据源的被引情况，也是学术出版物网络影响力的一种表现，因此也属于 Altmetrics 的研究内容。

此外，CitedIn 主要通过 PubMed identifier 去追踪学术成果在互联网上各种平台或者数据库的被提及状况，具体来说该网站注重追踪学术成果在以下四种类型的网络资源被提及的状况：①补充数据源（supplementary data），如抗氧化响应元件（antioxidant response element，ARE）、缺氧诱导因子（hypoxia-inducible factor，HIF）数据以及维甲酸诱导基因表达（gene expression regulation by retinoic acid）的调控数据；②在线数据库（online databases），如 Uniprot、Déjà vu 以及 Jaspar；③互联网发表平台（internet publication），如 WikiPathways、Wikipedia 以及 Blogs；④社交网络平台（social sharing networks），如 Mendeley、Connotea 以及 CiteULike。

与其他的 Altmetrics 研究工具一样，CiteIn 网站也有着自身的缺陷和不足，在未来的研究中应该试图在以下几个方面进行努力和完善：①扩展网站的追踪途径。目前，CiteIn 主要通过 PubMed identifier 去追踪学术成果的网络影响力，这不仅形式单一，而且不利于学术成果的网络影响力的全面追踪和评价，CiteIn 网站应该扩展自己的追踪途径，如通过 DOI 去追踪学术成果在互联网上被提及的状况，或者将两者结合起来去追踪。②扩展研究领域。因为 CiteIn 网站创建人自身学科结构的限制，其现在只能够研究生物信息领域的学术成果的网络影响力，其追踪的网络数据源也具有很强的生物信息方面的学科特征，这极大地限制了 CiteIn 网站的应用范围和发展，未来相关工作者应该扩展其研究领域，最好是能够评估任意学科的学术成果的在线学术影响力。③改善缓存能力，提高 CI-number 指标的计算速度。④实现 RSS 订阅。通过 RSS 订阅，学者可以实时、快速地获取自身学术成果的在线影响力状况以及所关注其他成果的在线影响力状况，从而为自身的科研工作提供便利。

3.4　Altmetrics 工具开发所面临的挑战与发展趋势

在大数据的技术环境背景下，Altmetrics 要想获得深入、系统的发展，就需要以全面、充分的原始数据来支持分析过程和结论，这对数据量和数据质量的要求越来越高，因此 Altmetrics 对依托于计算机技术与自动化、智能化理念的相关工具的依赖与日俱增，无论是理论研究还是应用研究都离不开工具的支持。毫无疑问，传统的手工方法已经无法满足 Altmetrics 研究中的数据需求，依托于计算机技术与自动化、智能化理念的相关工具的使用和开发才是 Altmetrics 进行深入研究的必备手段和途径。

3.4.1 Altmetrics 工具开发所面临的挑战

Altmetrics 持续健康、快速稳定地发展，使得越来越多的学者开始将关注点转移到该领域。同时在信息时代的大背景下，随着科学交流的电子化、实时化的发展，传统的评价方法如引证次数、期刊影响因子等已经不能满足时代对学术影响力评价的新要求。在这些驱动因素的影响下，Altmetrics工具的开发利用已经成为Altmetrics研究领域蓬勃发展的一个新方向，这是为了适应实时直接的科学交流以及多样全面的影响力评价的需要而逐步形成和发展起来的，具有鲜明的时代特征、重要的科学理论价值和实际指导意义。

由于 Altmetrics 具有学科包容性和学科交叉性特点，很多不同学科领域研究者以及公司都想在这一领域中分得一杯羹，而他们的切入点常常是对 Altmetrics 工具开发和利用的研究，在这一过程中，他们往往会遭遇到前所未有的困难和挑战，具体说来主要有以下几个方面。

（1）Altmetrics 工具所针对的目标对象是谁以及能够实现何种程度的计量。目前，学者们普遍认为 Altmetrics 所关注的两大问题分别是传统学术文献的在线影响力如何衡量以及新形势下的学术成果如何衡量。换言之，Altmetrics 所关注的问题主要就是影响力的测量问题。然而“影响力”是一个非常模糊且多方位的概念，针对不同的目标对象，影响力的侧重点以及价值往往也不同。例如学者们往往关注的是自己的研究工作在同行中的传播和口碑，基金委员会往往看重的是学术成果对经济发展和社会进步是否有推动作用，而高校机构往往更加重视自己的科研水平在同类机构中处于何等水平。因此，在进行 Altmetrics 工具的开发研究时，要确定该工具所针对的目标人群是谁，它能够实现何种程度的计量，它对哪一种类的影响力能够有很好的说明作用。通常情况下针对不同人群不同的计量目的，往往采用不同策略和思路来进行算法的设计，同时还要注意选择不同的数据源来支持研究。

（2）要遴选恰当的数据源。Altmetrics 工具的开发研究中所面临的又一大挑战就是恰当数据源的遴选问题。众所周知，影响力往往是多种类的，多方位的。不同类型的影响力的价值往往要通过不同类型的数据源来支持衡量。例如为了测量在国家政府层面上产生的影响力，需要通过政府文档数据的支持；为了测量在同行学者专家中产生的影响力，需要通过学术交流社区的数据来支持；为了测量对社会公众的影响力情况，则需要通过社交网络工具Twitter、Facebook等数据的支持。此外，重叠性以及部分数据源所具有的不可回溯性的特征也为Altmetrics工具的开发带来了困难。因此，要想开发的Altmetrics工具在影响力的测量方面更具有通用性、全面性以及权威性，则需要对多样化的Altmetrics数据源进行合理的合并、匹配。这里所说的“合理”也就是要制定一些标准，标准的制定将会使Altmetrics数据源的规范性、透明性以及科学严谨性的程度更高，能够更好地被Altmetrics工具所应用，从而推动Altmetrics研究的发展。

（3）学术成果的影响力如何追踪。Altmetrics所针对的研究对象是学术成果，无论是传统的学术成果还是新形式的学术成果，其影响力如何被关注、被追踪也是Altmetrics工具开发过程中所必须考虑的一个问题。从目前的研究情况来看，Altmetrics工具对学术成果的影响力的关注和追踪主要是通过学术成果的专指性标识符来实现的。这些专指性标识符主要包括学术成果的DOI、PubMed ID等，这些标识符以链接的形式出现在社交媒体、学术社区、开放存取网站等数据源中，从而对不同受众产生了一定程度的影响力，Altmetrics工具以链接为标志物来抓取学术成果影响力的传播状况。但是值得注意的是，传统的新闻媒体和新闻报道中并没有对所提及的学术成果提供相应的链接，这种情况下学术成果虽然产生了影响力但是却无法追踪，因此单纯地依靠链接并不能完全实现学术成果影响力的追踪，这是一个迫切需要解决的问题。

（4）数据的去重问题。Altmetrics研究中对影响力评价结果的合理性和可靠性在很大程度上取决于Altmetrics数据的质量、精确性以及全面性。然而在实际的研究中，往往存在这样的状况，即同一个学术成果往往有不同标识符出现在不同的Altmetrics数据源中。如一篇文章在学术社区中进行传播时的链接是PubMed ID，而在社交媒体如Twitter、Facebook中传播却是以DOI的链接来实现的。这一问题会导致同一学术成果的学术影响力的统计过于分散，然而研究者往往也容易忽视这个问题。因此对Altmetrics工具来说，支撑数据的合并去重也是面临的挑战之一。研究者在开发的过程中，可以进行两个方面的努力：一是维护同一学术成果不同标识符之间的映射关系；二是尝试去完成学术成果的元数据和论文全文数据的自动匹配。

（5）指标的解读以及灵活性问题。要想利用Altmetrics工具来进行学术成果影响力的评价和衡量，Altmetrics 指标的定义和解读是必不可少的。在 Altmetrics 指标的定义方面，要明确的问题有以下几个方面：①应该定义哪些指标来评价和衡量学术成果的影响力；②应该制定什么样的标准来衡量所定义的指标的质量的好坏；③这些指标的支撑数据应该在何种粒度上进行收集和分析；④Altmetrics 指标所衡量的时间跨度是多少；⑤所定义的指标中哪个是最具有价值的，需要占有的权重应该是多大。

此外，在 Altmetrics 工具的开发过程中，研究者们还应该注意以下问题。随着技术变化的日新月异，学术交流方式以及学术成果发表和出版方式也发生了日新月异的变化，因此 Altmetrics 指标也要随着时代的发展进行相应的变革。换句话说，现在被认为价值很高、应用性很好的指标将可能在未来变得一文不值。因此，在 Altmetrics 工具的开发过程中，研究者要考虑所定义的指标要具有灵活性，该指标最好能够适应不同交流方式和出版形式下的要求，而且易改进，易于解读新形式的支撑数据，从而能够引导人们展开 Altmetrics 影响力评价研究的最佳实践。

目前，Altmetrics 研究工具的开发利用是 Altmetrics 研究领域蓬勃发展的一大主题。虽然还有很多专家学者对 Altmetrics 的应用和作用持观望和怀疑的态度，但这仍然不能够影响学者们在 Altmetrics 工具开发利用的道路上前行的脚步。随着信息技术日新月异的变化以及 Altmetrics 指标的不断发展完善，Altmetrics 在影响力评价方面发挥的作用将被很好地证明。Altmetrics 工具的大量出现也会对 Altmetrics 的广泛应用起到巨大的推进作用。

3.4.2　Altmetrics 工具开发的发展趋势

未来 Altmetrics 工具的发展趋势有以下三种。

（1）智能化。作为应用工具，其发展趋势必然是从语法层次向着语义和语用层次转变，智能化是工具开发和发展的必然结果，Altmetrics 工具的发展也不例外。例如，未来的 Altmetrics 工具用语义化的理解，智能化地自动解决学术成果的“映射”问题，准确地识别出一篇文章的多个版本编号或者通过语义内容分析将学术平台上未附链接和出处的学术互动自动映射到相关的学术文献资源上①，从而可以全面地追踪统计学术文献资源的影响力情况。

① Liu J, Adie E. Five challenges in Altmetrics: a toolmaker's perspective [J]. Bulletin of the American Society for Information Science and Technology, 2013, 39 (4): 31-34.

（2）集成化。交叉与综合是社会科学研究创新发展的新视野。由于不同的 Altmetrics 工具采用不同的数据源和评价指标，因此它们之间具有较强的互补性和结果上的对比性，多种工具的综合与集成可以得到更加准确可靠的结果[①]。这种综合和集成有两种不同的发展方向：一是不同 Altmetrics 工具之间的组合，即两种或者多种 Altmetrics 工具组合起来共同评价某一对象，揭示某种现象或规律；二是 Altmetrics 工具的对比融合，不同的 Altmetrics 工具因为数据源和指标的不同造成同一个学术文献资源会得到多个影响力的评价结果。这时可以通过建立一种公认的机制，根据评价对象的特征和评价目的的不同有针对性地对评价结果进行对比，哪一个结果最科学、最能揭示问题的本质，就采用哪一种结果。

（3）可视化。知识图谱是以科学知识为对象，显示其发展进程及其结构关系的一种图形，具有“图”和“谱”的双重性质和特征[②]。从上述表述中可以发现，可视化能够直观、简单、客观地展示研究结果。未来 Altmetrics 工具应该也要朝这个方向努力，通过对多样化的 Altmetrics 数据源以及 Altmetrics 指标进行有效的关联和可视化的展示，直观、客观地展示各项指标数据以及评价结果，从而达到综合比较的目的。

总之，随着在线社交网络工具和数据追踪收集的技术方法和 Altmetrics 工具的不断发展，Altmetrics 领域的专家学者们将逐步改善其分析工具的易用性，扩展 Altmetrics 指标的适用范围，从而进一步提高分析结果的可靠性和科学性。

3.5　小　　结

本章主要针对 Altmetrics 利器——Altmetrics 工具展开分析和论述。首先，本章对 Altmetrics 分析方法和分析框架进行了论述。在 Altmetrics 分析方法部分，分别从数据收集、数据处理、数据分析和数据结果表示四个层面进行了论述；在 Altmetrics 分析框架部分，分别从数据采集层、数据处理层、数据分析层和数据结果表示层四个方面进行了论述。其次，本章根据 Altmetrics 工具所开发目的的不同，将 Altmetrics 工具分为 Altmetrics

① 赵蓉英，吴胜男．图书情报领域信息可视化分析方法研究进展[J]．情报理论与实践，2014，37(6)：133-138.

② 杨思洛，韩瑞珍．国外知识图谱绘制的方法与工具分析[J]．图书情报知识，2012，(6)：101-109.

通用工具和 Altmetrics 专用工具。然后以此为切入点，对目前使用较多、应用比较广泛的多款 Altmetrics 工具的特征、优势以及不足展开分析和论述。从上述分析中，可以发现每一款 Altmetrics 工具都有着其特有的数据源，因此所能够提供的可以进行影响力评价的 Altmetrics 指标数据也不同。如 ScienceCard 主要提供研究者角度的计量指标数据，而 Altmetric 工具可以提供论文层面的计量数据。此外，每一款 Altmetrics 工具都存在着自身的缺陷和不足，这些缺陷和不足无疑会对 Altmetrics 的广泛应用带来一些消极的影响。

然而乐观地看，现有 Altmetrics 工具的缺陷和不足在带来消极影响的同时，也成为一种驱动力，推动着研究者们在 Altmetrics 工具的开发、完善的道路上不断前行。在前行的过程中，其所面临的挑战主要来自五个方面，分别是：Altmetrics 工具所针对的目标对象是谁以及能够实现何种程度的计量；数据源的遴选问题；学术成果的影响力如何追踪；数据的去重问题；指标的解读及灵活性问题。针对 Altmetrics 工具开发过程中所面临的挑战，相关专家学者只有迎难而上，针对不同的挑战选择合适的开发策略，做到针对特定的评价需求，快速地获取准确支撑性数据、高效地分析海量数据、清晰地解读系列数据，从而给出具有合理性、可靠性的评价分析结果。

Altmetrics 工具是一把“利器”，如果热爱 Altmetrics 研究的专家学者们将这把“利器”开发好、完善好、打磨好，将会作为一种推动力量对学术影响力的全面性、多样性评价以及学术成果的快速实时传播产生积极影响。

第 4 章　Altmetrics 应用

受社交媒体平台与软件技术的发展与开放存取理念的影响，科学交流突破了原有的束缚和壁垒，交流模式发生了改变。这种新的交流模式一方面为不同研究领域的学者建造了知识流动的桥梁；另一方面打破了学术传播的边界，使得普通大众可以更加便利地进入科学研究，参与学术工作。随着这种社会实践的进步，计量学也在实践的指导下进行了 Web2.0 的改革，Altmetrics 应运而生。Altmetrics 作为顺应时代发展，满足社会实践需要的产物，它不仅产生和发展于实践，而且被实践检验是研究发展中的重要环节。此外，Altmetrics 作为一门应用性极强的学科，应用其相关的学术成果来指导具体社会实践，也是 Altmetrics 研究工作中的主要目标。

Altmetrics 应用研究的根本目的是研究和探讨 Altmetrics 的基本理论，以及 Altmetrics 数据源、Altmetrics 指标、Altmetrics 工具及相关的研究结论在不同社会工作和科研领域中的应用。通过对多种类型的学术成果的多途径影响力进行捕获和追踪，发现问题，分析原因，得出结论，提出相应的改进建议和对策，从而加大公众对科学研究的参与度，促进学术成果的高质量传播。Altmetrics 的研究对象非常广泛，应用研究内容也十分丰富，不仅仅探讨传统形式的期刊论文在社交网络与开放平台上影响力传播情况，也要研究如何有效衡量新形式的学术成果，如会议论文、展报、PPT、数据集、软件工具、算法或者分子结构等；既要解决理论研究结论应用时的方法技术难题，又要解决在实践应用过程中遇到的具体的问题，此外还要不断拓展新的应用研究。总体而言，Altmetrics 对很多领域的应用工作都具有普遍意义和指导作用，其应用范围非常广泛，内容十分丰富。

目前来看，Altmetrics 的应用研究成果不是很丰富，也存在着不少方面的问题：①与实际应用研究差距大。经过调研发现目前关于 Altmetrics 的应用研究虽然有一些，但大多应用研究还不够深入，仅仅停留在探索讨论阶段，研究的结论成果中既没有形成应用广泛的方法和工具，也没有用于指导实践工作的结论成果，与真正地为推动社会发展服务还存在着很大的差距。②研究广度不够。Altmetrics 是顺应社会进步、时代发展的产物，对科学学、社会学、人才学等众多学科以及图情学、传播学、信息资源等众多领域的社会实践工作都具有普遍意义和指导作用。而从目前的调研情况来看，Altmetrics 领域的应用研究只局限于科研领域，而在商业、社会领域中的应用潜力还远未挖掘出来。究其原因主要是数据获取难度大以及传统计量学科的局限性。③研究深度欠缺。众所周知，任何研究领域都有着自身特有特征属性和变化规律。在厘清 Altmetrics 的内涵后，如何将其应用于新领域的研究中，这需要学者综合该领域的特征和规律灵活应用，这样才能使 Altmetrics 的应用研究更加深入。诚如 Altmetrics 术语的提出者 Priem①所言，如果将 Altmetrics 比喻成一棵硕果累累的大树，那么目前学者们所做的研究就是在获取果树低处的果实，未来深层研究就是要努力获取树冠甚至树顶的果实。

综合来看，Altmetrics 与科技管理、科学评价甚至是科学计量学领域的科学预测都有着紧密的联系。从科学的角度而言，没有科学的评价就没有科学的管理，没有科学的管理就没有科学的进步。从 Altmetrics 的角度去探讨科学学、人才学、评价学、预测学等方面的研究和管理，是一个崭新的有效途径。因此，利用 Altmetrics 的理论和方法，科学研究科学的结构和特点，进行科技成果、人才、地区和项目的评价，开展科学预测是非常科学有效的。本章主要讨论 Altmetrics 在科技管理、科学评价以及科学预测方面的应用。

4.1 Altmetrics 在科技管理方面的应用

科技管理就是研究科学研究和技术方法的基本原理和方法的一门学科，它属于科学学的研究范畴。Altmetrics 作为计量学领域的分支学科，可以揭示和描述科学学领域的特征和属性，充分反映科学发展过程中的一

① Priem J, Piwowar H. Top 5 Altmetrics trends to watch in 2014 [EB/OL]. http://blog.impactstory.org/top-5-Altmetrics-trends-to-watch-2014/ [2019-04-23].

定面貌、特点和规律。总之，Altmetrics 不仅能够应用于科技管理方面，而且可以为科技管理提供崭新的途径和有效的方法。具体来说，Altmetrics 在科技管理方面的应用主要体现在以下几个方面。

4.1.1　分析单篇论文影响力

单篇论文层面计量，是用来评估和衡量科学家从事的科研工作或者发表的学术成果的即时性以及社会化的影响力。它所衡量的单篇论文的影响力包括使用影响力（如浏览量、下载量）、引文量以及社会交互影响力，而这些都是引文计量和影响因子所不能完成的。相对于引文计量和影响因子，单篇论文计量有着无可比拟的优势[①]，具体主要包括：①开放性。单篇论文计量研究大多是以开放数据为基础的。数据来源的开放性使得其研究结论可以被其他研究者通过相应的研究工具进行验证。②实时性。单篇论文的计量研究几乎可以进行实时性的学术影响力。引文计量的实现通常情况下要经历一年甚至数年的时间，而单篇论文计量所涉及的提及和讨论通常以小时或者天为单位来计量。③多样化全面性的影响力。单篇论文计量所评估的影响力全面且多样化，包括媒体讨论产生的影响力（如被新闻媒体提及）、大众讨论产生的影响力（如在 Facebook、Twitter 上讨论传播）以及同行学者的影响。Altmetrics 的出现为单篇论文计量优势的发挥创造了条件。它在开放存取理念以及社交媒体技术影响下的在线科学交流环境中产生，通过实时追踪技术，监控和测量 Web2.0 用户的行为数据[②]，可以获取到学术论文的浏览、存储、提及、推荐以及引用数据[③]，从而完整地呈现出一篇学术期刊论文在整个文献生命周期中的影响力。此外，Altmetrics 中数据的开放性以及时间的实时性，使得这种影响力在即时性和社会化程度上更大，从而使得单篇论文影响力的计量成为可能。ALMs 是一种新兴的、细粒度上的、细致精密的服务，它适合在 Web2.0 技术环境下完成对学术论文或者相关专家学者的即时学术影响力和社会声誉的评估。

---

① Scott C. Consuming article-level-metrics: observation and lessons from comparing aggregator provider data [J]. Information Standards Quarterly, 2013, 25(2): 5-13.

② Torres-Salinas D, Cabezas-Clavijo Á, Jiménez-Contreras E. Altmetrics: new indicators for scientific communication in web 2.0 [J]. Comunicar, 2013, 21(41): 53-60.

③ Lin J, Fenner M. Altmetrics in evolution: defining and redefining the ontology of article-level metrics [J]. Information Standards Quarterly, 2013, 25(2): 20-26.

4.1.2 分析学术网络

Altmetrics是Web2.0环境下新兴发展起来的一门计量学科和方法，它是在Web2.0技术发展和开放存取运动不断深化的前提和背景下产生的。在这种前提和背景下，科学交流必然呈现网络化的特征，这也是开放存取得以实现的必然研究。在在线科学交流的模式下，其关注对象不仅仅局限于传统的纸质期刊论文，还包括如数据集、程序片段以及实验设计等在内的全部成果，以及它们的创造者。科研交流的网络化以及研究对象的全面化和综合化使得Altmetrics可以以相关指标和传播过程为线索，进一步分析相关数据以及其学者之间的社交网络，进而透彻地分析其背后所体现出来的错综复杂的学术网络。通过分析学术成果传递数据以及学者背后的社交网络，分析哪些学者对其他学者产生了影响，这种影响通过什么样的方式实现，甚至从宏观层面对比研究各个研究团体的学术网络。此外，通过研究学术成果在线传播数据，可以发现学者学术思想的传递过程。这样可以从学术成果内容的联系和学术传播的外在联系综合研究学术网络中学者或者学术团队之间的学术合作关系、学术继承关系甚至是学术对立关系，以及学术网络中学科之间如何交叉渗透，研究发展重点如何进行转移，发现科学研究的特点、属性、面貌及变化发展规律。通过从学术内容、学者关系两个方面综合地研究学术网络，可以深入地揭示和描述专家学者以及科研机构等不同的科研实体之间的关联分析、团队结构组成分析、科研活动与演化模式分析，同时还可以根据科研实体之间学术关系的分析发现和推演变化，来揭示出学术团队中知识交流、共享以及扩散情况，并对处于核心地位的专家学者的学术关系进行探测分析和优化调整，同时还可以对潜在同行以及合作伙伴进行各个层面的推荐和揭示，促进学术社群的构建和优化聚合，从而更好地推进科研合作、交流与创新。

4.1.3 分析学术成果传播模式与学术交流规律

众所周知，知识交流的发展对技术进步和社会繁荣有着重要的作用，同时科学技术的进步与时代和社会的发展也给知识交流带来了新的变化[①]。在Web2.0环境下，社交媒体软件技术和开放存取运动的发展对学术交流体系

① 杨思洛. 基于网络引证关系的知识交流规律研究[D]. 武汉大学博士学位论文, 2011.

的重建具有变革性意义①。这种变革发展对学术交流体系的结构和模型产生了深远的影响，引发了学术交流结构的重组，出现了新的行为模型和规律特征。这些规律对人类来说是价值连城的“宝藏”，一旦被发现和掌握，将会对社会的进步和人类文明的发展起到不可估量的影响。Altmetrics 是在新媒体环境下产生的，其目的是为了对学术成果的影响力进行全面综合的评估和测量。Altmetrics 需要通过监测和追踪学术成果在社交媒体工具以及开放存取平台传播过程，获得相关的使用数据、互动数据以及评论数据，从而获得客观、科学、严谨的评价结果。此外，针对学术交流模式的新发展和新进程，Altmetrics 可以有效地对学术交流新模式下的在线读者行为、学术网络交流讨论状况、社交媒体角色、在线学术内容管理等进行有效的研究和测量，从而深入地揭示和阐述学术交流的两大规律：分布规律和变化规律。最后通过 Altmetrics 指标的评估和衡量，提出促进在线科学交流的优化策略，为知识创新、知识经济的发展以及国家创新体系的建设提供科学基础和政策支持。

4.1.4　应用于学术成果推荐

Altmetrics 的产生与学术交流的网络化密切相关。在网络化的学术交流活动中，科研工作者往往愿意将自己科研工作或者研究过程中最有价值的结论、成果、数据、方法公之于众，这使得学术成果呈现出高质量传播的现象。此外，社交媒体化开放平台是网络化学术交流的媒介。在这些媒介平台中，专家学者分享和发布自己的学术成果，本身就是对自身学术背景和知识结构的梳理和展示，也是架构和完善自身学术知识体系的过程②。从上述表述中可以发现，学术交流活动的网络化使得学者们不断调整和完善自己的学术行为，学术影响力的形成不断朝着正面的方向发展，而这一切都可以通过 Altmetrics 评估和测量出来。事实上，Altmetrics 在这一过程中起着“过滤器”的作用，这种过滤作用的开放性、即时性和针对性为科研工作者们提供了一个进行知识交流和共享以及科研成果展示的有效平台，科研工作贡献以及学术成果的可见度得到了显著的提升，从而帮助学者们快速准确地获得那些有着开创性意义的学术成果，帮助科研工作者通过最小的努力选择出自身需要的影响力较大的 A 级文章，使得学术成果推

① 钟灿涛. 科学交流体系重组的动力因素分析[J]. 科学学研究, 2011, 29(9): 1304-1310.

② 覃晓燕. 科学博客的传播模式解读[J]. 科学技术哲学研究, 2010, 27(1): 97-100.

荐呈现出快速化和个性化的特征。此外，Altmetrics 所进行的学术成果还具有反馈和调整功能。因为读者之间以及读者与学术成果的作者之间通过在线网络可以实现几乎面对面的交流，在交流过程中读者可以发表自己对该学术研究的看法，也可以与其他学者或者学术成果的作者进行互动讨论，从而加深对该学术思想或者研究方法的理解。而其他学者在接收到某一学术推荐结果后，可以参考读者与读者之间、读者与作者之间的互动讨论以及评论状况，选择是否接受推荐结果或者哪一部分研究可以为自己所用，为自己的科学研究工作提供便利，从而为科学发展和技术进步创造条件。

4.1.5 应用于机构知识库发展

随着国际互联网技术的发展和普及，信息资源的交流、访问、共享以及服务模式发生了变革，信息存储和检索的方式也发生了本质上的变化，传统科研机构的工作方式已经不能满足知识经济发展所带来的新挑战和要求，机构服务的一种新模式——“机构知识库”应运而生。所谓“机构知识库”，就是一个机构建立的，以网络为依托，以收集、整理、保存、检索、提供利用为目的，以本机构成员在工作过程中所创建的各种数字化产品为内容的知识库①。从本质上而言，机构知识库是机构实施知识管理的工具，是机构有效管理其知识资产的工具，也是机构知识能力建设的重要机制。简单而言，机构知识库是一种工具，也是一种能力，它可以对本机构的成员以及成员的学术成果进行有效的知识管理，这种管理不仅仅包括对内容的管理，还包含着对影响力的管理。目前，越来越多的机构知识库都在进行方法的探寻，试图通过新的定量方法和工具对机构中的科研人员及其学术成果的影响力进行科学、有效及全面的评估和测量。Altmetrics 的出现满足了机构知识库发展的这一要求，它作为现有的引用指标的补充，可以提供更广泛、更全面的影响力评价，使得机构知识库的各个参与者——作者、管理者、建设者及出版商等都能从中获益。

正如传统的计量学评价方法在机构知识库的服务中取得了显著成效一样，Altmetrics 的研究成果同样能够有效地应用在机构知识库的发展中，从而有力地推动科研机构中知识能力的发展和知识管理的建设。具体来说，Altmetrics 在机构知识库中的应用主要体现在以下几个方面。

---

① 钱建立，李鹏，李若溪．机构知识库可持续发展策略研究[J]．情报杂志，2012，(11)：176-180.

第一，促进机构知识库学术资源的建设。机构知识库的学术资源是机构知识库赖以生存和发展的物质基础。其组成通常包含三个方面的内容：①机构成员个人发表的学术论文、专著等学术资源文献；②科研机构发表、验收和评审的研究报告、方案、专著、专利等；③科研机构研究工作的实验数据、培训教程、讲座、过程文件等。这些学术资源是机构知识库的成果和宝贵财富，学术资源的建设越完善，机构知识库的服务越成熟，科研人员的收益才能越大。但是这种建设如果单单依靠专业机构去完成，不仅成本高，而且效果不大，而如果科研人员可以主动参与其中，使自身的学术资源通过开放存取的方式参与到学术资源的建设过程中，那么效果将会事半功倍。Altmetrics 的出现就满足了这一要求，它使得潜在科研用户的学术成果通过开放存取方式进行学术资源建设，大大增加了其学术成果的使用和被引用的概率，使得科研成员学术声誉传播更广，激励着科研人员的高质量学术成果的传播和开放存取，从而对机构知识库学术资源的建设起到促进作用。

第二，促进机构知识库服务质量的提高。机构知识库作为研究型机构的基础建设，最原始的功能就是为机构成员的科研和学习提供服务。在 Altmetrics 的指导下，机构知识库将更好地贯彻“以人为本”理念，为机构成员提供更为个性化和针对化的服务，满足成员的科研要求。首先，Altmetrics 可以对学术成果的传播过程进行追踪，挑选出影响力广泛、创造性强和质量比较高的学术成果，使得机构知识库可以更好地为科研人员提供知识获取、知识管理和知识应用服务；其次，Altmetrics 在追踪的过程中，还能够捕获读者对学术成果的使用数据，科研人员可以了解每一个学术资源的阅读者和分享者，以及这些读者对该学术资源的评论、讨论及互动状况，从而使得科研人员在机构知识库中能够结识同行、讨论有着共同兴趣的话题，此外还可以进行“跟随性阅读”。所谓“跟随性阅读”是指如果某个资深专家愿意把阅读过的文献、订阅的期刊，作为一种信息分享给关注者，那么关注者可以沿着专家的足迹前进，达到事半功倍的效果。

第三，促进科研管理者管理水平的提高。对科研管理者而言，Altmetrics 可以使机构知识库的功能更加强大，促进科研管理者管理水平的提高。一方面，科研管理者可以根据 Altmetrics 对机构知识库中学术资源的影响力程度进行追踪，从而为更好地制订市场推广计划提供依据；另一方面，管理者作为科研机构的领头人和决策者，可以通过 Altmetrics 清楚、全面地认识和理解机构及个人学术成果影响力的具体表现，对机构学术影响力的判断、基金项目预算的制定以及相关科研人员的招聘方面提供支撑性的建议，从而为管理者制定科学合理的决策提供依据，有利于促进科研管理者管理水平的提高。

需要说明的是，机构知识库要想应用 Altmetrics 的理论、方法和工具为其服务的话，目前还受到很多因素的限制，如应用的成本、技术支持需求、平台整合限制（开源还是专有），以及用户的权益[①]。Altmetrics 领域的专家学者们未来应该在这些方面多做探索，从而为 Altmetrics 应用于机构知识库创造条件。

4.2 Altmetrics 在科学评价方面的应用

所谓评价，事实上是人类在实践的过程中一种有目的的认识活动，其结果是为了更好地识别研究对象的内涵、意义、价值及其变化和发展规律。在传统科学交流的系统和过程中，学术资源的传播和评价是一脉相承的。学术论文的发表和专著的出版需要得到专家审议和肯定；学术研究成果在发表后，其他科研人员受其学术思想的启发，并结合自己的知识背景形成了创新性的研究，这种创新性的研究在纸质刊载物上发表时，必然使得该学术成果以参考文献的方式得到引用。从以上的表述中可以发现，传统科学交流模式中，学术资源的传播和评价是相互渗透、相互依存的，而评价结果的量化是通过信息计量学的理论、方法、技术工具实现的。在 Web2.0 时代，科学交流模式以及计量学都随着时代的进步和技术的发展发生了革命。传统的科学交流模式在社交媒体技术的支撑以及开放存取理念影响下在交流渠道、传播方式上发生了突变，学术成果的发表和引用已经不再是其传播的主要途径，在这种方式之外，愈来愈多的科研工作者选择在社交媒体平台或者学术网络社区中对学术成果进行评论和推荐。同时，传播交流过程中对学术资源的评论、标签、转发、推荐及分享等方式，构成了对该学术成果一种新的评价体制，只不过这种评价由原来的“引用”变成了“关注”（attention）[②]，这也是 Altmetrics 的产生背景。由此可见，在科学交流的 Web2.0 时代，Altmetrics 丰富了科学评价的概念，扩充了科学评价的

---

① 刘丹，赵宇峰，曾文. 机构知识库的新机遇：替代计量学[J]. 中国教育网络，2014，(6)：74-76.

② Kortelainen T, Katvala M. Everything is plentiful—except attention. Attention data of scientific journals on social web tools [J]. Journal of Informetrics, 2012, 6(4): 661-668.

渠道，将 Altmetrics 应用于学术成果影响力的科学评价是一种必然的结果，Altmetrics 将成为新时代背景下保证评价结果的科学性和严谨性的重要工具，并将广泛应用于项目评价和人才评价活动中。

4.2.1　应用于项目申请评价

随着科学技术的进步、研究方法和手段的发展，以及科学研究工作国际化程度的不断提高，国家对科研基金项目的要求愈来愈高。不仅要求项目具有很强的创新性、可行性及国际性，而且要求基金研究与国家的宏观发展及社会的进步相接轨，满足经济、科技、文化发展实践的需要。针对这一原则，国家对基金项目秉持宁缺毋滥的态度。这使得学术研究领域的竞争愈加激烈，科研工作的难度和挑战性越来越大。在申报基金资助时，申请人的最新科研工作往往和基金申请课题紧密相关，所以需要在最短的时间内通过科学、严谨、客观的方法证明他们如何通过合理使用基金资助得出国家需要的、有高度影响力的研究成果。Altmetrics 的出现正好满足了申请人在基金申报时的需求。一方面，不同于传统的引用指标在证明学术成果的影响力时往往要经历一年或者数年的时间，Altmetrics 是基于在线科学交流过程的。在线科学交流的实时性保证了 Altmetrics 可以在短时间内让基金资助机构了解申请人最近研究成果的影响力状况，此外在线科学交流的过程性使得 Altmetrics 可以提供更全面的指标去全面、综合地衡量申请人的研究成果。另一方面，Altmetrics 的运行机制是基于社交媒体平台产生的开放数据，开放数据的产生不仅仅依赖于专家学者，也依靠普通大众的参与。因此 Altmetrics 可以作为基金资助评估人员的重要参考依据，用来揭示申请人的最新研究工作在学界和社会实际生活中的接受程度，从而可以衡量该项目研究是否有科学意义，是否能够对社会发展和科技进步起到很好的推进作用。

从上面的表述中可知，Altmetrics 在项目申请评价方面有着良好的应用前景。对申请人来说，Altmetrics 可以帮助他们在较短的时间内，科学合理地证明其最新研究工作对学界和社会实践生活所产生的影响，从而为其能够顺利地获得资助提供一些优势；对基金委员会而言，Altmetrics 可以即时、全面地揭示申请人科研成果的影响力状况，有助于其正确地理解申请人的学术实力以及完成科研项目的能力，从而有利于学术资源的合理配置。

4.2.2 应用于人才评价

习近平指出："人是科技创新最关键的因素。创新的事业呼唤创新的人才。我国要在科技创新方面走在世界前列，必须在创新实践中发现人才、在创新活动中培育人才、在创新事业中凝聚人才。"[①]由此可见，科技人才是一个国家重要的财富和宝藏，其数量和质量是反映一个国家科技水平的重要标志。

关于人才评价的方法和途径，从目前的研究来看主要经历了三个阶段。

第一，传统阶段。在这一时期，人才评价主要基于以下几种方法：①专家同行或者专业机构评议、审计和监督科技人才的学术研究成果；②以考核、考查、竞赛为手段来发现和评选人才；③以学术会议或者学术交流活动为平台，通过交流互动情况来发现优秀人才；④以学术期刊论文发表为途径，通过阅读、审核来稿内容，发现有创新性思想和改革性方法的人才。以上四种都是传统阶段评价人才比较可行有效的方法，但是这些评价手段都存在着一个致命的缺陷，评价的手段存在着很大的主观性，评价的结果缺乏科学性和说服力，容易造成非议。

第二，信息计量学阶段。由于传统阶段的人才评价方法存在着无法克服的弊端，因此学者开始探索采用定量分析的方法进行人才评价。经研究发现，信息计量学可以定量地对人才进行评价，评价的结果也比较客观准确。信息计量学应用于人才评价主要基于两个方面：①生产力。科研人员的学术研究成果都以学术文献方式表现出来，并在社会上传播推广，以扩大自身的影响力。因此，科研人员所发表的学术文献越多，他的科研生产力就越强，他的影响力就越大。②影响力。科研人员的学术思想对他人产生影响的标志就是其发表的文献被他人引用。因此，文献被引次数的多寡，在一定程度上反映了学术研究的质量和价值，从总体上反映了科研人员在学界的影响和对社会的贡献。在以上两大评价原则的基础上，学者们又探索研究出了更为直观、便利的 Altmetrics 指标，如 h 指数、g 指数等，用来评估科研人员的学术质量和价值，从而为实际生活中的人才招聘、绩效评估、职称晋升等服务。然而，信息计量学应用于人才评价也不是无可挑剔的完美方法，它也受到了如时滞过长、影响力片面以及引文分析固有缺

① 中国新闻网. 创新的事业呼唤创新的人才[EB/OL]. http://www.chinanews.com/ll/2016/04-17/7837076.shtml [2019-04-23].

陷等的影响，从而影响评价结果的准确性和客观性。

第三，Altmetrics 阶段。随着在线社交网络工具的发展和开放存取运动的进步，科学交流模式逐渐表现出多样化的趋势。这种多样化主要体现在学术成果表现形式的多样化以及学术成果传播途径的多样化。Altmetrics扩展了学者们对这种多样化趋势内涵的认识，它通过设置多样化的指标来实现在多样化的学术生态环境下对科研人才价值的准确度量。

利用 Altmetrics 的方法评价人才的原理主要有以下两个方面。

第一，科技人才的学术声誉和地位与其知识贡献度有关。在开放化的在线科学交流环境中，社交网络工具广泛应用于学术知识等各种信息的传播中。科研工作者在梳理、架构、完善自身的认知结构和科研工作后，通过社交媒体发表出来。为了能够得到即时的互动和有效的评论，科研工作者往往愿意将自身最有价值、最具创新的研究发现公之于众。由于方法、结论或者研究过程的创新性和新颖性引发了其他研究者的兴趣，从而引发互动和讨论，在这一过程中科研人员的学术声誉越来越强，学界地位越来越高。Altmetrics 通过多样化的 Altmetrics 指标来衡量在线科学交流过程中知识贡献度的多少，从而用以评价科技人才的学术声誉和地位。

第二，Altmetrics 可以弥补传统评价和信息计量评价的缺陷。Altmetrics 基于开放数据进行评价，可以改善传统评价方法主观性强的缺点，弥补信息计量评价方法速度慢、影响力单一、引文存在缺陷等不足，通过构建全面的指标体系衡量科技人才在学术及大众方面的全面影响力，从而有助于相关机构和人员更全面地理解科技人才的学术贡献，使得科研资源的分配更加公平和公正。

综上所述，基于 Altmetrics 的科研人才评价，能够全面反映科技人才的影响力，使得评价结果更加公正，促进科技人才定量评价机制的进一步发展。

4.3　Altmetrics 在科技预测方面的应用

科技预测就是以预测学理论为指导，以科技发展的历史和现状为依据，通过定量、定性或者两者结合的综合方法分析相关数据，对科学研究领域可能出现的发展趋势或发展前景进行推测，最终得出预见性的结论[①]。简言之，科技预测就是对科学技术研究领域的新趋势进行揭示和探测。针对“科学技术研究新趋势”的概念，April Kontostathis 等给出了比较权威的解释，那就是在科学研究的过程中，随着时间的流逝和研究的深入，科研工作者关注得越来越多，讨论互动越来越频繁的话题主题[②]。对科学技术研究的新趋势进行预测，对科研工作者乃至整个国家而言都有着十分重要的意义，这主要体现在宏观层面上的国家战略决策制定与支撑服务和微观层面上的科学研究专家学者团队创新决策支持服务。从宏观层面来说，对科学技术发展新趋势的预测有助于从纵向上掌控科学研究工作开展的脉络走向，从而为国家科技发展战略的制定和优化以及国家科技创新工作的开展提供决策支持；从微观层面来说，对科学技术发展新趋势的预测有助于帮助科学研究工作者及时把握研究创新点和未来突破点，并可以通过关联分析识别出科研竞争者和潜在合作者，进而实现科研团队竞争与合作战略的有效制定。

总体而言，通过对科研新趋势进行揭示和探测，可以帮助国家和科研工作者及时准确地理解竞争者正在进行的科学研究，从而掌握国际发展动态以及世界科技走向，领导国际发展前沿，在科技竞争全球化的环境下占据有利地位，为国家的宏观管理以及综合国力的提高提供决策依据和智力支持。

4.3.1 基本原理

众所周知，从事科学研究的专家学者在从事科研工作、思考科研问题时，为了辅助、支撑、启发自己的研究思路，都会从学术文献数据库、学术搜索引擎、学术社区以及开放存取网站等平台上搜索和下载相应的学术资源，通过掌握科研工作者获取的学术文献资源并进行相应的内容分析，就可以判断和揭示科研工作者目前正在进行的科学研究主题是什么；同时，基于学术文献下载的即时信息，再引入学术文献资源在在线社交网络工具和平台中的被关注、互动、评论的实时数据作为辅助和支撑，就可以对科学技术发

① 邱均平. 信息计量学[M]. 武汉：武汉大学出版社，2007: 538-541.

② Kontostathis A, Galitsky L, Pottenger W M, et al. A Survey of Emerging Trend Detection in Textual Data Mining[M]. New York: Springer, 2003: 185-224.

展趋势、研究热点、发展前沿进行追踪、挖掘及预测①。从以上的表述中可以看出，要想进行科学技术新趋势的追踪和预测，必须掌握以下几个关键点：①相关文献的下载数据；②实时追踪技术；③学术文献在社交媒体平台的被关注状况的把握，实际上就是在线科学交流模式下学术文献传播过程中所形成的影响力的评判。而这些关键点正是我们运用 Altmetrics 的理论和方法进行科学技术研究新趋势预测的基本依据和重要优势之所在。

4.3.2 可行性

从以上的分析中可知，在科学技术新趋势的预测过程中，有三个关键问题必须要解决，而 Altmetrics 的属性和特征为这几个关键问题的解决提供了思路，因此将 Altmetrics 应用于科学技术新趋势的预测过程中是可行的，具体主要表现在以下几个方面。

第一，Altmetrics 使得学术文献资源下载数据的获取更加便利。由于传统的评价指标越来越受到科学家们的质疑，所以 Altmetrics 在影响力评价方面所发挥的作用越来越大，也因此受到学界专家以及学术出版商的认可，Altmetrics 已然成为学界蓬勃发展的一个研究领域，它将会给专家学者及出版商带来巨大的学术利益和经济利益。目前，各大学术出版集团为了在 Altmetrics 领域分得一杯羹，都创造各种条件促进 Altmetrics 的发展和进步。其中最明显的进步就是，随着 Altmetrics 的兴起和热议，各大出版商都积极免费地提供学术文献资源的下载数据。例如，斯普林格出版集团开发的 Realtime 工具以可视化形式直观地提供学术论文的实时下载数据，就目前的情况而言，斯普林格出版集团提供的可视化图谱主要有四种，即下载地图、动态、关键词标签云以及图标；*PLOS ONE* 网站也对其出版和发表的学术论文的下载次数进行动态化的累积统计；此外，还值得一提的是，在国际上享有高影响力的顶级期刊出版社也开始注重这方面的改革，如 Nature 出版集团从 2012 年 12 月起对 2012 年 1 月起出版的论文提供 Altmetrics 指标数据，其提供的论文下载数据更加精确，是以天为单位进行统计更新的。以上这些分析都说明，随着 Altmetrics 研究的深入，各大网站和出版商所提供的 Altmetrics 数据源向着高质量、低成本、易获取、便应用的方向改善，这些努力使得将 Altmetrics 应用到科技预测中成为可能。

---

① 王贤文，毛文莉，王治．基于论文下载数据的科研新趋势实时探测与追踪[J]．科学学与科学技术管理，2014，35(4)：3-9.

第二，Altmetrics 中的实时追踪技术使得科技预测结果更加精确、客观，更具应用性。Altmetrics 是随着科学交流的在线化发展起来的。与传统的科研交流相比，在线科学交流几乎没有交流周期，可以随时随地发生。在线科学交流的这种特征使得 Altmetrics 呈现出实时化的特点，具体主要通过网络技术中的实时追踪技术完成。实时追踪技术是以学术文献资源的 DOI、PubMed ID 的标识符为线索，实时获取学术文献资源的下载数据、传播数据等。Altmetrics 中的实时追踪技术使得学者们能够及时地获取学术文献资源下载数据的一手资料，从而及时准确地掌握其他学者乃至国家所从事的研究工作和所感兴趣的研究话题，并以此为切入点对科学技术的发展趋势进行预测，使得研究结果更加精确，更具应用性和时效性。

第三，Altmetrics 对学术文献影响力的评价是科研趋势预测分析中有力的支撑依据。Altmetrics 术语的提出者曾经指出，Altmetrics 是以社交媒体以及开放存取网站为平台的，目的是为了使得科学交流效率更高以及学术成果出版发行平台应用更加广泛[①]，因此 Altmetrics 可以基于社交媒体数据以及开放数据对学术文献成果进行全方位的评价[②]。这种全方位的评价既包含对学术文献资源的互动情况的评判也包含对学术文献资源内容价值的判断。在进行科学技术研究发展趋势的预测时，通过学术文献资源的下载数据，可以识别出目前研究热点和研究前沿，再辅以 Altmetrics 的全方位评价结果，可以推断出该学术热点和前沿的稳定度，推测出该学术主题是昙花一现还是平稳发展，从而对实际的生产和生活产生不可估量的影响。这些预测结果将影响专家学者乃至国家相关部门能否抓住科技发展前沿，从而在科学研究以及科技竞争中立于不败地位。

此外，Altmetrics 在单篇论文层面计量领域也有着不凡的表现，这种不凡表现使得科研工作者不用追踪整个学科领域的发表物或者学术网站就可以遴选出自身所需的学术文献及相关资源，还可以帮助相关人员快速、准确地捕获近期发表且具有高知名度的学术成果；此外，还通过个性化推荐定期推送自身感兴趣的学术资源，从而有效地识别出学术期刊、相关网站以及学术社区新兴的研究趋势。Altmetrics 这种敏捷、智能化的过滤机制，使得研

① Priem J, Hemminger B M. Scientometrics 2.0: new metrics of scholarly impact on the social web [J]. First Monday, 2010, 15(7): 1-17.

② Taraborelli D. Soft peer review: social software and distributed scientific evaluation [EB/OL]. http://citeseerx.ist.psu.edu/viewdoc/download;jsessionid=753FD63A1C02F7C798F92ABBD12879F4?doi=10.1.1.218.486&rep=rep1&type=pdf [2019-04-23].

究者可以从浩如烟海的数据信息海洋中有效地抽取和利用相关数据，从而极大地减少科技预测过程中数据聚焦以及收集处理所耗费的时间和精力，使得科研趋势预测工作的展开更加便捷、容易。

总的来说，科学技术的迅速发展，尤其是计算机网络技术与知识交流技术的发展，给科学预测带来了新的机遇和挑战。Altmetrics 能顺应这种进步，适应这种发展，使得科研新趋势的预测工作变得可行、便利、易操作。因此，将 Altmetrics 应用到科研趋势预测中是一种必然的选择，Altmetrics 也日益成为 Web2.0 环境背景下保障科研预测顺利进行的重要工具。

4.3.3　分析步骤

科学技术新趋势预测的方法基本上可以分为定性、定量以及两者结合的综合方法三大类。定性方法中比较有代表性的有专家咨询法（关键技术法）、情景分析法、德尔菲法、头脑风暴法等，定量方法中比较有代表性的有信息计量方法、相关矩阵法、回归分析法、层次分析法、决策树法等，还可以选择将定量和定性方法结合，取长补短。Altmetrics 方法是科技新趋势预测中新发展起来的重要方法之一。将 Altmetrics 的理论与方法应用到科学技术新趋势预测的基本步骤如下所示。

首先，对学术文献资源的相关数据进行收集。收集的收据类型包含：学术资源的元数据；表征其内容特征的内容数据，如摘要、图表、支撑数据、全文等；学术文献资源的下载数据以及表征其被关注状况的网络标记数据，也就是其互动交流数据。这几种类型的数据都是 Altmetrics 在进行科学技术新趋势预测时所必需的。但是由于目前研究条件的限制，这些多类型的数据需要通过多样化的数据源才能够完成。其中，可以提供数据源的出版商有斯普林格、PLOS ONE、Nature 以及爱思唯尔。而表征学术资源被关注状况的网络标记数据来源通常有两类：第一类是一般性的社交媒体平台，如 Twitter、Facebook、Google+等；第二类是学术性的社交媒体工具，如 Mendeley、CiteUlike 等。值得说明的是，这几种数据源并不是毫无关联、互相排斥的，相反它们相互联系、互相支撑，上述的一般性及学术性的社交媒体工具所产生的数据也是 *PLOS ONE* 及 *Nature* 中补充指标所选择的数据来源。

其次，需要将所收集的多样化的数据进行处理和分析。所收集的数据来源广泛，类型多样，格式相异。为了方便分析，首先需要将多类型的数据进行处理，将格式统一成方便处理、可以类比和关联的数据格式。此外，在处理的过程中也要注意多类型数据的“映射”问题，要保障学术文献资源的元数据、内容数据、下载数据以及被关注数据与学术文献资源的DOI、PubMed ID号相对应，以及这四种类型的数据之间一一对应。

再次，对相关数据进行归纳分析，建立预测模型，并通过分析研究得出结论。具体来说就是，通过对元数据和内容数据进行分析和总结，明确专家学者们所使用的学术资源的主题，识别出目前的研究热点，总结科学技术研究新趋势；根据学术文献的即时下载情况来识别研究前沿，所基于的思想是如果某一主题的学术资源在这一段时间内被频繁下载，且这些学术资源是近期发表的,则说明这一主题思想引发了学者们极大的研究兴趣，有很大的概率成为研究前沿。研究热点和研究前沿的确定将有助于学者们预测科学技术发展新趋势，得出研究结论。

最后，检验研究结论的可靠性、准确性。根据学术资源下载数据，再辅以表征被关注状况对网络标记数据和预测出新趋势主题的未来发展状况进行判断，推断出该主题学术资源在未来的发展状况，是平稳发展、缓慢下降还是爆发激增。对爆发激增与平稳发展的新趋势要尤为关注。

在科研趋势预测领域，传统的方法要么偏重于使用频次的统计，要么偏重于文本内容的分析，两者之间缺乏有机的统一。而Altmetrics在两者之间找到了契合点，将学术文献的内容分析及其使用状况、互动状况进行了有效的整合，这不仅扩展了Altmetrics的应用领域，也丰富了科研趋势预测的方法和思路。未来，随着Altmetrics的热议以及Altmetrics指标的丰富和完善，学术文献在网络平台的使用、传播、互动数据会越来越被关注和利用，从而去进行新颖性、创造性的研究。

4.4 小　结

马克思主义哲学中实践的观点表明，任何理论的形成和发展，最终都要为社会和生产实践服务，Altmetrics的研究也不例外。本章主要从科技管理、科学评价以及科技预测三个方面对Altmetrics的应用问题进行了探索，并得到了相关结论。首先，在科技管理方面，Altmetrics可以用于分析学术网络，揭示学术交流规律，推荐优秀学术成果以及促进机构知识库的发展和应用，这些应用均属于科学学研究的范畴，因此可以看出

Altmetrics 在科技管理方面的应用有助于研究科学机构、发展面貌及发展规律；其次，从科学角度而言，科学的评价可以促进科学的管理和科学的进步，本章主要探讨了 Altmetrics 在项目申请评估以及人才评价两个方面的应用，这有助于识别科研骨干力量，促进科学资源的合理利用和配置；最后，笔者从基本原理、可行性及分析步骤三个方面综合阐述了 Altmetrics 在预测科学技术研究新趋势的应用。Altmetrics 将学术文献的内容分析以及使用、互动数据进行有效的结合，为科技预测提供了新的思路。

可以预见的是，随着人类社会网络化、信息化环境的日益拓展，以及在基础理论、方法技术等各个方面的不断发展，Altmetrics 在科技管理、科学评价以及科技预测领域将具有更加广阔的应用前景，在人类社会、经济、科技和文化等各个领域都将带来越来越大的影响和变革。

第 5 章　Altmetrics 实证分析

辩证唯物主义认为："实践是检验真理的唯一标准。" Altmetrics 作为一门年轻的学科，目前已经到了发展的关键阶段，实证检验可以帮助完善和深入 Altmetrics 的研究。从某种意义上而言，在社交媒体技术与开放存取理念有机结合下发展起来的 Altmetrics 并非是一蹴而就的，随着这一创新概念的提出，其理论完善和应用拓展都需要有一个逐步深入的过程，而实证研究就是实现这一过程的最好途径。从前面的研究中可知，Altmetrics 可以应用在科学学研究领域中的科技管理、科学评价以及科技预测方面。各国的学者们为了促进 Altmetrics 的发展，使其在学术研究或者社会管理中应用更加便利，开发了形式多样、功能多元的 Altmetrics 工具。本章旨在利用 Altmetric.com 工具，对 Altmetrics 在科技管理领域的应用研究进行实证检验，分别分析 Altmetrics 在单篇论文影响力的计量、学术文献在社交媒体以及开放存取平台上的传播，以期能够达到检验理论与深化应用的目的。

5.1　Altmetrics 在单篇论文影响力计量方面的实证分析

5.1.1　研究对象和目标

论文层面计量，是以发表在学术期刊上的某一篇学术论文为研究对象。本章的研究随机选取了一篇发表在 Nature 出版集团下属刊物 *Scientific Reports* 上的文章，之所以选取 Nature 出版集团期刊上的论文为研究对象，是因为其是世界上最早的国际性科技期刊，其办刊宗旨是"将科学发现的重要结果介绍给公众，让公众尽早知道全世界自然知识的每一分支中取得的所有进展"。*Nature* 杂志是世界上最权威的科学杂志之一，杂志以报道科学界的重大发现、重要突破为使命，要求科研成果前沿。本研究所选的学术论文名称是 The biological impacts of the Fukushima nuclear accident on the pale grass blue butterfly，其发表时间为 2012 年 8 月，DOI 号是 10.1038/srep00570。

从前文 4.1.1 节的表述中可知，单篇论文影响力计量包含三个方面：①引用影响力；②新闻媒体以及大众媒体的在线影响力；③使用影响力——通常包括浏览量或者下载量。此外，单篇论文影响力计量侧重于衡量即时性和社会化的学术影响力，因此第二方面的影响力是其研究的重点和关注点。本节主要通过 Altmetrics 工具的实时追踪和监控，对单篇论文三个方面的影响力进行定量化测量，以期达到单篇论文影响力计量评价的目的。

5.1.2　研究工具

本章所选用的研究工具是 Altmetric API，它是由 Altmetric 公司开发的一款用于收集 ALMs 相关数据的应用工具，为了使用的方便，用户可以将相应的 APP 程序嵌套到个人的研究网站、研究平台或者期刊网站上为自身所用。此外，它的使用方法根据使用目的的不同而异。如果是用作商业用途，则需要支付一定的费用来获得商业许可证，从而可以获取相应的详细数据，而这些数据将最终以可视化的形式展示出来。如果是个人研究所用，研究者通过邮件的方式向总公司获取相应的 key，从而可以获得基本数据用作科学研究。

5.1.3　结果分析和讨论

运行 Altmetric API，可以得到下面用于计量和评价单篇论文影响力的图谱，本节将从三个部分对该论文的影响力进行解析。

1. 引用影响力

Altmetric API 可以收集和统计该篇文章在 Web of Science、CrossRef 以及 Scopus 三大学术数据库的被引用状况。该工具通过相应的 API 来追踪和统计该篇论文在这三大数据库中的引用次数，而且这个引用数据是日更新的，从而满足了影响力评价的即时性。具体如图 5-1 所示。

当单篇文献在三大数据库中有了引证次数之后，用户可以点击图中每一个数据库引用圆环图标，此时系统会跳回到相应的数据库，并且将各个施引文献的相关题录信息表示出来。

图 5-1 单篇论文在三大数据库中的引用影响力图谱

2. 使用影响力

Altmetric API 还可以通过浏览量来表征单篇论文的使用影响力。这个浏览量包含了该篇论文的 HTML 浏览量以及 PDF 下载量。具体如图 5-2 所示。

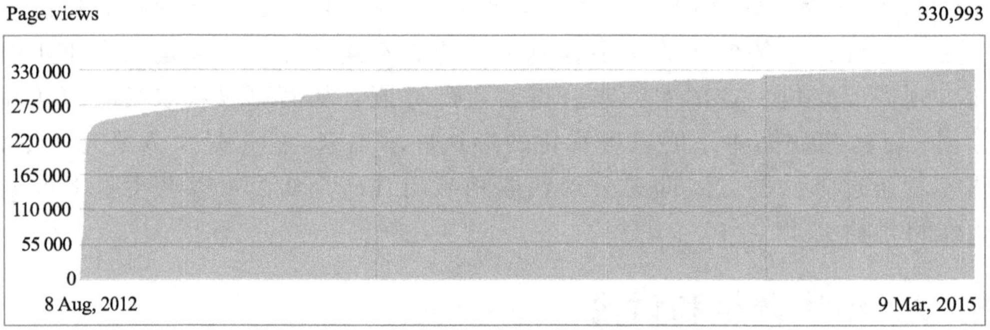

图 5-2 单篇论文的使用影响力图谱

Altmetric API 提供了单篇论文的使用影响力情况，如图 5-2 所示。但是值得说明的是，因为 Altmetric API 是嵌套整合在第三方平台上的，所以它所统计的使用影响力就是指单篇论文在该第三方平台上的 HTML 浏览量和 PDF 下载量。以本章所选的样本为例，图 5-2 显示的是该篇论文在 nature.com 平台上的 HTML 浏览量和 PDF 下载量，此外，由于 Altmetric API 本身的技术限制，它只能追踪发表时间在 2012 年 1 月 1 日以后的论文的使用状况。还值得一提的是，Altmetric API 提供的使用影响力图谱还有实时显示的功能，将鼠标放置在该图谱上，并让其随着图中的曲线滑动，可以发现图中各个点的横纵坐标就会实时显示出来，从而给学者用户一个更为直观的概念。

图 5-2 清晰地显示了该单篇论文自 2012 年 8 月 8 日在线发表以来至本研究的截图时间（即 2015 年 3 月 9 日）内每日的 HTML 浏览量和 PDF 下载量的累积情况。从图中可以看出，该单篇论文的使用影响力呈逐步增长的趋势，除了刚开始的一段时间，图中曲线斜率的变化幅度不大，基本上符合普赖斯逻辑增长曲线规律。为此，以曲线的斜率变化为依据，该单篇论文使用影响力的发展变化状况可分为三个阶段。

第一阶段，快速增长期。从图 5-2 观察可知，该单篇论文自 2012 年 8 月 8 日在线发表以后，在短短的时间里其 HTML 浏览量和 PDF 下载量的累积达到了 220 000 以上，呈倍数增长趋势。究其原因有两个：①该文献的发表平台的权威性使得读者对其论文的质量及创新性期待很高；②该篇论文的研究主题或者研究结论极富新颖性和创新性，引起了人们极大的兴趣，从而对其进行关注。

第二阶段，稳定增长期。从图 5-2 中可以发现，该曲线经历了一个转折期后，增长速度变慢，曲线的变化斜率变小，该单篇论文的 HTML 浏览量和 PDF 下载量的累积几乎达到了最高点，其使用影响力呈现出平稳增长趋势。虽然这一段时间内论文每日的 HTML 浏览量和 PDF 下载量仍在增加，但是相对于第一阶段，数量明显减少。

第三阶段，饱和停滞期。从图 5-2 中可以看出，在这一阶段，曲线明显变缓，增长率变小，增长速度几乎为零，曲线已经完全接近于一条直线。该单篇论文的使用影响力达到了一种动态平衡，学者们对该单篇论文的关注点接近于零。

恩格斯曾经指出，宇宙的运动是在有限循环上无限发展的。学术论文的使用影响力发展逻辑模型规律与这一思想是异曲同工的[①]。它揭示了学术文献的使用随着时间的延续其使用影响力经历着一个“前期加速发展，中期减速发展，直至后期饱和发展”的过程。

3. 新闻媒体及大众媒体的在线影响力

单篇论文影响力计量（ALMs）侧重点是对学术论文的即时性和社会化的学术影响力的测量，也就是学术论文在新闻媒体及大众媒体（如博客、

① 邱均平．信息计量学（二）　第二讲　文献信息增长规律与应用[J]．情报理论与实践，2000，23(2)：153-157.

Facebook、Twitter 等）上被提及、讨论、互动后所产生的在线影响力。Altmetric API 通过一个类似甜甜圈的图标对学术论文的在线影响力数值进行表征。这个数值并不是由各个媒体平台对学术论文提及和讨论次数的简单相加而来，而是各个媒体平台的提及和讨论次数加权相应的权值后求和而得，最后总分结果向上取整。Altmetric 公司对不同媒体平台因为其影响力大小的不同而赋予不同的权重，在一般的情况下，Altmetric 公司根据专家访谈的最终意见默认权重排名是新闻媒体>博客>问答论坛（Q & A forum）>Twitter 及 Google+>Facebook。

本研究所选的学术论文的在线关注影响力如图 5-3 所示。从 5-3 中可以看出，所选取的这篇样本论文在新闻媒体及大众社交媒体上的表现十分活跃，其中 17 家的新闻媒体平台都对该研究进行了报道。而在大众十分熟悉的几种社交媒体平台（Twitter、Facebook、博客、Google+）上均对此论文进行提及和讨论，其中 Twitter 对该学术论文讨论最为热烈，相关的推文达到了 2821 条。这篇样本论文的在线关注影响力最终的加权得分为 1976。此外，Altmetric API 还对这个得分所表达的意义进行了补充说明，具体如图 5-4 所示。

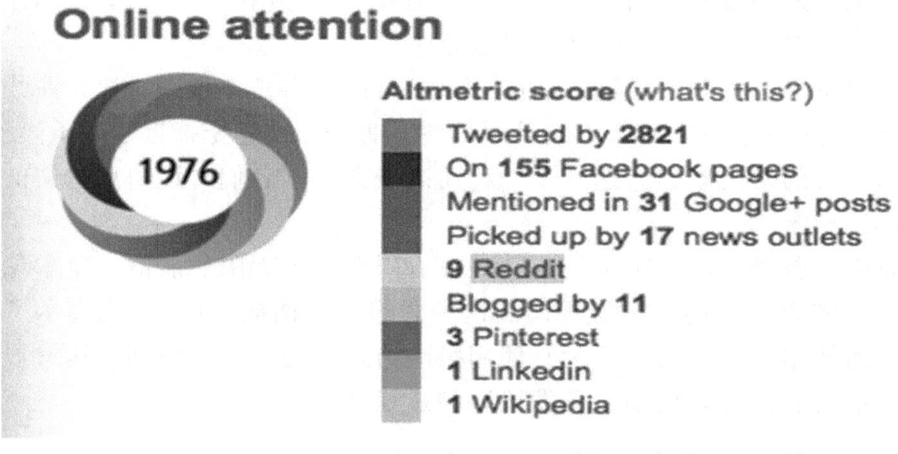

图 5-3　学术论文的在线关注影响力图谱

从图 5-4 中可以看出，该学术论文的 Altmetric 得分意味着其在 Altmetric 公司追踪的同时期发表的 72 855 篇论文中网络影响力排名第三，比 99%的论文都活跃；在其来源期刊同时期发表的 9 篇论文中，其网络影响力排名第一，比 87%的论文都活跃。

This Altmetric score means that the article is:

- in the 99 percentile (ranked 3rd) of the 72,855 tracked articles of a similar age in all journals
- in the 87 percentile (ranked 1st) of the 9 tracked articles of a similar age in *Scientific Reports*

图 5-4　Altmetric 得分的深层含义说明

此外，点击 Altmetric 得分甜甜圈圆环，工具会自动链接到一个网页，该网页清楚地展示了对该学术论文进行报道、提及、讨论的各个新闻媒体和社交媒体具体的原文信息，点击每一个媒体平台的下拉菜单，可以看到该学术论文在这个媒体平台的原始数据信息。这种高透明度的数据来源展示，一方面可以使结论更加真实、更有说服力；另一方面也可以帮助学者进行数据的分析、挖掘以及结论的验证，从而得到更深层次的研究结论。除此之外，Altmetric API 可以根据对样本学术论文进行提及、讨论、互动的 Twitter 用户所在的地理位置获知该学术论文在世界范围内的影响力，还可以对 Twitter 用户的身份类型进行识别和分析。

分析发现，关注该学术论文的 Twitter 用户类型呈多样化态势。在这所有的用户中，普通大众为 2140 人，约占 92%；科学家的比例约为 4%，人数达到了 105 人；以学术期刊的主编、编辑以及博主为代表的科学传播者有 44 人，约占 1%；其他用户只有 19 人，比例在 1%以下。从这些数据中可以看出，该学术论文在普通大众和学者专家中都有着广泛的影响，这说明该研究工作有着很强的社会价值和学术价值。而在这其中，普通大众对该学术论文的关注尤为突出，这说明该学术论文的研究工作是普通大众十分关心的话题，学术论文在普通大众中的影响力传播可以推动学术论文在学术知识域中的传播。而这一现象恰恰符合相关学者所得到的研究结论，即 Twitter 是促进论文影响力传播的最具有潜力的社交网络工具平台。

5.2　Altmetrics 在分析学术成果在社交网络中的传播的实证分析

Altmetrics 对分析学术成果在社交网络中的传播情况具有重要的作用。

Altmetrics 通过监测和追踪学术成果在社交网络中的传播过程，获得相关的使用数据、互动数据以及评论数据，从而发现学术成果在社交网络中的传播模型和传播机制，为学者促进学术成果在线传播提供策略。

5.2.1 研究对象和数据来源

在本节的实证研究中，所研究的对象还是上一节实证中发表在 Nature 期刊的下属期刊 *Scientific Reports* 上的文章，文章的题目、发表时间、作者、DOI 号等相关信息已经在前面的章节中进行了介绍，这里就不再赘述。

本节所使用的研究数据是由 Altmetric 公司开发的工具 Altmetric API 收集的。从前文的论述中可知，在 Altmetric API 提供的单篇论文影响力计量结果的页面中，点击 Altmetric 总得分所在的甜甜圈标识，可以得到该学术文献在各个社交媒体工具、开放存取平台及新闻媒体平台上传播的原始数据，这就使得 Altmetrics 分析学术成果文献的传播模式成为可能。从前文的单篇论文影响力的计量结果来看，该篇学术论文之所以能够在网络平台上产生如此大的影响力，是因为以博客、新闻媒体尤其是 Twitter 为代表的社交媒体工具及平台对该学术论文的传播互动起着至关重要甚至不可替代的作用。下面将以该学术论文在新闻媒体、博客及 Twitter 上的传播数据为基础进行分析研究，揭示学术论文在社交媒体工具或者开放存取平台上的传播过程，探讨学术成果的在线传播模式。学术论文在新闻媒体、博客及 Twitter 上传播的原始数据具体如表 5-1～表 5-3 所示。该学术论文在 Twitter 上传播的原始数据规模较大，由于论文篇幅所限不能全部列出，所以在表 5-3 中只对其中的部分数据进行展示，以示说明。

表 5-1　学术论文在新闻媒体传播的数据

新闻媒体名称	相关报道内容	发表时间
The Scientist	More Mutations in Fukushima Butterflies	2012 年 8 月 13 日 12 点 45 分
BBC News	Fukushima Butterflies “Abnormal”	2012 年 8 月 13 日 15 点 17 分
SPIEGEL ONLINE	Atomkatastrophe: Forscher Entdecken Fukushima-Mutationen	2012 年 8 月 14 日 12 点 58 分
COSMOS Magazine	Fukushima Caused Mutant Butterflies	2012 年 8 月 14 日 7 点 19 分
Le Monde	Des Papillons Modifiés Génétiquement par les Radiations de Fukushima	2012 年 8 月 14 日 8 点 37 分
Le Figaro	Des Papillons Mutants après Fukushima	2012 年 8 月 15 日 12 点 36 分

续表

新闻媒体名称	相关报道内容	发表时间
Mother Jones	Fukushima Radiation Gives Rise to Mutant Butterflies?	2012 年 8 月 16 日 10 点 00 分
Corriere della Sera	Dopo Fukushima, le Farfalle Non Hanno Più le Ali	2012 年 8 月 16 日 10 点 48 分
Stuff.co.nz	Fukushima Radiation Creates Butterfly Mutations	2012 年 8 月 16 日 22 点 06 分
ZEIT ONLINE	Atomunglück: Radioaktiv Belastete Fische vor Fukushima Gefangen	2012 年 8 月 22 日 11 点 33 分
Nature	Fukushima Offers Real-Time Ecolab	2013 年 7 月 16 日 0 点 0 分
Chemical and Engineering News	Wildlife Did Not Receive Dangerous Doses of Radiation from Fukushima	2014 年 2 月 25 日 21 点 06 分
Chemical and Engineering News	Fukushima Radiation May Have Little Long-Term Effect on Wildlife	2014 年 3 月 7 日 1 点 38 分
The Inquisitr	Monkey Mutation Near Fukushima Could Cause Real Life "Planet of the Apes" Scenario?	2014 年 7 月 25 日 21 点 16 分

表 5-2 学术论文在博客平台传播的数据

博客用户	博客名称	发表时间
United Academics	Genetic Mutations Found in Fukushima Butterflies	2012 年 8 月 14 日
80beats	Mutant Butterflies Near Fukushima Linked to Nuclear Radiation	2012 年 8 月 14 日
Nature News Blog	Butterflies and Balloons at Fukushima	2012 年 8 月 14 日
Audubon Magazine Blog	Fukushima's Mutating Butterflies	2012 年 8 月 15 日
Bacteria to Bonobos-Posts	Widespread Abnormalities in Butterflies Linked to the Fukushima Nuclear Accident	2012 年 8 月 17 日
Southern Genes	Not Quite a Three Eyed Fish	2012 年 9 月 13 日
Nature News Blog	What Were the Top Papers of 2012 on Social Media?	2012 年 12 月 21 日
Altmetric.com	New Kids on the Bibliometrics Block	2013 年 6 月 13 日
BMC Series Blog	Are Butterflies Still Fluttering in Fukushima?	2014 年 9 月 23 日
Cuaderno de Cultura Científica	Las mariposas de Fukushima	2014 年 9 月 25 日

表 5-3 学术论文在 Twitter 平台传播的数据（部分）

Twitter 用户	粉丝数	内容	发表时间
Scientific Reports	23 034	Research in @SciReports today reveals how the Fukushima disaster affected the pale blue grass butterfly http://t.co/ZfcgJTeU	2012 年 8 月 9 日
Sang Hong Lee	715	Research in @SciReports today reveals how the Fukushima disaster affected the pale blue grass butterfly http://t.co/ZfcgJTeU	2012 年 8 月 9 日
……	……	……	……
Romen360	2 545	http://t.co/6XUL7CKfjz ヤマトシジミの論文。ちゃんとした Full の論文だね。これを取り消そうったって、それは無理だろう。これには圧力はかけれまい。著者に圧力かけて取り下げさせることは可能だが。PDF で保存しとこう。	2013 年 6 月 24 日
……	……	……	……
カペリン capelin @lilligahyo	1 055	@neko_aii @desler 沖縄の大学（琉球大？）のグループもこれに似た研究をしていたという記憶があります。あちらは昆虫だったかな… ありました、これです。英語ですが、よろしければ http://t.co/WM8GnmmmRj	2015 年 1 月 29 日

5.2.2 结果分析和讨论

从表 5-1～表 5-3 中可以清晰地看到学术论文在新闻媒体、博客及 Twitter 上具体的传播过程。由于该学术论文在 Twitter 上传播的原始数据规模较大，表格中不能够完整地展示，因此本节对 Twitter 上的数据集进行了简单的预处理。学术论文在 Twitter 中的传播从 2012 年 8 月 9 日开始，到 2015 年 1 月 29 日结束。在整个传播过程中，有两个阶段波动较大，产生了峰值，为了能够更清晰地揭示学术论文在社交媒体上的传播过程，本节对这两个波动较大的阶段做了相应的曲线图，具体如图 5-5、图 5-6 所示。

观察图 5-5、图 5-6，再结合表 5-1～表 5-3 中的数据可以发现，该学术论文自 2012 年 8 月 8 日在 Nature.com 网站平台上在线发表后，经由新闻媒体、博客、Twitter 等社交媒体工具和平台进行传播后，引起了强烈的反响，得到了大量的关注。截止到 2015 年 1 月，对该学术论文的研究进行专题报道的新闻媒体共有 14 家。其中科技媒体平台是报道的主力，涉及顶级的学术期刊出版平台 *Nature*，澳大利亚科学期刊 *COSMOS Magazine*，美国化学学会周刊 *Chemical and Engineering News* 以及生命科学领域的著名期刊 *The Scientist* 等；此外还有大众新闻媒体对该学术论文进行专题报道，比较著名的就是英国的 BBC 新闻媒体平台。综合来看上述图表可知，在这篇学术论文的传播过程中，Twitter 的作用最为突出，该学术论文能够快速地得到网络关注，新闻媒体及博客也起到了巨大的推动作用。总体而言，本书将该学术论文在社交媒体及新闻平台上的传播过程分为以下三个阶段。

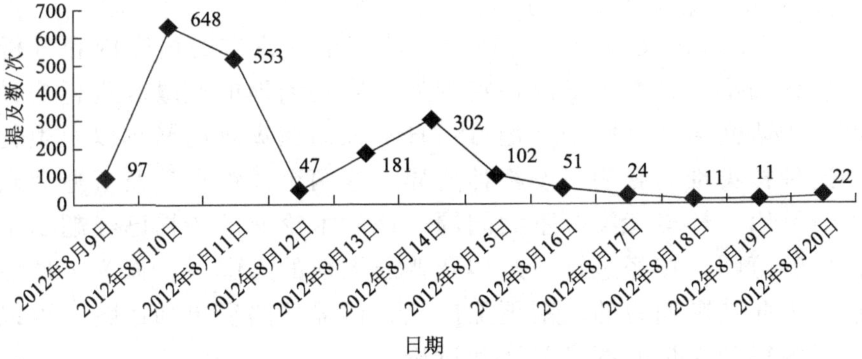

图 5-5　学术论文在 Twitter 平台上传播的第一个波动阶段的曲线图

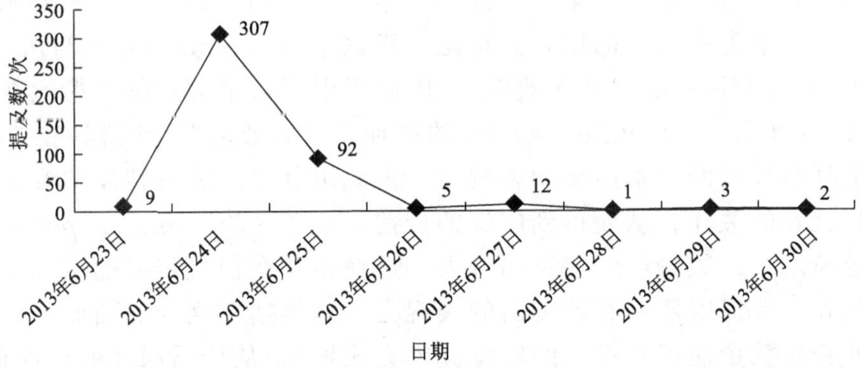

图 5-6　学术论文在 Twitter 平台上传播的第二个波动阶段的曲线图

1. 2012 年 8 月至 2013 年 5 月，学术论文的一次传播期

2012 年 8 月 8 日，在 Nature.com 网站出版平台上该学术论文得以在线发表。2012 年 8 月 9 日，该学术论文的刊载期刊 *Scientific Reports* 的

Twitter 账户发表了相关的推文：Research in @SciReports today reveals how the Fukushima disaster affected the pale blue grass butterfly http://t.co/ZfcgJTeU（发表在 *Scientific Reports* 的一项研究揭示了日本福岛的核灾难如何影响当地的蓝蝴蝶进行变异）。该推文一经发表，就得到了 Twitter 平台上大量用户的转发和热议，仅 2012 年 8 月 9 日当天针对该学术论文的讨论量就达到了 97，此后一路飙升，在 2012 年 8 月 10 日与 11 日，讨论量分别达到了 648 与 553，达到了第一天讨论量的 6 倍左右。该学术论文之所以能够在短时间内被 Twitter 用户获悉，获得较大的网络关注，究其原因主要有三个方面。

（1）该学术论文研究的话题性。从该学术论文的研究内容分析可以得知，研究揭示了日本福岛的核灾难如何影响当地的蓝蝴蝶进行变异。该学术论文的研究结论有两个关键点：日本福岛核灾难的影响以及生物物种会受到这种核灾难的影响引发物种变异。这两个关键点涉及普通大众所关心的生命健康、环境污染等重大问题，该学术论文的传播已经超出了学术知识传播的范围，在经过社交媒体及普通大众的发酵后，作为事件话题得以传播。因此其影响力的范围更加广泛，传播的路径更加通畅，可以在较短的时间内得到大量的网络关注和讨论。

（2）*Scientific Reports* 在 Twitter 平台上的“名人效应”。*Scientific Reports* 作为 Nature 出版集团主办的一本学术期刊，其权威性和办刊质量受到了广大学者和公众的推崇。正是由于这个原因，*Scientific Reports* 在 Twitter 平台上具有了“名人效应”，因此吸引了大量的粉丝，粉丝数量达到了 23 034 人。*Scientific Reports* 的这种“名人效应”，使得其在 Twitter 平台上具有较高的学术声誉和影响力，因此由其发起或者转发的推文更容易得到大家的关注，从而得到广泛的传播。此外，*Scientific Reports* 的粉丝团规模宏大，数量已经超过两万人，这使得其在信息传播的过程中在传播广度和传播深度层面有着突出的表现力。从传播广度的层面而言，两万余名的粉丝数量使得其推文的转发概率大大增加；从传播深度的层面而言，两万余名的粉丝中不乏同样具有“名人效应”的 Twitter 用户，所以推文被转发后，还能够被后续的粉丝进行转发传播，从而使得该学术论文信息在 Twitter 平台的社交网络中扩散的范围变大。有研究表明，在 Twitter 平台上，推文的传播广度和深度与传播速度之间具有强相关性，且推文发表后的 24 小时是转发的黄金期[①]，这很好地说明了为什么推文发表后的第二天和第三天其讨论量会达到原来的 6 倍多。

（3）学术论文全文的易获取性。在 *Scientific Reports* 所发表的推文中可以发现，学术论文的全文链接地址也被附在了推文的最后面，这使得对其感兴趣的专家学者以及普通大众可以很容易地获取到学术论文的全文，从而推动该学术论文的浏览量和下载量激增，促进了学术论文的快速传播。

该学术论文的研究在 Twitter 平台上短期获得巨大关注并快速传播的现象也引起了新闻媒体的兴趣。2012 年 8 月 13 日 12 点 45 分，生命科学领域著名的学术媒体 *The Scientist* 以 More mutations in Fukushima butterflies（福岛蝴蝶的更多突变）为题对该篇学术论文进行了报道。此外，在同一天的 15 点 17 分,英国著名的新闻媒体平台 BBC News 以 Fukushima butterflies “abnormal”（福岛蝴蝶的“变态”）为题对该篇学术论文进行了报道。比较这两大新闻媒体的报道标题可以发现，无论是科技新闻媒体还是大众新闻媒体，其标题都使用了能够吸引人眼球的词汇 mutation 及 abnormal。由此可见，虽然前文提到的学术论文的创新性以及研究结论的话题性可以保证学术论文在社交媒体平台上进行学术知识传播和大众事件传播，从而吸引专家学者及普通大众广泛的关注，但是抓住人眼球的新闻标题如同一剂“催化剂”，对学术论文传播概率的增加起到了巨大的推动作用。此外，*The Scientist* 是科技新闻媒体的代表，BBC News 是大众新闻媒体的代表，这两类新闻媒体的合作交融对学术论文在社交媒体平台中裂变式的传播也起到了巨大的推动作用。此后，越来越多的新闻媒体开始对该学术论文进行报道，报道的语种也呈现出多样化趋势，不仅有英语报道，还有法语报道，可见该学术论文已经在世界范围内得到了关注。与此同时，在博客平台上也掀起了对该学术论文的传播热潮。在 2012 年 8 月 14 日当天，博客用户 United Academics、80beats 以及 Nature News Blog 分别以 Genetic mutations found in Fukushima butterflies（在福岛的蝴蝶物种上发现了基因突变）、Mutant butterflies near Fukushima linked to nuclear radiation（福岛附近变异的蝴蝶物种与核辐射有关）以及 Butterflies and balloons at Fukushima（福岛的蝴蝶与热气球）为题发表了相关博文，这些博文都针对该学术论文的研究结论进行了相关的介绍和评论，这些介绍和评论促进了

① 林琛. 微博个体信息传播影响力评价模型研究[J]. 现代图书情报技术, 2014, (2): 79-85.

学术论文的推广和传播。在 2012 年的 8 月 15 日、8 月 17 日均有相关的博主发表博文来介绍和评论这一论文，与此同时各大新闻媒体也在 2012 年 8 月 14～22 日对该学术论文进行了报道传播。

进入 2012 年 9 月，虽然该学术论文在社交媒体与新闻媒体平台上的传播热度仍未完全减退，但是与前一段“广泛热议”的现象相比，这一时期的传播热度“降温”了许多。在这一时期，新闻媒体平台已经没有了对该学术论文的新闻报道，博客中仅有一个博主 Southern Genes 以 Not quite a three eyed fish 为题发表了相关博文。从该博文的标题来看，该博文并不是完全针对该学术论文所写的博客，而是在进行与该学术论文研究结论相近话题的博文发表时，对该学术论文进行了间接性的介绍。与此同时，在 Twitter 平台，相关的推文量仅仅只有个位数，在大多数的时间里相关的推文数仅仅只有 1 条。以上的现象都说明了此时该学术论文在社交媒体及新闻媒体平台上的传播进入了“沉寂期”，该学术论文的一次传播过程结束。

2. 2013 年 6～12 月，学术论文的二次传播期

2013 年 6 月 24 日，来自日本的 Twitter 用户 Roman360 在 Twitter 平台上发表了一篇推文：http://t.co/6XUL7CKfjz ヤマトシジミの論文。ちゃんとした Full の論文だね。これを取り消そうったって、それは無理だろう。これには圧力はかけれまい。著者に圧力かけて取り下げさせることは可能だが。PDF で保存しとこう[http://t.co/6XUL7CKfjz 是关于蝴蝶变异的论文，并且是全文可见的。虽然说可以取消（全文可见），可以避免承受压力，但这是不合理的。让我们将这篇论文保存为 PDF 格式吧，这样可能会减少作者所承受的压力]。该用户的粉丝数为 2545，作为个人性质的 Twitter 用户，其粉丝团的数量也是比较庞大的。从该推文的内容来看，该 Twitter 用户呼吁大家将这篇学术论文以 PDF 的格式保存下来，事实上这是该 Twitter 用户对该篇学术论文的推荐。而该用户庞大的粉丝数使得关于该学术论文的推文在 Twitter 平台上在短时间内进行了快速的传播，仅仅 2013 年 6 月 24 日当天，该学术论文在 Twitter 平台上就被 307 个用户进行转发、分享或者评论。在 2013 年 6 月 25 日，也有 92 个用户在 Twitter 平台上对其进行转发、分享或者评论。对这 400 余名的 Twitter 用户所在的地域及身份进行分析可以发现，大部分 Twitter 用户来自日本，其身份除了小部分属于专门从事学术研究的科研工作者外，大

部分都是普通大众。之所以会呈现出这种现象，一方面是因为该学术论文研究主题的话题性；另一方面则是因为该学术论文是对日本福岛的相关问题进行研究，这些研究与日本用户存在着极大的相关性，因而在短时间内引发了日本用户对该学术论文的广泛传播。此外，该学术论文之所以没有第一时间在日本学者和普通大众中产生广泛的影响，主要是学术论文语种的限制。由于该学术论文的语种载体是英文，对大多数日本大众而言，对其阅读甚至理解存在着一定的困难，因此在相关用户对学术论文的结论要点进行提炼并翻译成相关的语言后，才能引发广大用户对该学术论文的关注，从而引发其在特定用户网络群中的扩散。从上述的分析中可以发现，学术论文与用户受众的相关性以及学术论文载体的语种对其在特定用户群中的传播有着非常重要的作用和意义。

3. 2014～2015 年，学术论文的反馈传播期

进入 2014 年以后，新闻媒体平台以及相关的博客又开始了对该学术论文的相关报道，英国的 Chemical and Engineering News 媒体平台于 2014 年 2 月 25 日与 2014 年 3 月 7 日分别以 Wildlife did not receive dangerous doses of radiation from Fukushima（野生生物不会受到来自福岛的危险辐射的影响）和 Fukushima radiation may have little long-term effect on wildlife（福岛的核辐射可能对野生生物产生不了长远的影响）为题对该学术论文进行了报道。此外，另一个新闻媒体 The Inquisitr 也在 2014 年 7 月 25 日以 Monkey mutation near Fukushima could cause real life “planet of the apes” scenario?（福岛附近的猴子变异是否能够引发实际生活中的“猩球大战”呢？）为题进行了相关报道。此外，也有相关博主如 BMC Series Blog 发表了题为 Are butterflies still fluttering in Fukushima?（福岛上是否还有蝴蝶飞来飞去呢？）的相关博文。从媒体平台的性质以及相关博主的身份来看，在这一阶段，进行学术论文传播的平台都是具有科技性质的；从新闻报道的标题以及相关博文的标题内容来看，新闻报道的内容及博文内容并不是对研究结论的介绍和推广，而是对研究结论的否定、推断及思考。以上这些都可以看成是对该学术论文研究结论的反馈，这些反馈使得该学术论文的传播失去了作为学术知识进行传播的功能，在这一阶段完全以“社会话题事件”的形式在社交媒体和新闻平台上进行传播。因此我们称这一阶段的传播为学术论文的反馈式传播。

5.2.3 Altmetrics视角下学术成果在社交网络中的传播模型

总体来说，学术论文在社交媒体工具和新闻媒体平台上的传播可以经历三个阶段：一次传播阶段、二次传播阶段以及反馈传播阶段。在一次传播阶段，学术论文首先借助Twitter或者博客等社交媒体工具得到大量的关注和广泛的传播，然后引发新闻媒体的兴趣，获得相关关注后，引发大量的报道，促进快速地传播。在这一过程中，学术论文研究结论的话题性、发表载体或者用户的名人效应及粉丝数、学术论文全文的易获得性以及博文或者新闻报道标题的吸引力对学术论文的一次传播都有着不可忽视的影响；在二次传播阶段，学术论文的研究结论与用户受众的相关性以及学术论文载体的语种限制对学术论文的二次传播有着重要的影响；在反馈传播阶段，学术论文作为学术知识传播的价值消失，进而以“社会话题事件”的性质在社交媒体工具及新闻媒体平台上传播，此时社交媒体及新闻媒体以修正结论、引发思考、评论互动的方式对学术论文进行不同程度的传播。但是值得说明的是，学术论文在社交媒体工具及新闻媒体平台上进行传播时，一次传播阶段是必经过程，二次传播阶段及反馈传播阶段将随着学术论文的学科性质、刊载载体，以及研究结论的话题性与趣味性的不同而呈现出不一样的存在状态。基于以上分析和论述，本书构建了学术论文在社交网络中的传播模型，具体如图5-7所示。

5.2.4 Altmetrics视角下学术成果在线传播机制研究

学术论文在社交媒体与新闻媒体平台上的传播机制非常复杂，是多个影响因素共同作用的过程。在Web2.0技术背景与环境下，学术论文之所以能够在社交媒体与新闻媒体平台上进行广泛的传播，主要受到内容、载体、用户三个方面的动力机制的影响。

1. 内容机制

这里的内容机制指的是广义范围的内容机制，不仅仅包括学术论文本身的内容，还包括在社交媒体与新闻媒体平台中传播时对学术论文再加工而呈现出来的内容，再加工的方式包括赋予其有吸引力的标题，使读者耳目一新；或者帮助学术论文编辑摘要和简介，使读者能够快速获取学术文献所要表达的思想意义。就学术论文本身的内容而言，本节主要从其内容的学术价值性以及其内容的社会话题性来说明。

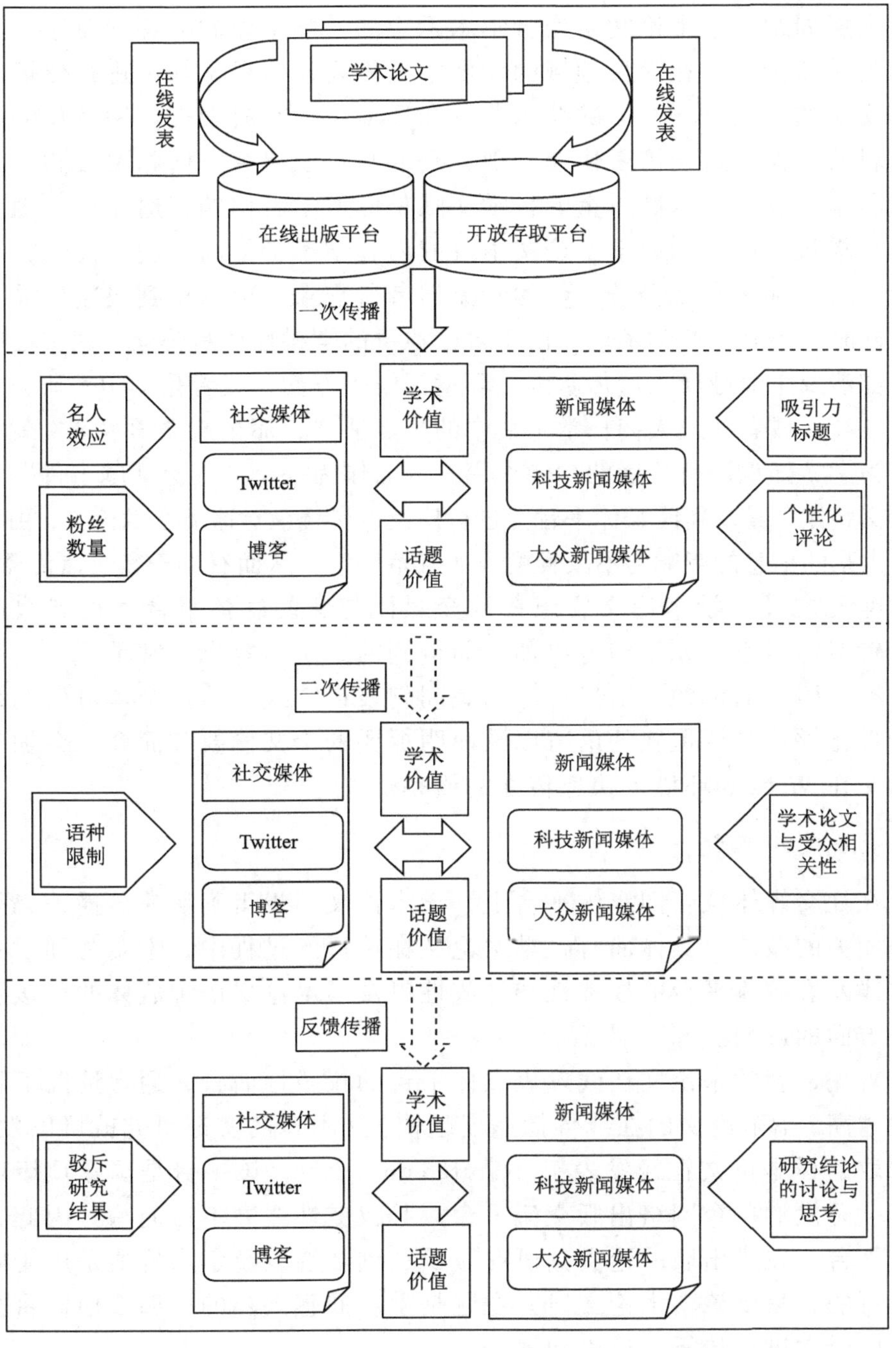

图 5-7　Altmetrics 视角下学术论文在社交网络中的传播模型

众所周知，学术论文是作者学术思想和科学工作的凝练和总结，具有很大的学术价值，在学科领域的发展中是需要作为科学知识进行传播、继承和交流的。在 Web2.0 的技术背景和环境下，在科学交流网络化的前提下，科研工作者迫切需要快速发现、获取与自己研究方向相关或相近的高质量科学文献，所以高质量的科学文献是专家学者们的普遍需求。因此在实际传播过程中，如果学术论文本身的内容学术价值高、创新性强，研究质量一流，那么它就会被大量的专家学者所需求，可以得到快速传播。

同时，还有一些学术论文由于自己本身的学科性质是公众普遍关心的问题，如涉及生命健康、遗传基因、环境污染等方面，或者是其学术研究结论趣味性高，或者涉及人们日常生活中的热点话题，那么这类学术论文就超越了作为学术知识进行传播的功能作用，进而作为一个“社会话题事件”开始在社交媒体工具及新闻媒体平台上进行广泛的传播。对这类学术论文，由于其表达出来的信息的影响力不仅程度大而且范围广，从而有助于其快速传播①。

除此之外，学术论文要想在社交媒体与新闻媒体平台上得到快速传播，针对学术论文原始内容再加工而得到的二次内容也非常重要。一般而言，有吸引力的标题、引发思考的疑问句表达方式、传播个体对研究结论的个性化评论与调侃式的语言以及简明扼要的论文摘要和简介，会加大学术论文在 Web2.0 环境下快速传播的概率。

2. 载体机制

在社交媒体及新闻媒体平台上，学术论文要想得到快速传播，必须要借助相关的载体。具体而言，学术论文在传播的过程中，主要受到学术论文在线发表载体平台的权威性和开放性以及学术论文语种载体的可接受度两个方面的影响。

首先，就学术论文在线发表载体平台的权威性而言，通常情况下，权威性越高，学术论文的在线传播速度越快。从本章的实证研究就可以发现，所选取的样本论文在线发表于 Nature.com 平台，该平台是国际顶级期刊 *Nature* 开发的一个网络出版交流平台，其权威性之高不言而喻。因此，在这个平台上在线出版的论文其研究质量、创新性以及学术价值是广受好评和认可的，只要该学术论文研究主题是学者们感兴趣的，那么他们将会首选这些论文进行传播、讨论和评论。

① 李合莉. 多层在线社交网络信息传播模型研究[D]. 山东财经大学硕士学位论文, 2013.

其次，学术论文在线发表载体平台的开放性对学术论文的快速传播也有着不可忽视的作用。在线发表载体平台的开放性可以帮助学者和普通大众快速、方便地获取到学术论文的全文或者原始数据，使得其浏览量及下载量迅速增加，从而有助于专家学者及普通大众对学术论文进行全面综合的理解，这大大增加了学术论文快速传播的概率。

最后，论文载体的语种决定了受众对学术论文研究内容、研究结论理解与接受速度的快慢。当论文的载体语种是受众所熟悉，可以快速使用的语言时，受众对该学术论文的理解就更全面、更准确，对学术论文的使用就更便利，因此可以加速学术论文的传播。正如前面的实证所证明的，样本论文的载体语种是英语，在论文传播之初，并没有引发日本国内受众对该学术论文的互动认可。因为对日本国内大部分普通受众而言，载体语种对快速理解并使用该学术论文有一定的阻碍作用，而当日本国内的一名学者将其研究内容翻译成日语发表在 Twitter 平台上后，就立刻得到了日本国内专家学者及普通大众的响应，引发了该学术论文的二次传播。

3. 用户机制

本书认为用户机制包含以下两层含义：用户的影响力以及学术论文研究内容和结论与用户的相关性和吻合度①。

学术论文在社交媒体与新闻媒体平台上传播是依靠 Web2.0 用户的使用、转发、分享、推荐等方式来实现的。因此用户的影响力对学术论文的快速传播有非常重要的影响。而用户的影响力主要取决于两个方面的因素：用户的名誉（名人效应）以及用户的社交网络关系（粉丝数）。用户的名誉或者说名人效应是指，在实际生活中社会声誉很高且影响力范围很广的明星个人或机构所发表或分享推荐的话题以及内容更容易得到传播。此外，用户的社交网络关系或者说粉丝团的规模对学术论文的快速传播也有着毋庸置疑的影响。通常情况而言，用户的社交网络关系越多，粉丝团的规模越大，其所关注的学术论文传播速度就越快。究其原因，主要有以下几个方面：①用户的粉丝团规模越大，社交网络关系越多，用户在社交网络中占据中心节点的概率越大。中心节点一般都具有优先连接的功能，会呈现出连接的马太效应特征，即越优先连接影响力越大，影响力越大越被优先连接，从而使得在传播学术论文中传播的广度和范围变大。②用户的影响

① 刘璇. 传播心理学视角下的中国社交网络用户心理体验研究[D]. 浙江大学硕士学位论文，2010.

力越大，其吸引其他有“影响力”的用户的概率越大。因此其传播的学术论文在二次转发传播的过程中传播广度和范围仍然很大，使其传播深度增加，促进学术论文的快速传播。

学术论文研究内容和结论与用户受众的相关性和吻合度对学术论文的快速传播也会产生影响，相关性及吻合度越高，学术论文的传播速度越快。在前面的实证论述中，学术论文之所以在日本民众中产生了二次传播，主要原因是该学术论文的研究是针对日本福岛展开的，且研究内容和结论涉及日本民众普遍关心的生命健康及环境污染问题，学术论文的信息内容与日本受众的相关性和吻合度比较高，因此该学术论文在日本民众中产生了一个二次传播的小高潮。

在 Web2.0 的技术背景与环境中，社交媒体技术的快速发展、开放存取运动的不断深化使得学术论文突破了时空、组织与知识的壁垒，以快捷、高效、交互的方式在社交媒体与新闻媒体平台上进行着快速的传播。这一方面为专家学者的学术研究和科研工作的顺利展开提供了平台，另一方面也为学术论文影响力以及专家学者学术声誉的评价提供了新思路。通过对学术论文在社交媒体及新闻媒体平台的传播机制进行研究，可以发现影响学术论文传播的各种因素，包括内容、载体及用户，掌握和了解这些影响因素，对发现学术论文的在线传播规律，提高在线科学交流的效率有着十分重要的意义①。此外，随着社交媒体技术的不断成熟以及开放存取实践的不断发展，影响传播速度的内容机制、载体机制及用户机制会相互作用、相互融合，从而形成一个有机整体，对学术论文在社交媒体及新闻媒体平台上的快速传播起到推动作用。

5.2.5 促进学术成果在线传播的策略

在学术论文的整个交流体系中，科学文献的快速传播和影响力全面评价其实是一脉相承的，因此学术论文的传播与 Altmetrics 的发展壮大是相辅相成、有机统一的整体。学术论文的快速传播为 Altmetrics 影响力的实时、全面、综合评价创造了条件和环境，Altmetrics 理论和方法的发展和成熟为学术论文的传播模式和规律的揭示提供了数据基础和技术支持。因此，研究促进学术论文在线传播的策略和步骤，对在线科学交流效率的提

① 宫广宇. 对社交网络信息传播模式与效果的思考——以人人网为例[J]. 传媒论坛，2011,（4）: 22-25.

高以及增加学术论文的网络关注力，从而促进 Altmetrics 服务的顺利展开，推动 Altmetrics 学术价值和社会价值的实现有着重要的意义。

具体来说，在实际的操作中，为了促进学术论文在社交媒体及新闻媒体平台上的快速传播，促进自身学术声誉及科研工作影响力的增大，科研工作者们可以从以下几个方面努力。

首先，为了使学者学术论文得到快速的传播，建议先为作品撰写一篇摘要。这个摘要包括学者的主要研究成果，还有额外一些有用资源的链接（如视频、支撑数据等）。这样可以让更多的读者能读懂自己的研究。与此同时，寻找权威性及开放性比较好的网络出版平台和开放存取平台作为论文的传播载体，推动学术论文成果浏览量、下载量及互动量增加，为学术论文的快速传播创造条件。

其次，要善于使用社交媒体及新闻媒体去宣传自己的学术研究和科研工作。具体来说，主要通过三个途径：①通过自己的博客账户，将自己的学术文章、研究结论发表在博客日志上。②通过自身的 Twitter 或者微博账户,将自身的研究成果或者工作通过简介或者摘要的方式发表在该平台上。需要说明的是，在通过以上两种社交媒体工具进行宣传时，如果学者的社会网络中有存在“名人效应”以及粉丝团规模庞大的博客、Twitter 或者微博账户，可以将自己的研究介绍给他们，让他们帮助转发、宣传；在发表博客、微博时，可以使用吸引人眼球的标题、调侃式语句、个性化的评论以及引发人思考的疑问句去吸引受众，从而促进学术论文的快速传播。此外，学者也可以联系相关的科技新闻媒体或者大众新闻媒体，寻求与自己的论文相关的报道机会。

再次，学者可以在参加学术会议讨论、大会发言以及学者交流时谈及自己的研究论文或者学术思想，从而在学者的研究社群中提升自身的研究知名度和学术声誉。

最后，学者通过学术文献管理工具和平台，如 Mendeley、CiteULike 等，来管理和分享自己的研究成果，扩大学术论文的受众范围以及自身的学术影响力。

5.3　小　　结

本章主要是以发表在 Nature 子期刊 *Scientific Reports* 上的一篇文章为

研究对象，利用 Altmetric 公司开发的 Altmetric API 工具，通过实证研究的方法来验证第 4 章提出的 Altmetrics 在科技管理领域中单篇论文影响力计量以及学术论文在社交媒体及新闻媒体平台上的传播方面的应用研究。本章主要完成了以下工作。

第一，Altmetric 公司开发的 Altmetric API 工具可以直接对单篇论文影响力进行计量分析。用户将其 APP 应用嵌套在相关的网络出版平台上，就可以进行单篇论文的影响力计量。对单篇论文的影响力计量分析，Altmetric API 工具可以提供三个层面的计量：引用计量，提供该论文在 Web of Science、Scopus 及 CrossRef 中的引用次数；网络关注影响力计量，追踪该学术论文在社交媒体、新闻媒体及其他相关网站平台的传播情况，并赋予相应的权重，从而得到网络关注影响力的 Altmetric 分数；使用计量，提供该论文的 HTML 格式浏览量及 PDF 下载量随时间变化的曲线区域图。通过对这三个方面的计量，相关的专家学者可以获得对单篇论文影响力的全面了解。

第二，学术论文的传播与 Altmetrics 的发展壮大相辅相成。Altmetric API 工具还可以给用户提供相关的原始数据，因此可以以这些原始数据为研究基础，对学术论文在社交媒体与新闻媒体平台上的传播过程、传播模型和机制进行分析研究。根据对学术论文在社交媒体与新闻媒体平台上的传播机制的研究结论，本书对促进其快速传播的策略给出了一些见解和思路。

第 6 章　应用案例分析

6.1　基于 Altmetrics 的开源软件影响力评价

6.1.1　开源软件的学术影响力评价体系构建

1. 开源软件

1）开源软件的发展

开源软件，主要描述该软件的源代码可以被大众自由获取、修改以及重新发布，不受许可证的限制。与之相反的是商业软件，其源代码不对公众公开。但从开放源代码的广义角度讲，某些开放的商业软件也属于开源软件范畴。

开源软件伴随着计算机的整个历史，从计算机最早出现开始，最初的软件几乎都是开源的。企业最早的销售产品是计算机的硬件，软件都是捆绑赠送的，所以软件并非企业的盈利载体，它的源代码自然也是开放的。同时，最初软件源代码的开放，还大力促进了计算机行业的快速发展。用户们可以自由查看、修改程序，为代码爱好者提供了开放的平台，程序员们专注于代码的共享与进步，使得软件质量得到了快速提升。

后来，企业开始以软件为销售主体时，众多软件源代码开始了非分享模式，该行情促进了著名的 Linux 系统的产生，也是开源软件历史上极具意义的事件。1991 年，Linus Torvalds 由于不满于学校教学所用的 Minix 操作系统，开发了一个简易的 Linux 系统，实现源代码的开放。由于当时众多程序员对软件封闭的抵制，Linux 产生后，吸引了大量计算机人才自发对该系统进行修补、完善、维护[①]。后期，Bob Yang 成立了红帽公司，

① Mockus A, Fielding R T, Herbsleb J D. Two case studies of open source software development: Apache and Mozilla [J]. ACM Transactions on Software Engineering and Methodology, 2002, 11(3): 309-346.

专门为人们提供以 Linux 为系统的开源服务，1999 年，该公司在华尔街成功上市，也向当时的企业证明，开源并非不能盈利。1998 年，开放源代码促进会（Open Source Initiative，OSI）成立，同年 4 月召开了开源峰会，给出了关于开源软件的十条定义，从此，开源软件开始真正流行，并朝着规范化的使用发展，且越来越被人们所普遍接受。

中国开源软件发展较迟，由 1994 年中国自由软件元老宫敏博士引入 Linux 系统开始。1995 年，中国第一个 BBS 站点清华大学"水木清华"开通，成为开源软件大量在中国发展的平台，中国软件开发者才开始思考软件的开源问题。

在最初的时候，中国软件开发者主要注重 Linux 的汉化问题，对开源软件的开发并没有太多进展。直到 2005 年，国际上 FireFox 浏览器、谷歌的安卓系统等重要开源软件的推出，刺激了中国市场开源软件的发展，中国清华大学陈渝教授开始主持一项国际协助的开源项目——SkyEye，旨在提供一个嵌入式软件开发和调试的 ARM 和其他架构的纯软件仿真机。以后几年，越来越多的企业学习红帽公司，开始提供 Linux 系统服务，如红旗集团。中国至此开始正式迈入开源的道路，最为活跃的是淘宝，其次分别为新浪、百度、腾讯和华为等[①]。与此同时，各种开源社区活动也越来越多，比如具有政府背景的"开源中国·开源世界高峰论坛"和草根性质的"我们的开源项目"巡回展演，都在一定程度上推动了我国软件开源的发展。

中国在开源的道路上还存在许多问题，很多企业在参与开源软件项目时还是限制在自身的所有权里，忽视了开源软件"共享"的理念。在这方面，中国企业需要加入到国际化的发展中，实现开源的规范和统一，这样才能不断地提升开源的意义与价值。

2）开源软件的优势

与封闭的软件相比，开源软件具有众多优势：①成本低。开源软件由于其先天的公开性，与商业软件相比，性价比极高。企业直接应用已有的源代码，并在此基础上进行修护、完善，可以减少众多资源浪费，也大大降低了企业的入市门槛。同时，运用开源软件还可以削减财务费用如版权费和维修费，只需要为文档、媒体和技术支持付费。②性能强大。由于其公开性，越来越多的计算机爱好者自发参与到软件的后台建设中，这使得软件在使用过程中拥有全面的性能，并得到不断的完善。这在一定程度上

① 魏永明. 大势所趋话开源——中国开源现状分析[J]. 程序员，2012，(8)：28-32.

还会获得众多潜在客户源，提升软件的知名度。③安全性高。开源软件在众多计算机爱好者自发的协助下，不断地修复安全问题，减少漏洞的存在，使得软件本身与封闭的商业软件相比，安全性能会越来越高。

当然，与此同时，开源软件还具有版本众多、质量参差不齐等众多劣势。但从软件发展的长远角度讲，开源仍然是未来的主流方向。企业可以创新性地融合开源与闭源，吸收两者之长，弥补其短，增强自身竞争优势。例如，红帽公司选择 Linux 系统，应用了开源软件优势，降低其软件开发的成本及风险，同时为了弥补开源软件的劣势，该企业还聘请了 Linux 开发中的众多顶级工程师，共同建立了闭源、收费但质量更高的红帽公司 Linux。通过该方法，用户可以根据其需求，在开源和闭源的平台自由选择，成功将开源、闭源融合，并实现了企业的良好运作①。

开源软件已经凭借自身优势，快速地从计算机领域渗透到工业以及自动化领域中。这样的发展趋势也顺应了开源软件遵循的开放理念，其发展已经从各个方面推动世界工业的发展，成为各个领域的重要工具②。无论是用户还是开发人员，在结合开源项目与商业时，需要尊重开源软件著作者的权利，按照一定的开源许可要求办事，尊重整个行业的规则，履行自己的义务，这样才能更好地获得权利。

3）开源软件类型

无论在工业界还是学术界，开源软件都数量巨大且种类繁多，程序员一般从编程语言和功能两个方面来划分开源软件：①从编程语言角度划分，编程语言是开源软件的重要载体，从事软件开发的工作则必须学习相对应的编程语言，因此会存在各种编程语言相互独立的生态环境和社区。例如，常用的编程语言有 C/C++、Java、Python 等，它们都有各自的交流社区和发布标准。②从功能角度划分，开源软件大致可以分为用于网页开发、数据分析、移动程序开发等工作，也并没有严格的划分标准。需要说明的是，编程语言的类型跟其所实现的功能也是有一定联系的，有些编程语言有自己擅长的领域，比如 R 语言擅长数据分析、数据处理，PHP 专门用于 Web 后台开发；而有的则属于万金油类型的语言，比如 Java、Python，既可以用于数据分析，也可以搭建 Web 后台。

本节主要对 Python 语言社区内的各种软件包的影响力进行评价，而

① 刘凯. 开源软件产业在中国的发展现状及趋势研究[D]. 华中师范大学硕士学位论文, 2013.

② 浦靖珊. 开源软件的发展历史以及趋势分析[J]. 硅谷, 2014, (9): 4, 34.

Python 实际上是工业界和学术界都很流行的语言，笔者选择了用于学术研究的软件包作为评价的对象。

2. 评价开源软件影响力的可行性分析

1）评价指标的选择

传统的学术影响力评价体系一直是围绕着引文指标而建立的，而且这种评价体系已经在学术界广受认可。然而随着 Web2.0 的出现以及 Usage metrics 相关研究的盛行，计量学家也尝试找出其他指标来弥补引文指标的不足。而引文量实际上是一个规范性很强的指标，学者对文献的引用是建立在下载或者阅读文献基础之上的，显然并不是每个学者都会将阅读过的文献加以引用。对于开源软件来说，需要强调的是它同样也是学术成果，它与学术论文一样可以被下载、阅读甚至引用。因此，下载和引用都可以作为开源软件的评价指标，而引用又可以分为两种类型：一种是软件被学术论文引用；另一种是软件之间的引用。软件的下载量在一定程度上能够反映出该软件的知名度以及受欢迎程度，能够帮助用户找出所在开源社区使用较多、口碑较好的开源软件库；软件在学术论文中的被引数量能够体现相关研究领域中应用较多的软件，然而学术文献对软件的引用行为并不规范，一些学者并没有在论文中引用软件的习惯，同时软件引用标准的缺失对学者的引用行为造成了障碍；软件对软件的引用能够反映出被引用软件在社区的影响力，具体来说，在开源软件中这种形式的引用实际上是一种使用，一个开源软件在编写的过程当中如果需要引用前人写好的软件库，会直接导入并使用这个软件库，相比较软件在学术论文的引用，软件对软件的引用行为更加客观、明显。

通过参照传统学术影响力评价体系，我们找出了能够衡量开源软件的三项指标，即软件的下载量、软件在文献中的引用、软件之间的引用，后文分别以下载、引用、复用作为简称。一方面这三个指标各自能够反映出软件不同方面的影响力，另一方面它们相互之间也有联系，有机地构成了开源软件评价的指标体系。

2）数据获取的难度

针对前文的三个指标，我们需要探讨一下获取这些指标的难度如何。众所周知，开源软件最大的优势在于它的开放存取以及免费使用，这也为我们获取相关的指标数据提供了极大的便利。

开源软件一般可以从对应编程语言的应用商店网页上获取，产生的相关下载数据专门由软件对应的应用平台统计并提供。比如 Python 和 R 语言的常用应用平台分别为 PyPi 和 CRAN，这些平台上都聚集了大量第三方软件库，它们功能强大、使用方便，用户在需要使用时，只需通过简单的命令行便可自动寻找资源镜像并下载安装。需要说明的是，有些软件的使用依赖于其他软件，也就是前文所说的复用行为，用户在下载所用软件的时候还必须下载其依赖的软件，有些下载管理工具也会分析软件的依赖关系，自动下载所需要的软件库。而这些下载行为都会被应用平台所记录，软件对应的下载数量也可以轻易地从网站获取。同时，软件自身所提供的依赖关系也可以提取出，这样通过应用平台的 API 以及下载安装管理工具的帮助，软件库的下载和复用指标在理论上都可以直接批量获取。相对麻烦的是软件的引用指标，传统学术论文中对软件工具的引用并未形成规范，参考文献中对软件的引用寥寥无几，虽然有学者提出研究资源标识符（Research Resource Identifier，RRID）①的标准来规范软件这类学术成果的引用，但是这种标准也并未普及。如果仅仅根据参考文献来判断软件的文献引用显然是不客观的，而目前大部分知名学术文献数据库并不是开放存取的，所以要从论文数据库中获取引用软件的指标较为困难。退而求其次，我们可以通过在学术论文全文数据库中检索与软件库名称相关的词来确定软件的引用指标，这样确定一个固定的检索公式就可以批量获取该项指标。而且开放存取的全文数据库同开源软件的发展一样，是未来行业内的趋势，能够使学术交流的进行更为通畅。

通过前文的分析和梳理，关于开源软件库的三项指标的获取思路基本上确定，当然还会存在很多细节上的问题，具体的问题则需要针对具体的开源软件的特点来分析解决。

3）计量方法的适用

虽然文献计量学的主要研究对象是文献，但发展到后来的信息计量学和网络计量学之后，研究对象拓展到 Web 页面等形式更多样的网络数据，同时也深化到词、字等粒度更细的信息单元。然而，即便是计量学从纸质文献的主战场转移到互联网，计量学领域常用的方法依然是适用的，如数理统计分析、社会网络分析等。软件工具作为一种形式的学术成果，它不仅与学术论文同样具有发布时间、作者、所属学科领域等要素，同样也存

① Chawla D S. Researchers argue for standard format to cite lab resources [EB/OL]. http://www.nature.com/news/researchers-argue-for-standard-format-to-cite-lab-resources-1.17652 [2019-04-23].

在着引用这样的关系，用这些方法来研究其影响力是可以适用的。不过，研究的主要是开源软件，其载体大部分都是计算机汇编语言。学术论文的载体是期刊，而且学术论文的产出数量是远远多于用于学术研究的软件开源库的。然而，期刊的学科性质比较鲜明，同一期刊上聚集的都是特定研究领域内主题相关的学术论文。编程语言大多都不具有学科性质，虽然开发人员编写的软件库可能是针对某一领域的,但是也没有明显的学科划分。所以，不同于学术论文可以在学科领域内进行影响力评价，开源软件比较适合在其所属的汇编语言的开源社区范围内评价。虽然这并不能帮助我们找出某一学术领域内哪些是热点软件库，但是可以筛选出某编程语言环境下，哪些常用的软件库适用于哪些学科领域。

3. 软件库影响力指标评价体系

根据前文的可行性分析，可以得出能够评价开源软件影响力三个层面的一级计量指标，它们分别是软件库的下载、引用及复用，并且通过分析这些一级指标可能获取的途径和方法制定了二级指标。笔者尝试根据前文的结论构建了软件库影响力指标评价体系，见图 6-1。

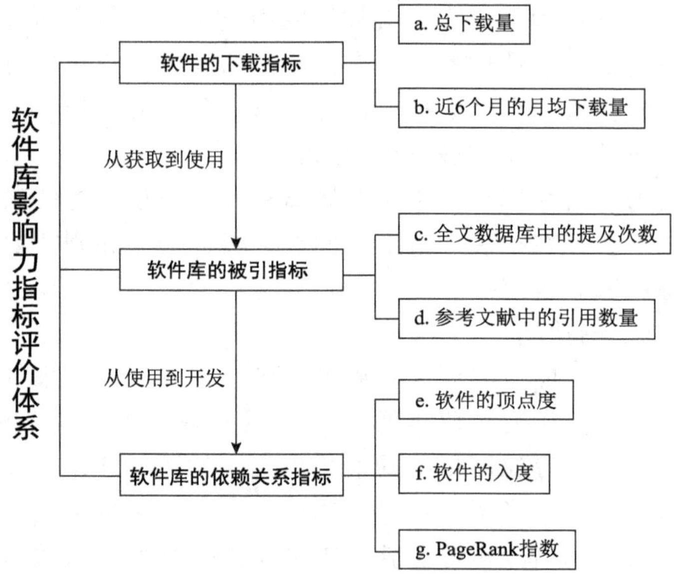

图 6-1　软件库影响力指标评价体系

下载是网络上获取资源的主要方式，它是利用资源、传播资源等行为的前提，象征着软件的热度、知名度。而下载这个指标对时间同样是敏感的，由于这个行为的触发并不需要很深的决策，这个指标的积累是比较快速的。同时，每个软件库的更新时间有明显差异，这也是影响下载指标的重要因素。所以，笔者选取了总下载量以及近 6 个月的月均下载量作为更为具体的数据指标，前者表示软件库总的获取次数，后者则是动态的、实时更新的统计指标。

软件库的被引指标是最能体现软件库学术影响力的指标，也是获取最有难度的指标。学术论文中软件工具引用的不受重视以及不规范引用使得我们很难获取比较客观的数据，理论上如果学术论文对软件工具引用比较规范，我们只需要获取其引用的参考文献数据即可，这些数据几乎在所有商业论文数据库中均可获取。然而即便是论文的著者在其研究中使用到并且在文中提到该工具，在这些参考文献中也很难找到对软件工具的引用信息。所以为了尽可能地客观，通过在论文中检索软件名的相关关键词来判断论文是否对软件有引用行为。由于大部分商业数据库无法提供全文数据，我们只有选取开放存取的全文数据库来作为数据源。

软件库的依赖关系指标可以看做是软件库之间的引用指标，它能够体现软件库在开源社区的影响力。由于是相同类别之间的引用，这类指标具体表现为各软件库的依赖关系。这种依赖关系与学术论文之间的引用关系一致，一个软件库可以引用其他软件库也能够被其他软件库引用。所以采用社会网络分析法中的概念，软件之间的依赖关系能够构成有向的社会网络图，软件库的顶点度表示与之有关系的软件库数量（不管是引用还是被引用），而软件库的入度（indegree）和出度（outdegree）分别表示该软件被引用和引用的软件库数量。指标体系中主要选择了软件的顶点度和入度，特别是入度，它与计量学中传统引文指标一样，对衡量开源软件的影响力尤为重要。另外，由于度只能反映一层关系，并不能表示各软件之间还有多少间接引用的关系，所以可以采用谷歌的 PageRank 算法来弥补入度这一指标的不足。

这三个一级指标不仅反映了软件库不同方面的影响力，而且它们所反映的层面也不同。从软件库的下载到引用，再到复用的过程可以看做是从获取到使用，再到开发这样一个逐渐深入的过程。从获取到使用的过程不难理解，而要将软件库运用到新软件库的开发，显然需要对原软件库的理解有更高的要求。

6.1.2 开源软件的影响力评价

1. 评价对象及数据来源

本节主要根据 Depsy 所提供的数据对开源社区进行更深入的探索和分析，选择了 Python 的开源社区作为研究对象。需要说明的是，Python 语言是一门在学术界和工业界应用都比较广泛的汇编语言，相较于做数理统计出身的 R 语言，Python 里的许多工具库并不适用于或者不仅限于学术研究。所以 Depsy 将 R 语言所有的库判定为学术型软件，而对 Python 所涉及的第三方库进行了简单的分类。具体做法是将这些库的名字、描述及标签等元数据与关于“学术”的关键词（如 chem、scien、bio、DOI 等）匹配，能够匹配的就判定为学术型软件，反之则是非学术型软件。虽然这种分类方法比较粗糙，并且划分标准也有待商榷，但是可以从数量庞大的 Python 库中快速筛选出大部分学术领域比较常用的库。Depsy 最终从 57 243 个 Python 库中筛选出 4517 个“学术型”工具库，这 4517 个“学术型”工具库即为本章的主要研究对象。

Depsy 本身就是开源项目，其原始数据和分析计算过后的数据都可以通过 Depsy 所提供的 API 获取，同时 Depsy 还将其完整的数据库公开并说明了 R 语言环境下的使用方法。笔者使用 Python 的第三方库 JayDeBeApi 获取的其仅可读 Postgre 数据库，实际上获取原理与使用 R 语言是一致的。

2. 评价工具

本节主要的评价工具是 Depsy。Depsy 是一家致力于评价科学界软件影响力的网站，属于 ImpactStory 旗下的项目。Altmetrics 的提出者同时也是 ImpactStory 的联合创始人 Jason Priem，与 Heather Piwowar 等人发起并于 2015 年 11 月上线了这款侧重于评价学术开源软件及项目的 Web 应用程序。目前，该网站评价了 Python 和 R 这两门编程语言各自的常用工具包和库，同时也对这些工具库的贡献者进行了评分。Depsy 还处于正在开发的阶段，在未来，评价指标及维度会更加多样化，评价对象会囊括更多的编程语言，网站的功能也会更加全面。

Depsy 从三个方面评价了开源软件的影响力：①工具库月平均或最近一个月的下载量。这类数据是由 CRAN 和 PyPI 这些资料软件库提供的，CRAN 和 PyPI 分别是 R 语言和 Python 的线上资料库，这些网站聚集了各自语言里常用的工具库，使用者往往只需要知道库的名字就可以通过命令行自动下载对应的工具，而这些资料库会记录用户的下载行为并公开各工具库的下载次数。②工具库在学术论文里面的引用。此类数据在实际获取过程中存在诸多问题。首先，绝大多数软件并没有学术论文拥有的 DOI，这在一定程度上阻碍了很多学者对其所使用软件的引用，有的学者甚至在其研究过程中使用过但在论文中并没有提及；其次，学术论文中对使用工具的引用并不规范，Howison 和 Bullard 随机选取了 90 篇生物学领域的学术论文，发现其中有 2/3 的文章对软件的引用不正式，这些文章的参考文献中没有罗列文章所用到软件的相关信息；最后，现在具有较高影响力的学术论文数据库并不是免费开放的，这导致我们无法通过对学术论文的全文数据进行检索，查找与软件所匹配的相关信息。Depsy 的解决方案是使用 Europe PMC 和 ADS 这两个全文数据库，在这两个全文数据库中检索相关工具库的信息，将一篇文章中对软件提及的一次或多次都算作一次对软件的引用。③工具库被其他工具库的复用。在开源项目中，一个项目直接引用其他项目是非常常见的现象，各软件的复用就形成了一个总体上的依赖网络。利用这样的一个网络不仅可以得出每个软件被多少个软件直接使用，还可以利用谷歌的 PageRank 算法，通过赋予被高质量项目引用的软件更高的权重，计算出该软件的真实影响力。图 6-2 是工具库在 Depsy 网站上的详情页面，上面有对工具库各项指标的展示。

图 6-2 Depsy 软件库详情页面

3. 评价结果分析

由于 Depsy 提供的原始数据包括 Python 软件库中的软件下载量、学术文献引用次数以及软件之间的复用关系，本小节主要从这三个方面来评价“学术型”软件的影响力。

1）Python 社区内软件的下载量分析

软件的下载量代表着该软件的使用热度，可以反映出：软件应用所在的研究领域活跃度高低；软件的知名度高低；软件本身的质量高低。学术界学者们主要使用 Python 做数据分析、文本挖掘、深度学习等研究主题。可以预见的是，诸如 NumPy、SciPy、NLTK 等分析工具的下载量极有可能是位于前列的。在 4517 个软件中，最近一个月（2015 年 9 月）下载量排名前 15 的软件见表 6-1。

表 6-1　Python“学术型”软件库月下载量 TOP15（2015 年 9 月）

软件库	下载量	描述
IPython	557 570	功能丰富的交互式 Python shell
NumPy	536 880	可用来存储和处理大型矩阵的科学计算包
pandas	265 381	基于 NumPy，有更高级数据结构和工具的数据分析包
Django REST framework	221 140	基于 Django 的 REST 框架
IPython_genutils	207 745	IPython 的补充工具包
scikit-learn	188 694	强大的机器学习资源包
SciPy	171 521	易于使用、专为科学和工程设计的工具包
NetworkX	171 294	用于复杂网络创建、社会网络分析的工具包
Matplotlib	163 769	用于绘图、功能强大的可视化软件包
posix_ipc	155 778	解决进程间通信的工具包
ndg-httpsclient	142 438	为 httplib 和 urllib2 使用 OpenSSL 提供支持的工具包
PyVISA	118 393	用于端口控制的软件包
NLTK	116 777	自然语言处理及文本挖掘的工具包
h5py	86 205	能将数组数据转换为 HDF5 格式的工具包
ipdb	79 347	基于 IPython 的 Python 调试工具

首先需要说明的是，这部分数据存在以下两个问题：其一，该数据是 2015 年 9 月的镜像数据，截至 2016 年 2 月 Depsy 并没有实时更新这一部分数据，网站中的其他数据同样存在这个问题。而且随机一个月的数据不具有很强的代表性，这类数据取过去几个月的平均数据会较好。其二，排名靠前的 15 个工具包中，有些软件严格意义上不能算作“学术型”软件包，如 IPython，这个交互式工作台基本上是使用 Python 的用户都会下载的。而且还有像 Django REST framework 这类做网页开发的软件，并非直接使用在学术研究中的，所以 Depsy 划分“学术型”与“非学术型”软件的结果并不理想。以上两个问题也是 Depsy 做得不够完善的地方，期待 Depsy 会在项目后期采用更科学的方法解决。

即便存在这些问题，里面还是有不少学术界里常用的软件的，如用于科学计算的 NumPy、SciPy 以及 pandas，用于机器学习和社会网络分析的 scikit-learn 和 NetworkX，还有用于数据可视化的 Matplotlib，这些软件都是学术领域里处理数据、分析数据的利器。实际上，这些排名靠前的热门软件库的下载量要比后面大部分软件高出不少。图 6-3 表示的是下载量的累积函数曲线，可以发现下载量大于 20 000 次的软件数量已经接近百分之百。具体观察数据，4517 个软件中一半的软件下载量小于 63 次，90%的软件下载量小于 2293 次，而 1%的软件下载量大于 18 995 次。这说明，虽然 Python 的“学术型”软件库数量不少，但是相对使用次数较多的软件并不多。造成这种现象的原因可能是以下四个方面：①软件库的质量参差不齐。Python 社区强大的软件生态环境致使 Python 软件库的下载量增长迅速，但是优质软件相较于庞大的 Python 软件资源库还是显得较为单薄。②许多软件的开发依赖于其他软件的导入及使用。用户在下载软件的时候往往还需要下载其依赖的软件，这会强制性地使被依赖软件的下载量升高。③诞生较早的优质软件优势积累导致的马太效应。优质软件在社区有着不错的口碑会使更多有威望的人对其进行推广，这样会有更多的人去下载使用。④前文所说的“学术型”软件区分准确度较差也会使得数据的分布产生较大的偏差。有些本应该是“学术型”的软件（如神经网络库 Theano）并没有归到该数据中以及大量低下载量而实际上并非属于“学术型”软件混入，使得数据的分布过于前倾，中间断层的部分较大。

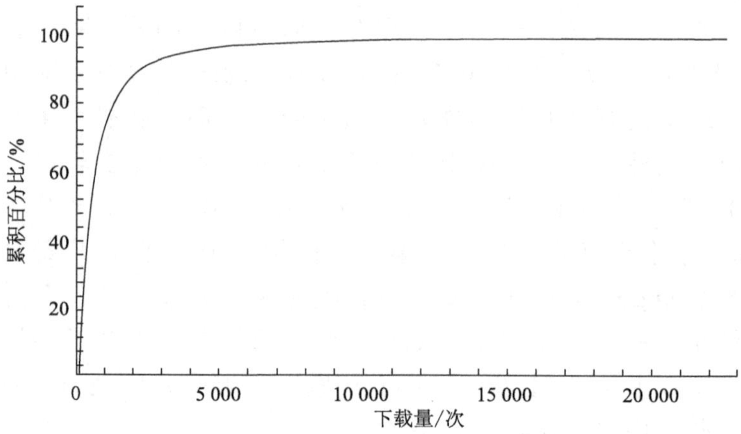

图 6-3　Python“学术型”软件库最近一个月下载量累积函数曲线（2015 年 9 月）

2）Python 社区内软件在学术论文中被引次数分析

与软件的下载量不同，软件在学术文献中的被引次数直接跟学术有关系，是最能表现软件学术影响力的指标。不过由于学术论文中引用软件不规范的现象普遍存在以及商业数据库的存取不开放，笔者从 Depsy 上收集的被引数据远远少于客观引用的次数。同时，理论上软件的被引次数应该与下载量存在一定的相关性，所以笔者绘制了关于下载量和被引数的气泡图，见图 6-4。图像由 Python 的第三方可视化软件库 Bokeh 绘制，图的横纵坐标分别代表下载量和被引数，气泡的大小与被引数有关，气泡越大被引用的次数越多。图中仅标注了被引次数大于 200 的软件名称，它们从高到低依次是 SciPy、NumPy、Matplotlib、Biopython、NetworkX、Open Babel、scikit-learn 等 7 个软件包，除了 Biopython 和 Open Babel，其他 5 款软件在前文下载量分析中都提到过。而 Biopython 和 Open Babel 分别是开发计算分子生物学的软件接口和转换各种化学数据格式的软件接口，是两个分别属于生物学和化学领域的专业软件。上述 7 款软件均是毫无争议的“学术型”软件，可见通过文献被引数的筛选，对“学术型”软件的判别要更加准确。不过，Biopython 和 Open Babel 的下载量相较于其他 5 款软件要少很多，或者说它们本身的绝对数量就很少（分别是 9806 次和 789 次）。这其中可能的原因是，这两者的学科属性较为鲜明，属于仅限于某学科领域内使用的软件。而其他 5 款软件都属于万金油性质的数据分析类软件，在各个学科中都有应用，其下载数量多也符合常理。这其中 SciPy 以 1164 次被引数独占鳌头，比排名第二的 NumPy（788 次）还要高出不少。而 SciPy

之所以有如此明显的优势可能是因为其丰富且专业的数学公式及函数模块，包括统计、优化、整合、线性代数、傅里叶变换、信号和图像处理、常微分方程求解器等。

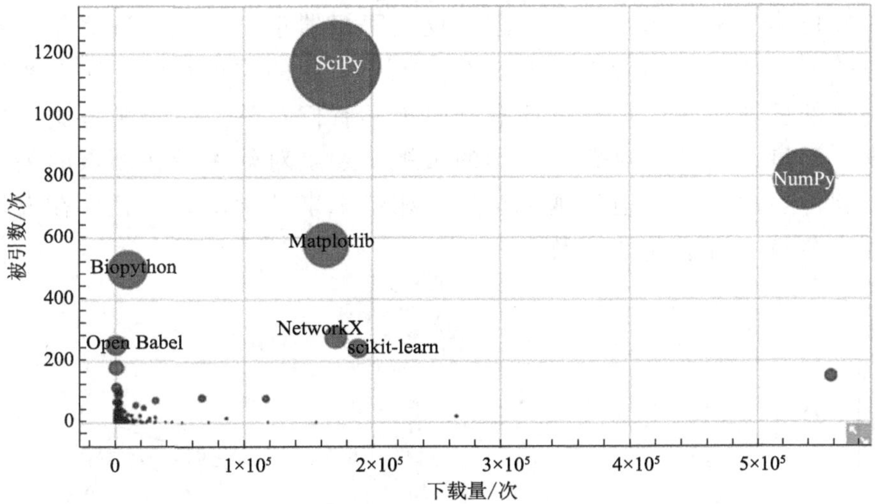

图 6-4　Python“学术型”软件库下载量和被引数气泡图

软件在文献中的提及或是引用除了能够评价学术论文的学术影响力之外，还能表现出学者们对“学术型”软件的重视程度。Depsy 网站只提供了软件被引用的次数,而且数据依然是截至 2015 年 9 月,没有实时更新。不过 Depsy 给出了在全文数据库的检索式，笔者通过对单个软件的检索，发现检索结果（2016 年 3 月）比网站的镜像数据结果（2015 年 9 月）要高出不少。比如 NumPy，网站给出在 Europe PMC 上的数据是 554 次，而笔者根据网站的检索式得到的是 643 次，半年左右的时间增幅超过了 15%。所以为了保证数据的时效性，对引用软件的学术文献进一步探索，笔者将前文提到的 7 个“高被引”软件库在全文数据库 Europe PMC 中进行检索（检索式为 " pypi.Python.org/pypi/* " OR " github.com/numpy/* " OR " * " NOT AUTH： " * " ，式子中的*代表软件库的名称），以获取最新的被引数据（2016 年 3 月）。图 6-5 表示的即为 SciPy 等 7 个软件库从 2008 年起在学术文献中被提及次数的变化情况，从图中可以明显地看出近几年软件被提及次数的增长。这说明学者对软件的重视程度越来越高，这种重视可能是对软件应用的重视，也可能是对软件所在的研究领域的重视，还有可能是对软件引用的重视。比如 Biopython 和 Open Babel，分别服务于生物和化学这两个传统学术领域，它们近几年在文献中被提及数量的持续增长可能说明了领域内学者对软件处理数据、分析数据等应用工具的重视；又比如 scikit-learn，这个产生于 2010 年、服务于机器学习领域的专业软件库，在 2012～2015 年迅速增长，一定程度上反映了机器学习领域在近些年学术圈的研究热度。然而，学者们对软件在文献中引用的重视程度无法在数据中得到明显的反馈，我们很难仅凭数据得出学者们对软件引用规范这一块更加重视。不过，无论是对软件应用的重视，还是对软件所在领域的关注，都会使软件在学术界的地位越来越高，相信未来“学术型”软件在大量学术文献中会被不可避免地提及。

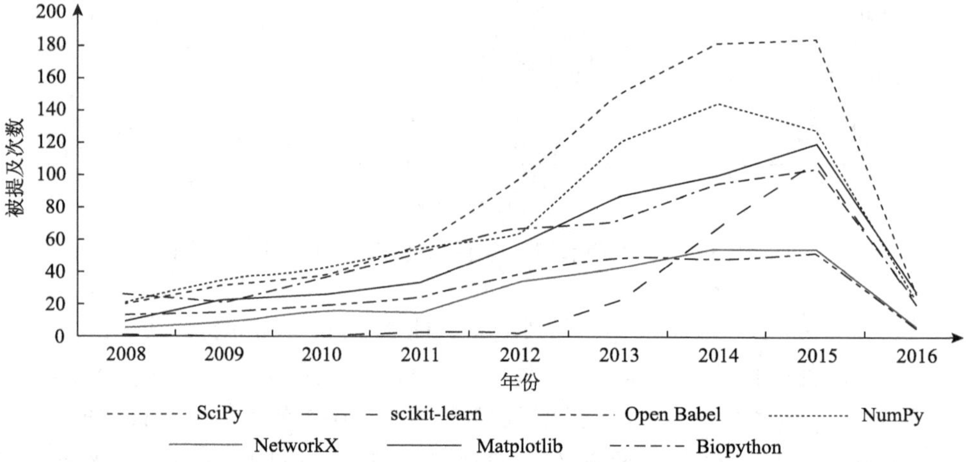

图 6-5　2008 年至 2016 年（3 月）7 个软件库在 Europe PMC 中的被提及次数

3）Python 社区内软件之间的依赖关系分析

软件除了被学术论文引用之外，还有可能被其他软件所复用。软件之间复用的现象在开源社区内尤为明显，Python 这门应用广泛的编程语言也不例外。Python 语法中的 import 即为导入软件库的关键词，如果我们需要使用特定的软件库，在已经安装的前提下导入就可直接使用。实际上，由于开源社区中代码可以开放存取以及不涉及版权问题，很多开发者在开发软件的时候为了提高自己的开发效率或者基于某软件开发出更丰富的功能，都会直接调用他人已完成的软件库。一个软件库的质量越高，它被其他软件调用的次数自然就会越多，对开源社区的贡献也就越多，当然，其影响力也会越大。这种依赖关系在 Python 社区中形成了庞大的有向社会网络，而此网络能够反映出社区内影响力较大的群体。

Depsy 对 Python 社区内各软件的依赖关系同样做了收集。它们通过利用 Python 的软件管理工具 wheel，同时下载软件库的源代码，分析源代码中 setup.py 或 requirements.txt 这些与导入软件包相关的文件，找出软件所需要的其他软件包，这些软件包即为该软件复用或说是依赖的库。为了使研究对象的范围聚集于 4517 个“学术型”软件库上，笔者对 Depsy 所提供的这一部分数据进行了提炼，利用 Python 的第三方库 NetworkX 处理并生成了可用于社会网络分析的 gml 格式文件，最终导入到可视化软件 Gephi 中进行分析并绘图。通过分析发现，这 4517 个节点当中只有 1985 个节点的度是不为 0 的，也就是说剩余 56%的软件库是与其他软件库没有任何联系的，而这并不代表这些软件没有对任何软件依赖或者被依赖，很有可能是因为这些依赖或被依赖的软件库没有被判定为“学术型”软件库，所以对软件库性质的判定对该部分的分析结果是有较大影响的。笔者将节点度数为 0 的节点剔除，利用 Gephi 绘制了宏观上剩余节点的社会网络图谱，见图 6-6，其中布局算法设置的是 ForceAtlas。从图中可大致看出几个弧线非常密集的节点，而且这些密集的节点距离较近，而远离这些节点的边缘节点联系比较稀疏，与前者差距明显。

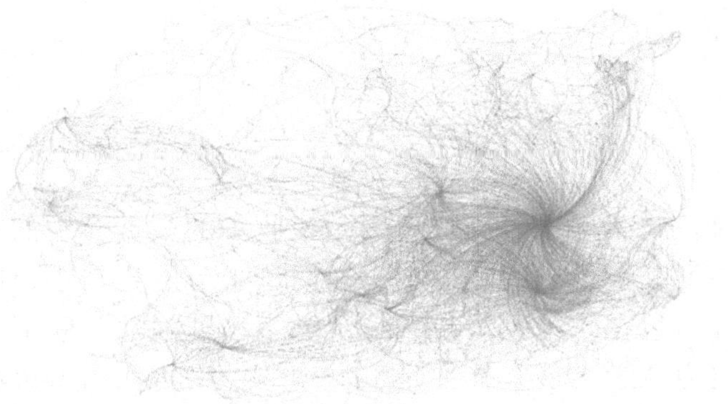

图 6-6　Python 社区中 1985 个“学术型”软件依赖关系的可视化图谱

为了使图中软件之间的关系更加具体和明显，笔者对节点进行了进一步的筛选，隐藏了度小于 5 的节点及其相关联的边，最后剩下了 293 个节点和 993 条有向边。同时显示节点的标签，将节点和标签的大小调整为与节点的入度成正相关，生成了图 6-7。图中 NumPy、SciPy、Matplotlib 及 pandas 很明显占主导地位，事实上，这四个处于中心地带的软件库也是各行各业做数据分析必备的软件库，而且它们经常同时出现在各种数据分析的使用场合之中并相互协助。其中，NumPy 负责高效处理和存储数组格式的数据，SciPy 提供丰富的数理计算公式及函数，pandas 中的数据结构（DataFrame）对数组数据的抽象极大地简化了数据分析的烦琐操作，Matplotlib 则能够将数据分析的结果可视化地展示出来。

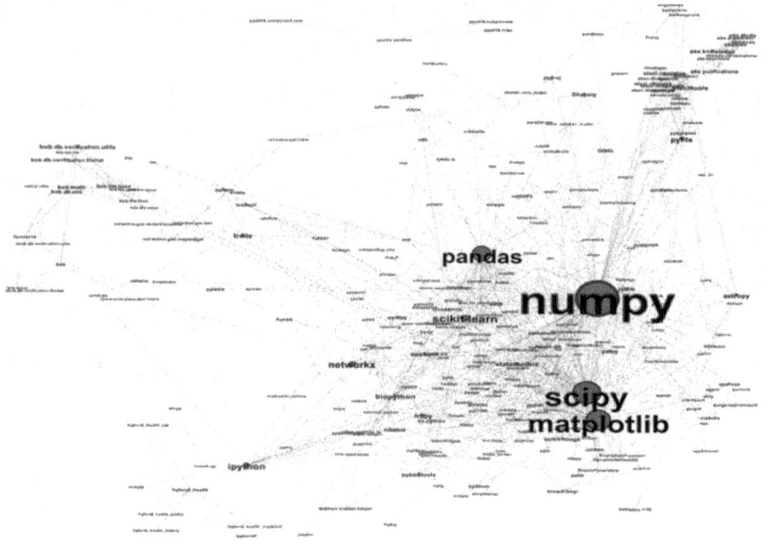

图 6-7　Python 社区中 293 个“学术型”软件依赖关系的可视化图谱

与此同时，此图谱还能反映出 Depsy 收集的数据存在的一些问题。比如此前分析中下载量最多的 IPython 在图谱中节点比较小，所处区域也比较稀疏，这说明它在学术领域与其他“学术型”软件关联不多，进一步说明了将其判定为“学术型”软件是不合理的。又比如图谱边缘聚集的一些区域,这些区域中密集的节点放大以后观察是同一软件所包含的功能模块。例如专注于信号处理和机器学习的工具 Bob，它的很多函数模块聚集在一个区域，准确地说这每一个模块并不能算作一个软件，另外专注天文领域的 STScI 和肿瘤医疗领域的 Eke 也是同样的情况。通过在 PyPI 主页的查找，发现这些软件里面的模块都是单独发布的，这也导致了 Depsy 在收集和处理数据时会将这些粒度更细的模块直接作为独立的软件库，而这样不经处理、一视同仁的做法并不合理。

具体顶点度排名前 10 的软件库见表 6-2。这些度数较大的软件库有不少在前文下载量分析和引用分析中出现过，可见软件的下载量、引用次数及节点度三者是存在相关性的，同时说明用这三个指标来衡量软件的影响力是合理的。表 6-2 中的出度表示该软件复用其他软件的数目，入度表示被其他软件复用的软件数目。顶点度排名前 10 的软件中，除了库 bob（bob 的 8 次复用实际上是对自己模块的复用，严格来说它的入度也应是 0），其余软件库的出度都为 0，排除对“非学术型”软件的复用，我们可以将这些软件称为原创性软件库。度数最高的软件是科学计算包 NumPy，是排名第二的 SciPy 的两倍多。由此可见，在 Python 社区内有大量的“学术型”软件对 NumPy 有复用行为，因此它应是学术领域内 Python 社区中影响力最大的软件库。当然，软件库的影响力跟其更新的年份有较大关系，首先它们类似于年代久远的优秀文献，长期积累的被引用次数会更多，其影响力也就会更大；而不同于学术文献的是，软件版本的不断更新，其功能的不断完善，能够得到更多用户的认可，NumPy 的前身 Numeric 诞生于 1995 年，版本经历过多次的迭代，可以说是 Python 社区资历最老的科学计算开源包。

表 6-2　Python“学术型”软件库顶点度 TOP10（2015 年 9 月）

软件库名称	入度	出度	度
NumPy	849	0	849
SciPy	381	0	381
Matplotlib	271	0	271
pandas	216	0	216
IPython	107	0	107
NetworkX	72	0	72
scikit-learn	67	0	67
Biopython	61	0	61
bob	47	8	55
h5py	43	0	43

本节主要对 Python 社区的部分软件库从下载量、文献被引次数以及软件之间的复用次数三个方面进行了分析和评价，从中提取出影响力较大的软件库。另外，本节使用的数据大部分都是从 Depsy 平台上直接收集的，在分析的过程中同样也发现了 Depsy 在数据收集、数据处理上的一些问题，

通过这些问题的思考能够完善软件评价的标准及评价体系。

从具体对 Python 社区内软件库分析的结果而论，下载量、文献被引次数以及软件之间的复用次数三个指标能够成功筛选出其社区内的热点软件，这些热点软件从使用者的角度分别体现在普通用户使用较多、学术论文著者引用次数较多以及软件开发者复用次数较多这三个方面。而这三者之间也存在一定的相关性，比如某些软件对其他软件的依赖会导致被依赖的软件下载次数增多，学术论文中引用次数的增多会致使学术界内的研究者对该软件的使用量上升。笔者利用 Python 的科学计算包 SciPy，以 4517 个“学术型”软件的下载量、文献引用次数以及被其他软件或项目复用次数为数据样本，计算了三者两两之间的皮尔逊相关系数，见表 6-3。表 6-3 中的数据（p 值均小于 0.01）证实了它们三者存在相关性的说法。其中下载与复用的相关性较高，这同样在一定程度上证实了软件之间的依赖会对下载量有明显的影响；不过引用和复用的相关性较低，这可能是学者和开发者所青睐的软件有差异，而且软件在学术文献中的引用指标反映更多的是学术方面的影响力。

表 6-3　相关系数矩阵

	下载	引用	复用
下载	1	0.535	0.594
引用		1	0.419
复用			1

此外，在分析的过程当中发现 Depsy 所提供的数据也存在着诸多问题，主要体现在以下四个方面：首先，平台所提供的数据没有实时更新，大部分数据基本上是开发者在搭建平台时收集的，而一些指标数据对时间是较为敏感的；其次，“学术型”软件的判定标准还有待商榷，笔者认为单凭对软件库的名字、简介等与关键词进行匹配的方法进行分类的准确度较低；再次，对直接获取的软件相关的元数据没有进行检验，比如将有些软件的内部模块直接作为整个软件库；最后，还有遗漏了有些在 pypi 上发布的软件库，而这些软件本应该是 Depsy 项目的研究对象。尽管 Depsy 平台上的数据存在着一些问题，但是这些数据的收集、处理和标准的建立及划分本就是工程量较大的项目，而且 Depsy 也是近期才发布的第一版，本身是一

个非常年轻的项目，后期肯定也会经历版本迭代的过程，从而使其网站功能、评价体系愈加完善。另外，Depsy 是一个开源项目，发起者或开发者将开发的代码完整地发布在 GitHub 上，应该是希望有更多的人关注 Depsy，从而帮助或者加入他们的团队。

6.1.3　小结

近些年 Altmetrics 的发展为学术成果的影响力评价带了许多活力，学术界的评价标准已经不仅仅局限于引文指标，开始扩展到社交媒体、文献存储、专利政策等数据源指标上，甚至非传统的学术成果也被囊括到评价对象之中。特别是对软件工具这一形式的学术成果，它们经常在学术论文中被使用到，但是很多情况下并没有被著者规范地引用，而显然这种引用行为在科学评价中是不能被忽略的。本书主要从 Altmetrics 的角度阐述近几年来计量学的发展趋势，探讨对软件工具进行评价的必要性，专门分析对开源软件进行计量评价的可行性，最后具体评价 Python 社区的各个软件库的影响力。在整个研究过程中，本书得到了以下结论。

第一，Altmetrics 的研究范围可以不仅仅局限于计量指标，计量对象的扩展同样需要重视。实际上，国内外许多学者对 Altmetrics 的认知仅仅停留在它是一些补充型或是替代型的社交媒体指标，虽然这些指标是 Altmetrics 的一部分，但是对这些指标的过度强调容易使我们忽略在计量对象的扩展上的一些问题。而且容易让人混淆的是，有些数据源既可以作为计量指标也可以作为计量对象。比如 Wikipedia，因为它既有对学术论文的引用，也被学术论文引用。换句话说，在影响力评价的过程中需要分清楚谁是评价对象，谁是评价标准。

第二，基于 Altmetrics 视角评价软件工具的影响力是必要的，同时也是可行的。即便学术论文是学术界中最有价值或最有力度的学术成果，也不能代表研究人员所有的智慧结晶。如果对一位研究人员的学术影响力进行评价，我们不能只将学术论文作为评判的唯一标准，其他形式的学术成果，特别是编写的软件工具，同样应该囊括在评价体系之中。而且，现代计算机技术的发展不仅产生了丰富的研究技术和方法，还催生了许多使用方便、可靠性高的数据源，为本书的数据获取提供了极大的便利。

第三，Python 社区中各软件库的影响力差距悬殊，大部分软件库的学术影响力极低。无论是软件的下载，还是其引用及复用，它们相对应的指数分布极不均衡。实际上，一个开源社区中本来常用的软件库在所有软件库中所占比例就不大，而且优质软件库编写的投入也远远大于一般软件库。不仅如此，在普通软件库的编写过程中很多都会对优质软件进行复用，这也导致了优质软件的影响力不断积累，其优势也不断扩大。在数量众多的开源库中，由于开发人员的投入有限，加上本来缺少合理的激励机制，软件库质量的参差不齐也属于正常现象，这也正是各软件库的影响力差距悬殊的原因。

随着研究人员对 Altmetrics 研究的深入，学者们对 Altmetrics 所研究的具体内容也逐渐有所了解。Altmetrics 不仅研究新型的计量指标，同时也研究非传统的计量对象，是对传统计量学对象在社交媒体和开放存取平台上的扩展，具体包括论文、期刊、图书、博客、学术会议、PPT、软件、源代码等形式。对于论文、期刊、图书、博客和学术会议几个对象，现阶段 Altmetrics 的国内外研究已经较丰富，但对于后几项，特别是软件工具的评价少之又少，国内尚无专门的学者进行研究。开源软件的影响力评价具有较大的潜力，希望以后能有更多的学者，跨领域和学科，规范学术论文的软件工具引用行为，并建立科学、完善的评价体系，填补 Altmetrics 在软件工具评价方面的研究空白。

在具体进行 Altmetrics 评价软件工具时，除了本节提到的 Python 社区中的软件工具，今后的研究者还可以对其他社区的开源项目进行研究，做到 Altmetrics 中的理论和方法在更一般性的开源软件中的普遍应用。

最后，专注于 Altmetrics 领域内的学者在从事研究时，可以加大研究深度和宽度，扩展 Altmetrics 研究对象，探索 Altmetrics 的更多潜在价值，为 Altmetrics 学科的完善和成熟贡献创造力。

6.2 基于 OA 期刊的国际论文学术影响力评价

6.2.1 学术论文影响力评价模型构建

1. 国际学术论文影响力

1）国际学术论文的概念

文以载道，论文是学者发表思想主张、展示成果的方式，论文质量的高低一定程度上反映学者的科研水平，学术界普遍认可通过论文数量和质量来评价一个国家的科研实力，各国的学术委员会也将论文作为科研人员职称和科研项目验收的重要参考标准。当前对学术论文的定义还没有统一，CNKI概念知识元库中存在以下解释："学术论文是指研究人员提供给学术期刊发表或向学术会议提交的论文。它以报道新的学术研究成果为主要内容，反映了该学科领域最新的、最前沿的科学技术水平和发展动向，应具有新的观点、新的分析方法和新的数据或结论。"刘自俭[①]认为学术论文是科教工作者对自己的创造性成果进行理论阐释、理论分析和科学总结的论说文章。

国际学术论文是以当前学术通用语言书写并发表的学术论文。国际学术论文是学者科研成果的重要展现方式,是获得国际同行认可的标志之一，是学术圈交流的"货币"。国际学术论文能够实现更大范围的学术交流，让更多同行了解自己的研究工作，促进国际学术合作，有利于科技的发展和进步。为了鼓励科研工作者在国际期刊上发表论文，教育管理机构将国际论文发表数量与质量作为高校教师职称评定、科研业绩考核以及奖金发放的一个重要指标；此外，在国际期刊上发表论文还是某些高校在读博士的毕业要求之一[②]。

2）学术论文影响力

影响力研究起源于社会学，被定义为：对他人的思想、心理、行为产生改变的能力。传播学领域的学者将影响力作为媒体信息对受众心理、认知、倾向、情感、态度、行为等的控制作用的评价；情报学领域的学者依据学术论文传播学术信息的特性，将影响力应用于论文评价方面，反映论文对读者知识重构、理论扩展、实践应用等方面的作用。程菲[③]从受众人群的角度出发，将科技论文影响力表述为论文传播过程中产生的传播效果的总和；邱均平和余厚强[④]根据分层理论将学者影响力划分为显性影响力和隐性影响力，影响力又通过学术影响力、教育影响力、社会影响力、经济影响力四种形式表现；王贤文等[⑤]将论文影响力分为短期影响力（社会

---

① 刘自俭. 学术论文属性与基本规范表达[J]. 金陵科技学院学报(社会科学版), 2006, (1): 99-103.

② 赵冰. 中国大陆学者撰写及发表国际期刊论文之问题的研究[D]. 重庆大学硕士学位论文, 2010.

③ 程菲. 科技论文影响力综合评价研究[D]. 中北大学硕士学位论文, 2016.

④ 邱均平, 余厚强. 基于影响力产生模型的替代计量指标分层研究[J]. 情报杂志, 2015, 34(5): 53-58.

⑤ 王贤文, 刘趁, 毛文莉. 数字出版时代的科学论文综合评价研究[J]. 中国科技期刊研究, 2014, (11): 1391-1396.

影响力）和长期影响力（被引频次）。显然作为学术信息载体的学术论文的影响力是一个具有多层次的综合概念，不应该局限于学术共同体内部，其对社会大众认知的影响、对专业人员实践应用的影响也是学术论文影响力的重要组成部分。

期刊影响因子不等于期刊影响力，同样学术论文影响力也不等于被引次数，学术论文影响力包括学术论文在社会、学术、经济、应用实践等领域产生多个方面的影响，而将引用次数作为评价标准是当时出版方式下的最优方案。学术论文影响力取决于论文本身的内容对读者认知的重构、论文的方法在应用领域是否创新、论文的研究内容是否与大众的生活息息相关。关于如何揭示论文影响力，学者从两个方向出发试图探究学术论文影响力的表现形式：①其他事物对它的反馈，其中最成熟同时也得到众多学者认同的是其他论文对该篇论文的引用量（简称论文的被引量）。引文是学者对研究内容涉及的相关论文的反馈，Web1.0 时代，收集反馈主要由数据库统计（正如当前 Web of Science 中论文的引用次数小于 Google Scholar 的，由于 Google Scholar 收录的期刊数量远多于 Web of Science），Web2.0 时代，收集反馈途径多样化，学者、科研工作者、医生在社交软件（Twitter、Facebook）、文献管理软件（Mendeley）、论文数据库（PLOS、PMC、Scopus）等的阅读、评论、分享、引用数据体现了读者对阅读论文的反馈。②论文自身的特性（作者人数、资助基金数、参考文献数）。虽然有研究表明多人合著的文章比独著的文章能够获得更多的引用量，得到基金资助的文章得到被引的机会更大[①]，但也有研究表明合著规模不是越大越好，图书情报领域最佳的合著规模为 4 人，在科学计量学方向独著的被引率明显高于合著的文章[②]；获得国家自然科学基金资助的论文篇均被引量仅处于中游水平，与其得到的基金资助级别不相符合[③]；参考文献的数量与被引频次之间相关性较弱[④]。故由其他事物的反馈来研究学术论文的影响力具有更加充分的研究基础。

---

① 刘睿远，刘雪立，王璞，等．基金论文比作为科技期刊评价指标的合理性——基于 SCI 数据库中眼科学期刊的实证研究[J]．中国科技期刊研究，2013，24(3)：472-476.

② 钟镇．学术论文合著规模与引文影响力的相关性分析——以图书情报学为例[J]．情报杂志，2013，(12)：127-131.

③ 董建军．中国知网收录的基金论文资助现状和被引情况分析[J]．中国科技期刊研究，2013，24(2)：307-312.

④ 姜磊，林德明．参考文献对论文被引频次的影响研究[J]．科研管理，2015，36(1)：121-126.

3）学术论文影响力构成要素

本书讨论的学术论文影响力从更全面的视角来思考影响力。正如前文所说，影响力是学术论文承载的信息对读者知识和认知的改变，学术论文影响力通过反馈来表征，包括正式出版物的反馈——引用，非正式出版物的反馈——博客、论坛、Wikipedia 引用，读者的反馈——读者数量、Twitter/Facebook 数量，专家学者的反馈——F1000 标签。这些反馈展现了影响力的不同方面，为全面研究影响力的构成要素提供了必要基础。

引用是后人在正式出版环境下对前人学术论文结论、方法的认可，体现出研究的继承性和结论的严谨性。引用是论文信息在学术圈中传递的最后一站，经过阅读、下载、再阅读、思考等过程，作者将参考文献作为研究的基础、结论的依据，通过公开发表的形式接受读者的检验。引用反映学术论文在学术圈内的影响力，是一项固定的、递增的指标，但这仅仅是学术圈影响力的一部分，作者成文前通过社交媒体、博客等发表与论文相关内容和方法的讨论，也是学术论文影响力的体现。对学者影响力的研究①，以社会网络指标作为数据源，并采用指标融合的方式很好地区分出“名家”“专家”“普通”“明星”学者；胡德华②提出将电子媒介的传播情况、网络访问量作为学术期刊论文社会信誉度、读者认可度的重要参考。由此可见，引入浏览、转载、保存、下载、讨论、推荐具有研究意义。

浏览、下载、保存是读者对感兴趣学术论文的直接反应，同时浏览也是学术论文信息传递的第一步。当发现学术论文的结论或方法对自己的研究有帮助，或是该主题值得仔细研读时，会出现下载和保存行为。下载量能在一定程度上反映学术论文的质量。研究表明，下载量可以作为学术论文质量的早期指标③，使用数据与引用量之间存在较大相关性④，可见浏览量和下载量是学术论文影响力表现的重要方面。

Twitter/Facebook 帖子数量是学者和同行、公众进行学术交流讨论的最便捷方式。Tweeter 推文文字的数量不超过 140 个字，Facebook 开始时字数

① 王妍. 学者影响力二维测度方法研究[J]. 情报理论与实践, 2015, 38(12): 88-92.

② 胡德华. 生物医学类开放存取期刊学术质量评价及其评价体系研究[D]. 中南大学博士学位论文, 2009.

③ Guerrero-Bote V P, Moya-Anegón F. Relationship between downloads and citations at journal and paper levels, and the influence of language [J]. Scientometrics, 2014, 101(2): 1043-1065.

④ Saha S, Saint S, Christakis D A. Impact factor: a valid measure of journal quality? [J]. Journal of the Medical Library Association, 2003, 91(1): 42-46.

也限制在 140 个字以内。二者信息交流以简短、即时著称，已经成为新型科研模式下交流的重要手段，通常推文量和 Facebook 帖子数量能够最先捕获学术论文的影响力，虽然推文量和 Facebook 帖子数量与引用的相关性研究有不同的结论①②，但作为学术论文影响力的早期参照，通过其能够扩展论文的传播范围，一定程度上能够体现学术论文在更广泛受众群体中的影响力。

学术博客、论坛是新交流方式下学者分享最新研究成果、讨论学术问题的重要场所，学术博客、论坛扩展了学术论文的传播途径，有助于对学术论文的内容、方法进行广泛讨论。讨论是学术论文传播过程中影响深度和质量较高的环节，反映了读者（大众/学者）对学术论文观点或方法的思考，通常读者会提出自己的观点和意见，这些观点和意见对后面的研究人员具有借鉴和启示作用。正如科学网，研究人员在其中分享阅读论文的感悟以及对某些现象的看法，有研究③取科学网数据评价网络学者学术影响力，可见博客、论坛数据是能够反映论文影响力的重要方面。

推荐是在对学术论文的观点、结论认可的基础上，读者向同事或者同行推荐该学术论文的行为，通常伴随着对论文内容、结论的描述，更容易得到受众的认可，扩展学术论文在社群中的影响。推荐的学术论文通常具有经典性或新颖性，经典的学术论文是某研究领域学者都需要了解的，本身具有较大的影响力，新颖的学术论文具有研究方法、内容、理论某一方面或某几方面的创新，具有开创性的意义，因而也应该具有较高的影响力。

2. 影响力指标数据获取与设计

1）数据获取与处理

为了规避“引文时滞”，同时获取大量高质量论文，本书选择 *PLOS ONE* 在 2013 年发表的论文作为研究对象，通过检索 Web of Science™ 核心合集，检索式为“出版物名称：PLOS ONE AND 时间跨度：2013～2013”，共检索出 31 503 篇文献。选择文献类型为 Article 和 Review 的文献，得到 31 501 篇文献，通过 Java 编程爬取全部文献信息（数据获取时间为 2017 年 1 月

① Kostoff R N. The use and misuse of citation analysis in research evaluation [J]. Scientometrics, 1998, 43(1): 27-43.

② Brody T, Harnad S, Carr L. Earlier web usage statistics as predictors of later citation impact [J]. Journal of the Association for Information Science and Technology, 2006, 57(8): 1060-1072.

③ 赵传彪. 基于科学网的图书馆学学者学术影响力的评价与研究[J]. 图书情报工作，2015,(S1): 158-160.

2 日），利用 Python 解析出论文 DOI、参考文献数量、Web of Science 被引次数、第一作者的机构和国家信息。然后根据论文 DOI 利用 PLOS 的 ALMs（http://almreports.plos.org/）获取相应的 Altmetrics 指标数据（数据获取时间为 2017 年 1 月 4 日），进一步对数据进行处理（使用内连接确保含有引用数据），最终得到 30 439 条数据。

2）影响力指标设计

现有研究选择指标方式有：根据指标与被引量和论文使用量之间的相关系数[①]，根据指标与被引量的相关系数和指标数据的覆盖范围[②③]，根据指标数据供应商对指标类型的划分并结合指标数据的覆盖情况选择影响范围较大的指标[④]。以上三种指标筛选方式仅仅考虑研究样本本身的数据情况，存在以下问题：研究数据量较少，小样本的代表性不足，容易出现偏差样本；使用指标选择片面，仅选择指标与引用指标的相关系数，有悖于 Altmetrics 评价的理念。本书依据已有研究总结出指标设计的标准，综合指标的内涵选择合适的指标。

指标设计标准一：区分度。指标的覆盖范围广，影响范围大，零值数据少，能够将论文区分开来。由表 6-4 可以发现，CiteULike、Twitter、Figshare、Mendeley、Facebook、PLOS PDF downloads、PLOS XML downloads、PLOS views、PMC PDF Downloads、PMC views、Scopus、Web of Science、Wikipedia 等指标的非零值占比高于 5%。其中，使用类指标非零值覆盖较高，因为“使用”是其他活动的开端，无论评论、收藏、推荐或是引用都需要先“使用”论文。而博客、学术论坛指标零值率较高是由于平台用户的数量的限制，用户关注的论文还局限于较小的范围，受到讨论的论文本身数量也较少，当某项指标小部分论文具有而大多数论文不具有时，该指标就丧失了区分度，故本书选择的指标为非零值占比高于 5%。

① 宋玲玲. 基于 PLoS ALMs 的论文影响力评价指标研究——以航空航天医学为例[J]. 情报理论与实践, 2016, 39(9): 30-36.

② 由庆斌, 韦博, 汤珊红. 基于补充计量学的论文影响力评价模型构建[J]. 图书情报工作, 2014, 58(22): 5-11.

③ 赵蓉英, 郭凤娇, 谭洁. 基于 Altmetrics 的学术论文影响力评价研究——以汉语言文学学科为例[J]. 中国图书馆学报, 2016, (1): 96-108.

④ 王贤文, 刘趁, 毛文莉. 数字出版时代的科学论文综合评价研究[J]. 中国科技期刊研究, 2014, (11): 1391-1396.

表 6-4 指标数据非零值占比（单位：%）

指标	非零值占比	指标	非零值占比
CiteULike	8.42	PMC PDF Downloads	100.00
CrossRef	0.00	PMC views	100.00
F1000Prime	1.24	Reddit	0.11
DataCite	0.50	Research Blogging	0.26
Facebook	5.03	Science Seeker	0.00
Figshare	84.63	Scopus	97.60
Mendeley	99.73	Twitter	33.82
Nature Blogs	0.06	Web of Science	100.00
PLOS PDF downloads	100.00	Wikipedia	6.22
PLOS XML downloads	100.00	Wordpress.com	1.68
PLOS views	100.00		

指标设计标准二：指标内涵的可解释性。指标的内涵可以被解释，内在的逻辑能够从用户的行为或心理进行分析，如 PLOS PDF downloads 数据是由于用户对论文的内容感兴趣而下载阅读产生的。而有些指标本身并不是阅读、分享等具有实际内容的使用行为产生的，虽然覆盖范围广，但不具有研究意义，不适合纳入评价模型的构建中，如 PLOS XML downloads 数据的产生多是以论文为研究对象进行文本分析等相关研究活动的结果。

指标设计标准三：异质性。指标为不同类型行为的数据，同种行为在两个平台上的活动需要进行处理，如 PLOS PDF downloads、PMC PDF Downloads 以及 PLOS views、PMC views，借鉴已有研究[①]的处理方法，将这两组指标同类相加合并为两个指标 PDF（PLOS PDF downloads+PMC PDF downloads）、views（PLOS views+PMC views）。

Twitter 和 Facebook 平台是当前主流的两个社交软件，许多学者利用这两个社交软件进行学术交流[②]。CiteULike 和 Mendeley 是两个主要的参考文献管理软件，科研人员进行文献阅读、分享、论文写作时经常利用它们管理文献资料，其读者数量反映了更广阔范围内科研成果在学术圈的影响（部

① Wang X W, Liu C, Fang Z C, et al. From attention to citation, what and how does altmetrics work? [EB/OL]. https://www.researchgate.net/publication/265687564_From_Attention_to_Citation_What_and_How_Does_Altmetrics_Work [2019-06-21].

② Holmberg K, Bowman T D, Haustein S, et al. Astrophysicists' conversational connections on Twitter [J]. PLOS ONE, 2014, 9(8): e106086.

分科研工作者从事科研相关的工作，如教师、医生，但很少发表论文）。表 6-5 显示 Figshare 与其他指标相关性较低（$p<0.1$），且未有研究证明其作用（笔者尝试将其纳入评价模型的指标中但模型对其方差的解释度只有 18%），故本书不将其纳入模型构建中。Web of Science 与 Scopus 相关系数高达 0.9253，可见两个指标是高度重合的，且由描述性统计分析结果（表 6-6）可知，Scopus 均值比 Web of Science 高 1.31，Scopus 第三四分位比 Web of Science 高 2，Scopus 与 Web of Science 差异较小，因此本书选择 Scopus 指标数据。另外，由于 Wikipedia 与其他指标相关性极低，故本书也不将其纳入模型构建中。

根据指标设计的标准及指标的内涵，本书选择 Mendeley、CiteULike、Facebook、Twitter、PDF、views、Scopus 作为构建学术论文影响力评价模型的指标。

表 6-5 指标之间的相关系数矩阵

	CiteULike	Facebook	Figshare	Mendeley	Scopus	Twitter	WoS	Wikipedia	PDF	views
CiteULike	1	0.1029	0.0190	0.3393	0.1778	0.2384	0.1612	0.0661	0.2454	0.3118
Facebook	0.1029	1	0.0176	0.1211	0.0514	0.2166	0.0459	0.0385	0.2252	0.4495
Figshare	0.0190	0.0176	1	0.0476	0.0680	0.0171	0.0608	0.0538	0.1156	0.0735
Mendeley	0.3393	0.1211	0.0476	1	0.5755	0.2873	0.5521	0.0800	0.5834	0.4816
Scopus	0.1778	0.0514	0.0680	0.5755	1	0.1472	0.9253	0.0404	0.5892	0.3117
Twitter	0.2384	0.2166	0.0171	0.2873	0.1472	1	0.1244	0.0827	0.3145	0.5916
WoS	0.1612	0.0459	0.0608	0.5521	0.9253	0.1244	1	0.0404	0.5511	0.2786
Wikipedia	0.0661	0.0385	0.0538	0.0800	0.0404	0.0827	0.0404	1	0.0825	0.1259
PDF	0.2454	0.2252	0.1156	0.5834	0.5892	0.3145	0.5511	0.0825	1	0.6231
views	0.3118	0.4495	0.0735	0.4816	0.3117	0.5916	0.2786	0.1259	0.6231	1

表 6-6 指标概况

	CiteULike	Facebook	Figshare	Mendeley	Wikipedia	PDF	views	Scopus	Twitter	WoS
数据计数	30 466	30 466	30 466	30 466	30 466	30 466	30 466	30 466	30 466	30 466
均值	0.12	1.14	92.44	24.74	0.17	658.73	3 204.88	11.25	2.85	9.94
标准差	0.50	31.36	123.53	27.43	1.17	556.06	5 940.54	11.61	27.25	10.51
最小值	0	0	0	0	0	120	553	0	0	1

续表

	CiteULike	Facebook	Figshare	Mendeley	Wikipedia	PDF	views	Scopus	Twitter	WoS
25%	0	0	30	11	0	381	1 749	5	0	4
50%	0	0	66	18	0	526	2 333	8	0	7
75%	0	0	113	30	0	756	3 286	14	1	12
最大值	22	4 582	4 901	1 209	84	25 241	411 628	337	2 389	315

注：25%代表第一四分位数（Q1）；50%代表第二四分位数（中位数，Q2）；75%代表第三四分位数（Q3）。

3. 学术论文影响力评价

1）影响力指标主成分分析

学者指出，指标数据之间存在交叉性、重复性①，表 6-5 也证实各个指标之间存在信息重叠。为了消除重叠信息同时获得更容易理解的指标，本书选用主成分分析法构建评价模型。为了确定本研究是否适用主成分分析法，遵从惯例，选用巴特利特球形检验和 KMO 检验，检验结果见表 6-7。巴特利特球形检验结果是统计显著，表明指标的相关矩阵不是单位矩阵，反映部分指标之间是相关的，表 6-6 也证实了此结论。KMO 检验可判断指标间是否存在潜在因子（一般认为 MSA 值高于 0.6 时，指标间存在公因子，可以进行因子分析），由此可知使用主成分分析法进行研究是否合理。

表 6-7　巴特利特球形检验

检验统计量：228.1859							
p 值：9.5×10^{-37}							
整体 MSA 值：0.74							
指标	CiteULike	Facebook	Mendeley	Scopus	Twitter	PDF	views
MSA 值	0.86	0.67	0.82	0.73	0.72	0.76	0.68

表 6-7 中每个指标的 MSA 的取值范围均位于 0.6～0.9，反映了提取的公因子能够较好地反映原始变量的信息。根据碎石图和特征值高于 1 的标准并结合主成分应尽可能多地反映原始变量信息的准则，选择两个主成分能够很好地符合研究要求。本书选用 R 语言 Psych 包进行主成分分析，将数据读入后，经分析可以得到表 6-8 的结果。其中，PC1、PC2 分别代指第一主

① 刘春丽. 基于 PLOS API 的论文影响力选择性计量指标研究[J]. 图书情报工作, 2013, (7): 89-95.

成分、第二主成分，对应栏目下面的数值是成分载荷，表示观测变量与主成分的相关系数，可以发现第一主成分与每一个指标均有较高的相关系数，而第二主成分仅与 Facebook、Twitter、views 具有较高正相关。h2 栏为成分公因子方差，表示全部主成分对每个变量的方差解释程度。u2 栏为成分唯一性，表示不能由主成分解释的部分，可以通过公式 u2=1−h2 计算。除了 CiteULike 解释偏低外，主成分对各个观测变量的方差解释效果良好。表 6-9 是主成分解释度的分析结果，可以发现两个主成分累积解释全部变量 62% 的信息，对应的特征值高于 1，可见两个主成分很好地反映了指标的部分信息。两个主成分 PC1、PC2 虽然很好地解释了全部变量的信息，但是如何对这两个主成分命名并结合研究内容作出合理解释，实现模型到理论的构建，需要进一步对主成分进行处理。

表 6-8　成分载荷、公因子方差、成分唯一性

	PC1	PC2	h2	u2
CiteULike	0.48	0.02	0.23	0.77
Facebook	0.41	0.63	0.56	0.44
Mendeley	0.77	−0.36	0.72	0.28
Scopus	0.65	−0.57	0.75	0.25
Twitter	0.6	0.44	0.55	0.45
PDF	0.82	−0.21	0.72	0.28
views	0.83	0.34	0.81	0.19

表 6-9　特征值、主成分的解释程度

	PC1	PC2
SS loadings（特征值）	3.13	1.21
Proportion Var（变量比例）	0.45	0.17
Cumulative Var（累积变量）	0.45	0.62
Proportion Explained（解释比例）	0.72	0.28
Cumulative Proportion（累积贡献率）	0.72	1

2）学术论文影响力评价模型的构建过程

为了实现主成分命名和解释，笔者选用方差极大旋转方法对结果进行处理。旋转是主成分去噪的重要手段，利用方差极大旋转（正交旋转的一种）对载荷阵的列进行去噪，使得每个成分只由一组有限的变量来解释

（即载荷阵每列只有少数几个很大的载荷，其他都是很小的载荷）。表 6-10 和表 6-11 是旋转后的主成分分析结果，可以发现，旋转后累积方差解释性没有发生变化，仍为 62%，变化的只是对各个变量的解释度（成分 1 从 45% 到 35%，成分 2 从 17%到 27%）。准确地说，经旋转后得到的成分 1 和成分 2 不能够再称为主成分，因为它们不满足主成分对成分 1 的方差最大化要求。经过旋转，成分 1 与 Mendeley、Scopus、PDF 这三个变量的关系较为密切，而成分 2 与 Facebook、Twitter、views 的关系较为密切。

CiteULike 和 Mendeley 作为文献管理软件，其用户群体大部分为科研工作人员及学生。例如，Zohreh Zahedi 等对 Leiden Ranking 五个学科的研究表明，学生、科研工作人员等占用户总数的 80%以上，Mendeley 读者数比期刊影响因子能更好地预测论文的被引数，可见 Mendeley 读者数能够反映论文学术方面的影响①。PDF 下载后发生引用的行为相对仅仅浏览而言概率更高，根据王贤文等②提出的用户论文使用行为过程——从社会关注到论文网页浏览再到 PDF 浏览/下载然后进一步发生引用行为，可见 PDF 下载行为的潜在含义是用户对该篇文章感兴趣希望仔细研读，不管读者是否著文引用，都反映了该论文的价值得到了下载者的高度肯定。Scopus 作为被引量主要反映论文在学术圈的认可情况，显然成分 1 反映的是论文的学术影响。Facebook 和 Twitter 是主要的大众社交媒体，已经成为众多学者讨论和分享学术信息的平台，现有的研究表明 Twitter 数据相较于其他指标能够更加及时地反映论文的受关注情况，这和 Twitter 本身的社交软件属性相符，且高被引的论文在发表后三天通常能够获得较多转发③，从用户角度 Twitter 主要体现了论文的社会关注。views 反映论文网页的浏览情况，浏览行为受意外发现、资讯需求的修正、学习、休闲娱乐、跟上新知、满足好奇心等因素影响④，转化为分享、讨论等行为，相较于下载更多地体

① Zahedi Z, Costas R, Wouters P. Do Mendeley Readership Counts Help to Filter Highly Cited WoS Publications Better than Average Citation Impact of Journals (JCS)? [C]. The 15th International Conference on Scientometrics and Informetrics, 29 Jun-4 July, 2015, Bogazici University, Istanbul (Turkey).

② Wang X W, Liu C, Fang Z C, et al. From attention to citation, what and how does Altmetrics work? [EB/OL]. https://www.researchgate.net/publication/265687564_From_Attention_to_Citation_What_and_How_Does_Altmetrics_Work [2019-06-21].

③ Eysenbach G. Can Tweets predict citations? Metrics of social impact based on Twitter and correlation with traditional metrics of scientific impact [J]. Journal of Medical Internet Research, 2011, 13(4): e123.

④ Chang S-J L. Research on browsing behavior in the libraries: an empirical analysis of consequences, success and influences [J]. Journal of Library and Information Studies, 2000, (15): 40-77.

现社会影响力，故成分 2 可以命名为论文的社会影响，这与已有的研究结论一致。

表 6-10　成分载荷、公因子方差、成分唯一性（旋转）

	RC1	RC2	h2	u2
CiteULike	0.37	0.31	0.23	0.77
Facebook	−0.06	0.75	0.56	0.44
Mendeley	0.83	0.18	0.72	0.28
Scopus	0.86	−0.06	0.75	0.25
Twitter	0.21	0.71	0.55	0.45
PDF	0.78	0.33	0.72	0.28
views	0.45	0.78	0.81	0.19

注：RC1 代表旋转后主成分 1，RC2 代表旋转后主成分 2，h2 代表公因子方差，u2 代表成分唯一性。

表 6-11　特征值、主成分的解释程度（旋转）

	RC1	RC2
SS loadings（特征值）	2.42	1.92
Proportion Var（变量比例）	0.35	0.27
Cumulative Var（累积变量）	0.35	0.62
Proportion Explained（解释比例）	0.56	0.44
Cumulative Proportion（累积贡献率）	0.56	1

表 6-12 给出了成分得分系数，据此可以计算成分得分为

$$\text{RC1}=0.11\text{CiteULike}-0.21\text{Facebook}+0.37\text{Mendeley}+0.45\text{Scopus}-0.07\text{Twitter}+0.31\text{PDF}+0.04\text{views}$$

$$\text{RC2}=0.11\text{CiteULike}+0.49\text{Facebook}-0.08\text{Mendeley}-0.25\text{Scopus}+0.41\text{Twitter}+0.02\text{PDF}+0.39\text{views}$$

可以得到论文的综合得分为

$$\text{RC}=\frac{\lambda_1}{\lambda_1+\lambda_2}\text{RC1}+\frac{\lambda_2}{\lambda_1+\lambda_2}\text{RC2}=0.56\text{RC1}+0.44\text{RC2}$$

式中 λ_1、λ_2 为 RC1 和 RC2 对变量的解释程度，见表 6-12。

表 6-12　成分得分系数矩阵

	主成分 1	主成分 2
CiteULike	0.11	0.11
Facebook	−0.21	0.49
Mendeley	0.37	−0.08
Scopus	0.45	−0.25
Twitter	−0.07	0.41
PDF	0.31	0.02
views	0.04	0.39

3）模型检验

模型给出的论文综合得分由学术影响和社会影响两部分构成，其中学术影响贡献为 0.56%，将数据 Z 分数标准化后，计算论文的 Scopus 引用量与综合得分相关系数为 47.7%（中度相关），学术影响与被引的相关系数为 86.18%（高度相关），体现了本书构建的模型能够很好地反映论文的学术影响，但又不仅仅包含学术影响。为了评估模型实际评价效果，笔者绘制了 Scopus、RC1、RC2、RC 之间的散点图（图 6-8），便于直接观察它们之间的相互关系。从图中左上角第二幅和第三幅图中可以发现，随着论文综合得分（RC）和学术影响（RC1）的增长，Scopus 也随之增高，其中 RC1 变化能够带来 Scopus 迅速增加，而从第四幅图中可以发现，社会影响的提升并不能显著地改变 Scopus，间接证明了开放存取的论文不具有引文优势。RC1 与 RC2 的散点图显示，随着 RC1 的增加，RC2 反而出现下降的趋势，可能由于论文的学术影响提升，相应论文中使用的学术用语、方法、背景知识相对而言更加专深，对于普通大众而言，看懂这类文章需要花费较高的时间成本，愿意花费较长时间的读者数量相对较少，故文章获得的关注减少，社会影响降低。论文综合得分（RC）和 Scopus 相同的变化趋势表明，本研究模型能够揭示论文影响力，同时将体现社会影响的因素纳入模型中，拓展了论文影响力的评价范围。

为了进一步评估模型的效果，笔者分析综合得分排名前 20 的论文情况（表 6-13）。表 6-13 中列出了论文的学术影响、社会影响、综合评价的得分和排名以及论文 h-index（论文 h-index 是期刊 h 指数衍生出来的反映论文质量的指标，能够消除施引论文数量的影响，更准确地反映论文的被引数量和施引论文的质量）。其中有6篇论文的学术影响得分远高于社会影响得分，13篇论文的社会影响得分远高于学术影响得分，1篇论文的学术影响得分和社会影响得分相近；仅有2篇论文的 *h*-index 低于5，主要集中于10～17范围内的占40%，可见综合评分排名前20的论文具有较高的学术质量；从 Scopus 引用也可以看出，仅有2篇 Scopus 引用低于10，其中1篇因为 Scopus 中该论文的 DOI 信息缺失，依据 DOI 获取 Scopus 被引次数出现错误，致使论文（10.1371/journal.pone.0063972）ALMs 结果显示 Scopus 引用为0，实际 Scopus 引用应为30。

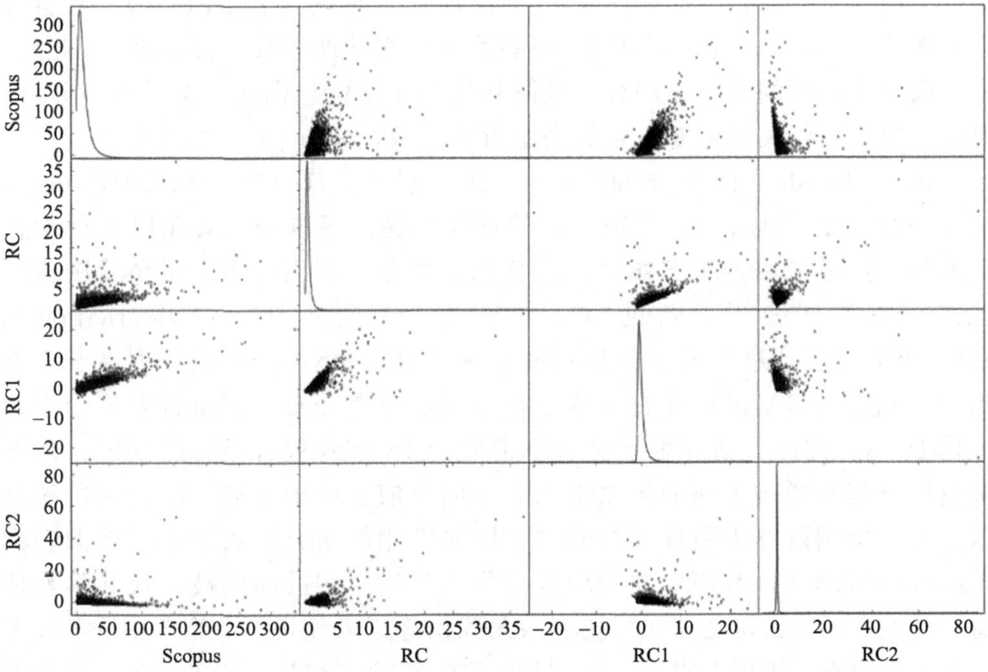

图 6-8　Scopus、RC、RC1、RC2 散点图

对20篇论文内容进行分析，排名前3的论文社会影响远高于学术影响，分别为：①论文 10.1371/journal.pone.0069841，探究 Facebook 的使用对人们幸福感的影响。通过文本信息询问的方式，得出人们越多地使用 Facebook，人们的幸福感下降越多，且不受 Facebook 网络大小、感受到的支持度、使用 Facebook 动机、性别、自尊感、孤寂感、沮丧的情感的影响，但面对面的直接交流则不会有这种负面影响。此结论与日常认识相悖，人

们通常认为 Facebook 提供了人类社会交流的宝贵资源，能够与他人保持联系，会增加人们的幸福感。②论文 10.1371/journal.pone.0073791，关注社交软件中人们用语的区别。通过分析 Facebook 发文信息，指出性格、年龄、性别的不同会带来较大的社交软件用语差异（如男性在称呼妻子和女朋友时通常使用表示所有的词 my，而女性称呼自己的男朋友或者丈夫的时候很少使用 my）。③论文 10.1371/journal.pone.0055937，通过对比研究来探寻早期的阉割行为对狗健康的影响。结果显示，早期被阉割的黄金猎犬患关节疾病和肿瘤的概率远高于性器官完整的个体。该研究可以作为肿瘤学家研究人类患癌症的犬类模型，同时它还提出了性腺激素的影响和变化应该纳入模型考虑范围内。这三篇论文与人们日常生活相关，研究内容和结论能吸引社会大众的眼球，并且结论与常识相悖，故能够在社交软件中获得较多讨论。此外，这三篇论文使用的研究方法分别是问卷结合文本信息询问、微分语言分析、模拟对照，在相关领域有一定的借鉴价值，故论文 *h*-index 均高于 5。

论文 *h*-index 低于 5 的两篇论文分别是：①论文 10.1371/journal.pone.0083325。利用人眼识别图像的特性，通过提取旁观者角膜反射来识别人物，可以应用到很多场景，包括识别罪犯，利用受害者眼角膜图像反射来辨别犯罪分子，帮助确定嫌疑人。②论文 10.1371/journal.pone.0069805。对血液进行分子分析发现血液中植物 DNA 分子的浓度高于人类 DNA，植物 DNA 的浓度在血浆中符合对数正态分布，而脐带血浆中不含植物 DNA。此外，研究发现食物携带的 DNA 碎片包含足量的基因，能够避免被分解并通过未知的机制进入人类的血液系统中。第一篇论文的科技感十足，特别能够吸引读者的眼球，同时选用的研究方法问卷、图像识别方法较容易理解，其用于罪犯识别可作为科技应用的新闻被大众和学者传播。该文主要的创新之处在于拓展眼角膜图像于人物识别，并未在技术或者方法上有突破，故仅获得较少的引用。第二篇论文改变人们的认知，认为血浆中存在外来 DNA 是正常的，消化系统不会将食物中的全部 DNA 降解成氨基酸和核酸，论文科普性质重于学术作用，故也只获得较少的学术引用。

学术影响高于社会影响的 6 篇论文中，本节仅选取其中 2 篇进行代表性分析：①论文 10.1371/journal.pone.0061217 介绍了一个软件项目——phyloseq，致力于利用 R 语言呈现和分析微生物普查数据。同时，论文还展示了将其他 R 语言包中的函数应用到 phyloseq 中的数据，文章讨论利用 phyloseq 作为工具复现已有的研究，并且文中提供了具体的实现方式。该文介绍的软件项目可以被用于相关研究中，同时还提供了实现方式，可以说是一个教程式的论文，故能够获得较多的学术引用，但由于文章有较强的专业性，普通大众阅读兴趣不高。②论文 10.1371/journal.pone.0064841 是关于 Altmetrics 是否可以被用来作为论文影响力或效用早期的有效代表。由于 Altmetrics 是信息评价领域近年来讨论的热门领域，该篇文章采用大数据量的相关性统计分析并创新地将符号检验（sign test）应用到研究中去，是后面研究参考和对比的重要资料，故获得较高的学术影响，但是由于该文章主题关注评价过程探讨，无法吸引大众的兴趣，因此社会影响不高。

论文的学术影响和社会影响相当的一篇论文是 10.1371/journal.pone.0081648。该文章研究气候变化对环境的影响，呼吁减少碳排放。文中列举了翔实的文献资料和数据，兼具学术性和科普性，是相关研究的参考，能够获得较多学术引用和关注不难理解。

可以得出结论，具备理论和方法创新或是新工具的介绍类的论文将会得到更多的学术圈关注和被引，如论文 10.1371/journal.pone.0061217 和 10.1371/journal.pone.0064841；与人们生活相关的科学论文更容易获得大众的关注，特别是研究结论指出现有的某些行为会影响健康，如论文 10.1371/journal.pone.0055937。结果表明，对黄金猎犬的阉割会增加其患某些疾病的概率，这在经常在狗出生后一年内就会将狗阉割的美国会引发较多的议论，可能会改变人们的认知进而对他们的行为产生影响。可以发现，综合评分排名较高的论文在学术或是社会方面具有较高影响，能够为科研工作人员提供数据、方法、工具的支撑，对普通大众认知产生影响，说明本书构建的模型具有一定的现实意义。

表 6-13　论文得分、排名和论文 *h*-index

论文 DOI 号	Mendeley 读者数	Scopus 被引次数	RC1	RC2	RC	*h* 指数
10.1371/journal.pone.0069841	630	153	25.03	52.75	37.23	13
10.1371/journal.pone.0073791	608	134	17.63	51.28	32.44	10
10.1371/journal.pone.0055937	144	20	−23.96	85.03	24.00	5
10.1371/journal.pone.0070182	488	94	11.68	30.14	19.80	13
10.1371/journal.pone.0081648	426	112	18.88	16.00	17.61	12
10.1371/journal.pone.0071275	279	40	8.08	26.05	15.99	7
10.1371/journal.pone.0078273	127	24	−0.87	37.23	15.89	5
10.1371/journal.pone.0083325	42	2	−3.13	38.64	15.25	1
10.1371/journal.pone.0061981	163	58	−1.53	35.79	14.89	11
10.1371/journal.pone.0057873	280	91	10.29	16.48	13.02	17

续表

论文 DOI 号	Mendeley 读者数	Scopus 被引次数	RC1	RC2	RC	*h* 指数
10.1371/journal.pone.0065263	301	38	7.59	19.88	13.00	6
10.1371/journal.pone.0066428	710	247	22.36	1.06	12.99	23
10.1371/journal.pone.0063972	182	0	5.01	20.55	11.85	7
10.1371/journal.pone.0061217	745	284	23.82	−4.38	11.41	20
10.1371/journal.pone.0064841	520	154	17.47	3.40	11.28	17
10.1371/journal.pone.0069805	155	10	−2.17	28.03	11.11	3
10.1371/journal.pone.0057760	22	42	−3.09	28.54	10.83	9
10.1371/journal.pone.0073076	388	196	18.39	1.10	10.78	16
10.1371/journal.pone.0066317	203	260	15.88	3.30	10.35	32
10.1371/journal.pone.0071788	102	14	15.24	4.05	10.32	5

注：RC1 代表学术影响得分，RC2 代表社会影响得分，RC 代表综合得分。

本节主要内容为构建全面的学术论文评价模型和模型合理性的验证。首先，对国际学术论文的概念作了界定，结合已有的研究对论文影响力内涵进行了探讨，指出新的出版形式、新的学术交流方式下论文影响力不仅包括学术共同体的认同还应包含社会大众的认可。其次，对学术论文影响力构成因素进行讨论，指出浏览、转载、保存、下载、讨论、推荐数据能够反映学术论文的影响力。再次，获取本书研究数据进行处理，并根据指标的覆盖情况、相关性分析、已有的研究结论筛选合适的指标，继而采用主成分分析法构建论文综合评价模型，提取出两个成分——学术影响和社会影响。最后，利用相关性分析、散点图、内容分析验证模型的合理性。研究表明，本书的模型能够较为全面地反映论文的综合影响力，与引文量具有中等的相关性，可以作为传统评价分析的重要补充。

6.2.2 国际学术论文影响力评价模型实证分析

1. 国家学术论文数量

论文是个人和组织重要的科研成果，个人的论文影响力能够反映学者的学术贡献和社会认可度，机构的论文影响力能够反映机构在学术圈的声望和社会知名度，国家的论文影响力能够反映国家整体的科研水平、创新能力以及全球范围的影响力。传统评价一个国家的科研水平通常是根据 SCI、*Nature*、*Cell*、*Science* 等的发文量总和来评价，也有的将论文引用量简单地加总作为评价标准。这样评价存在以下问题：*Cell*、*Nature*、*Science* 主要发表在科学上具有重大贡献的科技论文，其发文量能够在一定程度上反映国家顶尖的学术科研水平，但受限于期刊的刊文量，单独将三个期刊的发文数量作为评价国家的科研水平不够全面；引文量和发文量是典型的累积型指标，发文量越多，引文量随之增加的可能性就越大，单独以期刊作为筛选，远不足以控制论文的质量。因此，笔者利用前文构建的论文评价模型对我国的论文影响力进行评价，以考察我国的科研实力以及与相关国家的对比情况。

数据仍旧选用 2013 年 *PLOS ONE* 的发文数据。论文的国家归属取第一作者单位所属国家（通常第一作者也是通信作者，对论文的贡献较多，其次为了数据处理方便，采取这种处理方式），利用编程提取第一作者单位最后的国家名作为论文的国家，相关计算在 R 软件中进行。由于各国论文发表量不同，需要进行相应处理进行比较，包括得分等级标注、修改后的均值和中位数计算。

2. 国家学术论文影响力比较

表 6-14 中列出了 2013 年 *PLOS ONE* 中发文量排名前 19 的国家的发文数以及占据总发文量的比重。中国发文量排名第二，仅次于美国，这与中国 SCI 发文量排名一致，从量上反映出中国科研产出有较大的提升。从表 6-15 中可以发现，Scopus 被引总量我国同样排名第二，这是由高发文量带来的。从表 6-14 和表 6-15 中同样可以看出，发文量和引用量排名除几个国家有一些差别外，大部分排名是一致的。从综合得分的排名可以发现，虽然我国论文发表数量位居第二，但综合得分总和排名最后，反映了我国低影响力论文数量较多，不论在学术影响还是社会影响方面都排名最后。近邻的两个国家韩国和日本虽然表现不好，但日本论文在社会影响方面有较好的表现，同处发展中国家的印度、巴西论文综合影响力表现均优于中国，说明我国部分论文的质量亟待提升。

表 6-14　发文量前 19 的国家发文量以及占 *PLOS ONE* 2013 年发文比例

国家	论文数量	比例/%	国家	论文数量	比例/%
美国	7204	23.67	英国	1466	4.82
中国	5041	16.56	日本	1444	4.74
德国	1823	5.99	法国	1199	3.94

续表

国家	论文数量	比例/%	国家	论文数量	比例/%
加拿大	1063	3.49	印度	565	1.86
澳大利亚	1057	3.47	韩国	534	1.75
意大利	906	2.98	瑞士	428	1.41
西班牙	834	2.74	比利时	330	1.08
荷兰	833	2.74	丹麦	319	1.05
瑞典	575	1.89	以色列	214	0.70
巴西	568	1.87			

表 6-15　被引量前 19 的国家 Scopus 被引量以及 RC1、RC2、RC 得分和排名

国家	RC1	RC2	RC	Scopus 被引量
美国	853.66（1）	299.84（1）	609.98（1）	89 129（1）
中国	−664.86（19）	−406.53（19）	−551.19（19）	55 968（2）
德国	10.10（14）	−36.26（17）	−10.30（10）	19 961（3）
英国	285.03（2）	200.52（2）	247.85（2）	17 729（4）
日本	−201.49（16）	−2.54（9）	−113.95（18）	14 238（5）
法国	−50.51（18）	−45.68（18）	−48.38（17）	12 413（7）
加拿大	10.83（7）	10.71（6）	10.78（6）	11 892（8）
澳大利亚	68.17（5）	21.53（5）	47.65（3）	12 544（6）
意大利	8.60（17）	−35.58（16）	−10.84（11）	11 144（9）
西班牙	−13.89（4）	−24.30（14）	−18.47（14）	9 025（11）
荷兰	17.75（6）	38.79（3）	27.01（5）	9 193（10）
瑞典	3.65（15）	8.98（7）	6.00（7）	6 503（13）
巴西	−31.29（13）	−11.44（10）	−22.56（15）	5 375（16）
印度	−20.75（10）	−12.96（11）	−17.32（13）	6 044（14）
韩国	−42.86（11）	−16.41（12）	−31.22（16）	5 585（15）
瑞士	66.47（8）	1.58（8）	37.92（4）	5 271（17）
比利时	23.02（3）	−25.62（15）	1.62（8）	3 883（18）
丹麦	9.07（12）	−18.12（13）	−2.89（9）	3 802（19）
以色列	−40.12（9）	24.32（4）	−11.77（12）	1 949（20）

注：括号中的数据代表各项在 19 个国家中的排名。

发文量的提升在一定程度上反映我国科研实力的提升，这与国内的职称评定、科研项目和科研经费申请等要求密切相关，但综合评分排名最后，不能说明我国论文影响力处于最后的位置，可能存在部分论文的影响力评分太低的情形，因为论文综合得分存在负值的情况，评分越低得分的负值越大，不难发现如果低综合得分的学术论文较多，而高综合得分的学术论文较少，同样会出现中国学术论文综合得分排名最后的情况。为了验证上面的设想，笔者根据分位数的思想对学术论文综合评分进行处理。首先利用第 3 章的模型计算出全部论文综合评分，然后对论文评分进行排序，计算出各个分位点的综合分数数值，分别为 0.8、0.185、0.6、–0.072、0.4、–0.219、0.2、–0.334，接着对论文综合评分进行标记，高于 0.185 的定为 A 等，介于–0.072 与 0.185 之间的定为 B 等，介于–0.219 与–0.072 之间的定为 C 等，介于–0.334 与–0.219 之间的定为 D 等，低于–0.334 的定为 E 等，最后按国家统计出现次数，并除以各国的发文数量，计算各个等级的比例，详情见表 6-16。

表 6-16　发文量前 19 的国家论文评分情况

国家	A	B	C	D	E
美国	24.31%（3）	20.06%（10）	18.95%（16）	18.61%（13）	18.07%（12）
中国	13.27%（19）	18.79%（16）	20.17%（9）	22.16%（4）	25.61%（2）
德国	19.80%（11）	22.05%（4）	21.12%（5）	19.47%（11）	17.55%（14）
英国	29.67%（1）	19.99%（11）	19.44%（14）	16.23%（18）	14.67%（19）
日本	15.93%（18）	17.80%（18）	19.60%（13）	21.95%（5）	24.72%（3）
法国	18.68%（14）	20.60%（8）	21.10%（6）	20.18%（9）	19.43%（6）
加拿大	20.41%（9）	19.38%（15）	17.78%（18）	22.48%（3）	19.94%（4）
澳大利亚	22.42%（7）	21.85%（5）	20.06%（10）	16.84%（17）	18.83%（10）
意大利	19.43%（12）	20.42%（9）	20.53%（7）	20.42%（7）	19.21%（7）
西班牙	19.30%（13）	19.78%（12）	21.34%（4）	20.74%（6）	18.82%（11）
荷兰	23.05%（4）	19.57%（13）	19.81%（11）	17.77%（15）	19.81%（5）
瑞典	22.43%（6）	19.48%（14）	19.65%（12）	19.48%（10）	18.96%（9）
巴西	17.43%（16）	23.24%（2）	22.01%（2）	20.42%（8）	16.90%（16）
印度	17.88%（15）	25.31%（1）	20.35%（8）	18.41%（14）	18.05%（13）
韩国	16.10%（17）	18.35%（17）	23.03%（1）	25.09%（1）	17.42%（15）

续表

国家	A	B	C	D	E
瑞士	27.10%（2）	22.66%（3）	19.16%（15）	15.19%（19）	15.89%（18）
比利时	21.52%（8）	21.82%（6）	18.18%（17）	19.39%（12）	19.09%（8）
丹麦	22.88%（5）	21.63%（7）	21.94%（3）	17.24%（16）	16.30%（17）
以色列	20.09%（10）	14.49%（19）	16.36%（19）	23.36%（2）	25.70%（1）

注：①A 栏代表高于 80%论文评分的论文数占该国发文量的比例；②B 栏代表高于 60%但小于 80%论文评分的论文占比；③C 栏代表高于 40%但小于 60%评分的论文占比；④D 栏代表高于 20%但小于 40%论文评分的占比；⑤E 栏代表小于 20%评分的论文占比。

从表 6-16 中可以看出，中国论文中 A 等占比在 19 个国家中排名最后一位，与相邻的韩国、日本两个国家还有一些差距，也低于发展中国家巴西和印度，A 等论文占比排名前三位的国家分别为英国、瑞士、美国，说明这三个国家发表的论文中高质量论文数量较多；中国论文中 B 等占比排名倒数第四，仅比韩国、日本、以色列高，与第一名的印度还有较大差距，B 等论文占比排名前三的国家分别为印度、巴西、瑞士；中国论文中 C 等占比排名第九，与第一名差距较小，反映中国中等影响论文占比处于正常水平，C 等论文占比排名前三的国家分别为韩国、巴西、丹麦；中国论文中 D 等占比排名第四，前三名分别为韩国、以色列、加拿大；中国论文中 E 等占比排名第二，前三名分别为以色列、中国、日本。综合 A 等、B 等、C 等三个等级的占比之和，中国排名倒数第三，仅比以色列和日本高，前三名为英国、丹麦、瑞士，A、B、C 三个等级的文章能够代表具有较高影响力的论文占比，可见中国论文质量整体还不高，与第一名英国相差 16.4 个百分点，与第七名美国相差 11 个百分点，同处亚洲的日本、韩国表现也不如人意，排名为倒数第五名和倒数第四名，之间相差 1～2 个百分点。等级论文的占比验证了前文的猜想，由于较多的低综合评分的论文拉低了总的评分排名，虽然我国论文发文量有了较大提升，但是质量亟待提高。

为进一步反映我国论文的整体情况，笔者统计了发文量排名前 19 的国家论文综合得分（RC）、学术影响得分（RC1）、社会影响得分（RC2）的均值、中位数。为了消除极端值的影响，计算均值时，去掉得分排序首尾的 10%的论文，也即删除得分排名前 10%的论文和排名后 10%的论文获得评分数据，再计算均值，详情见表 6-17。中国各项的排名均处于末尾，这与前文的等级分析结果相同，对比日本、韩国可以发现，这两国论文的综合得分和学术影响同样排名较低，但是它们的社会影响表现良好，体现其论文获得较好的社会关注，可能与这两个国家的学者利用社交软件推介研究成果有关。

表 6-17 发文量前 19 的国家论文得分均值和中位数

国家	RC 均值	RC 中位数	RC1 均值	R1 中位数	RC2 均值	RC2 中位数
美国	−0.0626（3）	−0.1214（4）	−0.0846（4）	−0.191（6）	−0.0467（11）	−0.0356（9）
中国	−0.1698（19）	−0.2053（18）	−0.2525（17）	−0.3201（17）	−0.0671（18）	−0.0499（16）
德国	−0.0908（9）	−0.1287（7）	−0.136（9）	−0.2027（7）	−0.0447（9）	−0.0353（8）
英国	−0.0004（1）	−0.0758（2）	−0.0194（2）	−0.1319（2）	−0.0023（1）	−0.0077（1）
日本	−0.1552（18）	−0.2007（17）	−0.2613（18）	−0.3346（18）	−0.0296（3）	−0.0184（3）
法国	−0.1154（15）	−0.1564（13）	−0.1686（14）	−0.2554（14）	−0.0498（12）	−0.0407（12）
加拿大	−0.105（13）	−0.1593（15）	−0.1714（15）	−0.269（15）	−0.0374（6）	−0.0288（7）
澳大利亚	−0.067（4）	−0.1252（6）	−0.093（6）	−0.1889（5）	−0.0573（16）	−0.0491（15）
意大利	−0.1031（12）	−0.151（12）	−0.1415（10）	−0.2366（12）	−0.0679（19）	−0.0523（18）
西班牙	−0.1082（14）	−0.1572（14）	−0.1654（13）	−0.2505（13）	−0.0458（10）	−0.0394（10）
荷兰	−0.0815（7）	−0.1322（8）	−0.1129（7）	−0.2157（10）	−0.0535（14）	−0.0419（13）
瑞典	−0.085（8）	−0.1328（9）	−0.1164（8）	−0.2037（8）	−0.0556（15）	−0.0428（14）
巴西	−0.102（11）	−0.1427（11）	−0.1565（12）	−0.2331（11）	−0.0439（8）	−0.0395（11）
印度	−0.0948（10）	−0.1244（5）	−0.1495（11）	−0.2132（9）	−0.0342（5）	−0.0285（6）
韩国	−0.1353（16）	−0.1754（16）	−0.2166（16）	−0.2894（16）	−0.0327（4）	−0.0244（5）
瑞士	−0.0104（2）	−0.0736（1）	0.0073（1）	−0.1003（1）	−0.0525（13）	−0.0507（17）
比利时	−0.0765（6）	−0.1369（10）	−0.0776（3）	−0.1515（3）	−0.0806（20）	−0.0692（20）
丹麦	−0.0696（5）	−0.1156（3）	−0.0855（5）	−0.1755（4）	−0.0576（17）	−0.0582（19）
以色列	−0.1405（17）	−0.2126（19）	−0.2705（19）	−0.3735（19）	−0.0081（2）	−0.0145（2）

注：括号中的数据代表各项在 19 个国家中的排名。

本节为应用研究，将构建的论文综合评价模型应用于国家层面的学术论文评价。首先统计了各国的发文量、被引量、综合评分、学术影响得分、社会影响得分，由于各国的发文量不同，得分的简单加总无法准确反映国家论文的质量情况，笔者受分位数的启发采用论文得分评分标记的做法，计算在每个评分等级中的论文比例，从而展示各个国家发文的质量情况。为了体现国家发表的论文在综合得分、学术影响、社会影响方面的表现，笔者将每个国家得分排名前10%和后10%的文章去除，计算其均值，此外还计算了得分的中位数，结果与前文分析类似。

6.2.3 小结

开放存取、出版数字化、学术交流的网络化为学者、大众、科研人员获取学术成果提供了便利，每一个连接互联网的个体都能够自由地浏览原先封闭于学校、科研机构“围墙”内的科研成果。随之而来的是大量的网络数据、社交媒体数据、在线参考文献管理软件的数据，使我们能够从更广阔的视角审视当前的科研成果。

本节总结了当前论文评价方式，指出其存在的问题，依据 Altmetrics 理论的指导，选择更广泛的数据源、更多的指标尝试改进评价的不足，以 *PLOS ONE* 期刊 2013 年全年发表的论文作为研究对象，利用 ALMs 平台获取 Altmetrics 数据，构建出学术论文的综合评价模型，并将该模型应用到国家学术论文影响力的比较，指出我国学术论文出版取得的进步和存在的不足，以点及面，为我国提升学术影响力提供建议。经过研究本书得出以下几个结论。

引文分析法作为论文学术影响力定量评价方式，与早期论文使用方式有很大关系，基于订阅的论文资料阅读，通过引用方式体现作者对文献内容或认可、或质疑、或借鉴，与论文相关的数据稀少，引文量成为同行评议外最好的选择。现在论文普遍通过网络发表，鲜有期刊没有电子版本，更是有开放存取期刊，人们能够自由地阅读、下载、讨论各种科研成果。相应地产生了大量与论文相关的数据，每一个论文都有唯一的定位标志 DOI，通过平台提供的 API 可以很容易获取这些数据，使得论文评价可参照的指标有了更多的选择。引文分析法的繁荣、发展到最终被学者认可是在 Garfield 创建科学引文索引（SCI）之后，当前，Altmetrics 指标提供商和聚合平台有 Altmetric.com、ImpactStory、Plum Analytics、ALMs，虽然这四家平台的指标数据呈现方式不一、部分指标数据之间还存在差别，但不影响 Altmetrics 被讨论、应用的趋势，Altmetrics 作为论文评价补充终将得到学者的认可。

论文影响力既体现于学术界正式发文、著作的引用对其的认可，也体现在媒体、网络、学术论坛对其的讨论和论文的阅读使用。按影响力产生方式，论文影响力可划分为学术影响力和社会影响力。由于影响力是对受众认知重构、理论扩展、观点态度行为改变等的概括，论文对受众的影响是由受众的反馈数据来测度的，引文量、讨论量、推荐量、下载量、浏览量这些数据体现了论文内容对社会、学术的影响。

利用主成分分析法构建论文影响力综合评价模型，经过正交化旋转获得两个因子——学术影响、社会影响，与论文影响力理论分析一致。论文 *h*-index 对比发现，排名靠前的论文大部分具有较高的学术价值。相关性研究指出综合评分与论文引用存在中度相关性，揭示了综合评价模型能够体现论文更广阔的影响。从散点图可以看出综合评分与论文引用的变化趋势一致，且学术影响与被引的相关系数为 86.18%，表示高度相关，即反映本书构建的综合评价模型能够很好地表征论文的学术影响。通过内容分析可以得出：具有理论或方法创新的论文、介绍新工具且具有普遍适用性的论文更容易获得学术圈的认可和关注；与人们生活息息相关的科学论文、会改变固有观念的论文更容易获得学者大众的讨论，能够获得较高的社会影响。以上分析反映本书选取的指标具有良好的代表性，构建的综合评价模型能够较为全面地反映论文的影响力，为论文科学客观地评价提供一定的参考。

2013 年 *PLOS ONE* 全年发文中，我国论文的数量和被引总量均排名第二，而综合评分总得分、学术影响总得分、社会影响总得分均处于最后位置，两者存在较大差异。为更准确地反映论文影响力，应用学术论文影响力评价模型，采用论文得分标记的方式测度不同得分区间中论文的数量占该国发文总数的比例，发现 A 等论文占比排名第 19，B 等排名第 16，C 等排名第 9，D 等排名第 5，E 等排名第 3。这说明，我国发表的论文中优质论文比例不高，中等质量的论文 C 等处于正常水平，与其他国家的差距不大，而较差的 D 等和 E 等论文占比较高，反映出我国论文中低影响的论文较多，结构很不合理，与发达国家之间存在不小差距。因此，教育主管部门在对量设定相应要求的同时需要重视论文质量，具有高影响的论文才是科技进步的体现，简单的重复研究不具备创新性。

本研究选取 *PLOS ONE* 期刊 2013 年全年发表的论文作为研究对象，虽然 *PLOS ONE* 是一份综合类期刊，包含医学和科学等研究主题，但学科丰富性不足的问题仍旧存在，并且已有研究指出不同学科之间的引用行为的差异，例如，免疫学、生命科学类的文章篇均被引远高于数学、工程学①。

① 任胜利. 不同学科论文和期刊被引用频率的比较分析[EB/OL]. http://blog.sciencenet.cn/home.php?mod=space&uid=38899&do=blog&id=46388 [2017-03-19].

因此，在以后的研究中更加需要注意科学地选择数据，此外，还需要在其他期刊的论文数据中验证论文影响力综合评价模型的代表性。

将 PDF 下载作为论文影响力评价指标的潜在假设为用户下载 PDF 的原因是对该篇论文的内容或方法感兴趣，为了详细阅读或以后利用。但是受文本识别、主题提取等研究的需求，经常需要下载大量论文文件，由 XML 文件下载就能发现此类研究的数量，因此如何去除这部分下载数据或这部分数据对论文影响力评价的影响值得进一步研究。

评价模型的稳定性、健壮性是模型得到认可的首要因素，但当前 Altmetrics 指标数据大部分是由商业公司提供的，商业公司本身存在经营不善倒闭的风险，对应的指标数据就会存在缺失的风险。如何解决上述问题，是 Altmetrics 理论研究人员需要克服的难点。

Altmetrics 无法解决传统评价方式存在的问题，社交媒体本身也有学科、主题的偏好，生命医学、科技创新这类与人们生活密切相关的话题、吸引眼球的科技论文更能够获得大量的社会关注。学者研究发现，自然科学家更倾向于将社交软件用于日常工作交流，历史科学的学者较少使用 Twitter 进行学术交流，研究经济的学者更倾向于在交流中分享链接，58%的社会科学的文章能够在 Mendeley 中找到，而 28%的人文领域的文章被 Mendeley 覆盖。由此可见，引文分析存在的学科不公平问题，在社交媒体、学术参考文献管理软件中依旧存在，引入社会关注和使用数据同样不能解决学科差异带来的评价统一性问题，如何解决这种矛盾是继续研究的方向。

总之，当前 Altmetrics 评价方法还存在较多问题，但其提供的多元化的数据和丰富的指标对科研成果评价起到重要作用。同时，Altmetrics 评价方法也是未来科研成果评价的重要研究趋势之一，但仍需要更多的实践研究对相关构想进行验证。合理地评价科研成果，让学者真实的影响力得到社会的认可，是每一位评价人员应该努力的方向。

6.3 引入 Altmetrics 指标的学术期刊影响力评价

学术期刊影响力向来被视作期刊评价的关键点，然而事实上，该项指标的权重往往依据具体情况而言，但由于主观因素过多，最终导致评价结果并不高。期刊影响力的大小，不仅来源于其在自身研究领域的学术影响力，还来源于其在国际的响应力①。这不仅仅与自身学术能力有关，还涉及社会经济效益，甚至对加快国家知识创新体系以及助力科学研究发展意义重大②。

在期刊网络影响力的评价过程中，我们最常遇到的是用户常以主观思维加以判断，或者是以简单的客观指标加以评价，如 h 指数、影响因子等。甚至是沿袭传统印刷型期刊评价时期的评价结果来推断期刊网络影响力。这些方法均存在一定程度的缺陷，并不能对期刊网络影响力的大小进行完善的评价。因此，在这些评定体系的测评之下，评价结果往往存在一定的差池，使得期刊网络影响力的评价缺乏可靠性。在这种情况下，研究引入 Altmetrics 指标，不仅使评价工作变得有效，而且结果更为合理准确。

6.3.1　引入 Altmetrics 指标学术期刊影响力综合评价体系框架

1. 可行性分析

Altmetrics 是在互联网时代的大背景下，在网络、信息及文献计量学的基础上发展起来的的一种评价体系，有着全面性、合理性评价形式的优点。而引文分析法是利用数学统计学的基本方法，对核心期刊的主题、题名、关键字等进行合理的分析，包括归纳概括、对比等方法，通过一些内部数量特征的过滤，得到综合的评价结果。但是，这两种方法还是存在着本质上的不同的，大概可以分为以下几个方面。

第一，研究对象和其所处的时代背景不同。引文分析法的研究对象是核心期刊、会议、硕博士论文等被引用的频次，而 Altmetrics 是除了核心期刊的渠道之外的其他非传统渠道，如互联网上的各种学术成果的查阅、引用及使用等。引文分析所表现的核心期刊被引用的次数表现出该期刊在相关研究领域影响力的大小，但是随着现代科学技术的迅速发展，人类所做出的各类研究逐渐增多，相应地也会大量地查阅、引用相关的资料，所以科学文献的引用率也就增大。从引文分析在 1873 年被人们开始

① 苏哲，钱荣贵. 核心期刊与期刊评价[J]. 江苏警官学院学报，2006，12(3)：83.

② 黄青，冯有为. 综述论文与学术期刊影响力[J]. 中国科技期刊研究，2009，20(6)：1130-1131.

关注，它是作为法学领域的一种工具出现在大众的面前的，最早是由美国学者谢泼德（Shepard）所使用，之后美国学者 Eugene Garfield 将其发展到了文献分析的领域，提出了文献追踪的科学理念，为引文分析奠定了基础，这也成为引文分析法产生的标志。而引文分析法在传统意义上的计量学范围是存在局限性的，这就促使了 Altmetrics 的产生。Altmetrics 的出现，克服了引文分析法影响力不足、滞留时间较长的缺陷，并在当时学术交流的蓬勃发展、公正公平的评审氛围以及智能的过滤机制的大背景下迅速发展。可以说，Altmetrics 的出现有着合适的背景和机遇，是时代发展的必然选择。

第二，周期不同。如前文所说，Altmetrics 的出现有着很恰当的及时性，这是引文分析法所不能相提并论的。Altmetrics 的科研成果可以在第一时间内发布于相关平台上供广大学者阅读和下载，信息发布及时并且获取渠道广泛便捷。而引文分析法的学术论文的周期则需要特别长的一段时间，从论文的投稿开始，要通过审核，修改，再审核，再修改，再到出版社的出版的过程。等这篇论文可以被广大学者所获取，可能需要一年甚至更长的时间，如果再考虑一些不可避免的外部影响因素，这个周期还会更长，这就大大地影响了使用效率①。

第三，来源不同。引文分析法中学术成果论文的提供者就是文献的第一作者，该作者直接对这个领域的这篇论文所论述的内容负责，这也是论文出版统计的标准。但是 Altmetrics 则相对更简单，当相关的成果发布在各大平台上之后，读者的阅读、使用和下载等都可以作为该学术成果的数据贡献者，只是贡献的方式不同而已。

第四，影响不同。引文分析法所产生的论文成果由于经过较长的周期，所以它的论文观点及其相互引证是有关系的。论文被引用得越多就说明该论文的研究成果更具有正确性和权威性，从而说明论文的质量就越高。其中，每篇论文都有自己的影响因子，这个因子的数值越大，说明该论文的影响越大，这是引文分析法的一个直接产物，也是评价论文的一个重要指标。而由于 Altmetrics 的学术成果是发布在各大平台上的，所以该学术成果的影响力必须综合各大平台的数据结果，得到一个综合

① 郭飞，游滨，薛婧媛．Altmetrics 热点论文传播特性及影响力分析[J]．图书情报工作，2016，(15)：86-93.

的结论[1]。其中，浏览量和下载量是两项比较重要的参考数据，直接可以反映出该学术成果所受关注的程度。浏览量和下载量是比较大众的评价方式，评价 Altmetrics 学术成果比较权威的指标是学术关注和学术引用，这就类似于引文分析法的评价方式，两者结合可以比较全面准确地反映出 Altmetrics 的影响力。

第五，审核的本质和交流方式不同。Altmetrics 的评审包括出版前和出版后两个时期的质量评估和评价。出版前作者把手稿投递给期刊进行审核，出版后在非正式出版和预出版时存在各种信息的质量评价。引文分析法遵循着比较传统的交流方式，它主要靠固定的平台供作者和读者进行基本的交流，读者只有在期刊平台的范围内才能进行阅读和引用，而 Altmetrics 则比较自由和随意，读者和作者可以通过各种社交手段进行直接的交流，相比于引文分析法有着极高的交流效率。总而言之，由于 Altmetrics 和引文分析法之间存在的本质差别，Altmetrics 还是相对广泛地应用于各个领域的，全球著名的商业评价机构都采用了它的服务。虽然 Altmetrics 还存在着一些不足之处，但是它创新性地对传统意义上的评价体系进行改革，对核心期刊评价、人才选取与晋升等具有重大的推动意义。Altmetrics 的发展，使广大学者可以自由便捷地把自己的学术成果发布在各大平台上，通过学术关注和学术引用等指标体现出该学术成果的质量，从而体现出作者的研究水平。现阶段 Altmetrics 理论的研究、分析以及应用等大部分都是针对论文本身的计量方法所展开的，但是 Altmetrics 的应有之意不仅仅只是在论文层面的计量，而是包括许多学术期刊论文的科研成果在内。学术期刊是一种经过同行评审的期刊，是一种为了展示特定学科或特定研究领域的学术论文载体，它不是学术论文的简单随机组合，而是通过内在逻辑和联系组织起来的成果，凝聚了期刊编辑和出版的智慧，同时它也是一种学术成果，并且其影响力的测度不是将所有期刊论文叠加求和这么简单。有些期刊为了保护纸质的版权，选择不开放最近一两期的论文。有些期刊因为某些因素，比如办刊思想比较保守，或者由于资金、人力和技术等限制没有加入开放存取的队伍，所以只能借助于一些比较大的数据库商（包括全文数据库和文摘数据库）和统一检索平台收录，以获得更多的阅读人数和更广的知悉度，进而达

① 赵蓉英，郭凤娇，谭洁. 基于 Altmetrics 的学术论文影响力评价研究——以汉语言文学学科为例[J]. 中国图书馆学报，2016，(1)：96-108.

到被更多人使用的目的。对作为论文载体的期刊的影响力的测度是十分有必要的，期刊的影响力会在一定程度上影响所载论文的影响力，因此从一般意义上来说，不论是专家学者、科研工作人员还是学生读者，在阅读相关文献时，选择的文章都会倾向于从影响力较大的期刊上选择。目前，表征期刊影响力大小的因素主要包括影响因子、是否被国际知名数据库商和统一检索平台收录、是否为核心期刊等。但是，在当前开放的学术交流体系中，这种传统的基于影响因子的期刊影响力测度和评价显然存在着缺陷和不足；另外，论文的高影响力又会带来期刊影响力的提高，二者互为因果，相互促进。所以不能简单地用期刊的影响因子来评价和判断论文的影响力，也不能片面强调论文层面的计量，因为它不能代替对期刊影响力的评价。因此，应该在开放的科学交流环境下构建基于论文层面计量的期刊层面计量。

以引文为基础的传统计量学对期刊影响力评价存在反应时间长等一些客观的不足之处，加上当代科学技术发展导致的全球交流一体化的趋势使我们在进行核心期刊评价的时候必须考虑时代背景的影响，这又是一项艰巨而又不得不完成的任务。随着互联网时代的到来，学术期刊影响力的评价体系发生了根本的改革，它的评价参考因素不仅仅只是被引用和下载的次数这些基本的计算指标，还有互联网、社交媒体提供的工具和平台，这就导致了评价结果的多变性。对当代核心期刊的统计和分析发现，Altmetrics 指标和引文分析的评价存在弱相关性，这说明 Altmetrics 和引文分析是统一影响因素的不同角度的评价方法，它们是优势互补的关系[①]。所以，引入 Altmetrics 指标学术期刊影响力综合评价体系框架可以促使评价方式朝着多方面、多维度的方向发展，这样就可以在综合考虑 Altmetrics 和引文分析两种因素的影响之后，客观地评价得出核心期刊的影响力，这个结果也是比较准确和全面的。

2. 指标选择

1）引文分析的指标选择

引文分析中用于评价的指标会根据每位学者的研究内容有所不同，选择的指标也都存在差异，本书根据指标中存在被引半衰期缺省和大于 10

① 何文. Altmetrics 与引文分析法在期刊影响力评价上的相关性研究[D]. 南京大学硕士学位论文, 2015.

年的情形，剔除掉该指标，最终选择指标为总被引频次（total cites）、影响因子（impact factor）、5年影响因子（5-year impact factor）、即年指数（immedicy index）、载文量（articles）。特征因子计量数据包括特征因子分值（eigenfactor score）、论文影响分值（article influence score）。

2）Altmetrics 的指标选择

从 Altmetrics 资源管理器（Altmetrics Explorer）获取的期刊数据应包括：期刊名称（title）、被提及文章数（articles mentioned）、所有时间 Altmetrics 总得分（sum of article scores，all time）、一年 Altmetrics 总得分（sum of article scores，in time frame，本例中为一年）、文章得分的中位数（median article score）、新闻报道（news stories）、Facebook Pages、Tweets、Blogposts、G+posts、F1000reviews、Reddit Stories。最终选取的变量指标为：所有时间 Altmetrics 总得分、被提及文章数、文章得分的中位数、一年 Altmetrics 总得分、新闻报道、Facebook Pages、Tweets、Blogposts、G+posts、F1000reviews、Reddit Stories。

3. 模型构建

1）模型构建的方法

主成分分析也称主分量分析，应用主成分分析的方法进行成分因子筛选，旨在利用降维的思想，把多指标转化为少数几个综合指标。在实际问题研究中，为了全面、系统地分析问题，我们必须考虑众多影响因素。这些涉及的因素一般称为指标，在多元统计分析中也称为变量。每个变量都在不同程度上反映了所研究问题的某些信息，并且指标之间彼此有一定的相关性，因而所得的统计数据反映的信息在一定程度上有重叠。在用统计方法研究多变量问题时，变量太多会增加计算量和增加分析问题的复杂性，人们希望在进行定量分析的过程中，涉及的变量较少，得到的信息量较多，所以本书应用这种方法来分别计算引文分析和基于 Altmetrics 指标的学术期刊影响力排名。

2）模型体系构建

从选择出来的引文分析法指标与 Altmetrics 的指标找出对期刊、论文、著作影响因子值比较高，贡献作用比较大的主成分进行深入研究、探讨。除此之外，还需对传达的数据信息采取解析因子的方式。第一步，检测原始变量的相互关联性，然后得出相关变量的相关系数矩阵。在采取分析因子方式的过程中，可以从每一个单独变量之间寻求它们共有的相关性因子。

并且，通过复杂的数学公式运算，计算得出它们之间共有的方差值，在它们之间进行特征值的选取。成分值和特征值，体现原有变量的贡献值，选取贡献值高的前几个因子作为主成分因子。再建立主成分因子的负荷矩阵，建立主成分模型，模型公式为

$$F_y = aF_1 + bF_2 + cF_3 \cdots$$

式中，1、2、3 是提取主成分因子的个数，最后，根据复杂的数学公式运算推导得到综合得分，根据其值建立综合得分矩阵，再依照其成分组成得分系数矩阵，依次得出其数学函数表达式。公式为

$$F_z = af_1 + bf_2 + cf_3 \cdots + gf_7$$

式中，$a,b,c \cdots g$ 为系数，f_x 为引文分析法及 Altmetrics 分析法的指标数值，z 代表主成分因子数。最终根据两个主成分方差贡献率进行加权，算出最终得分。如果想要在学术型期刊得到关于其的综合评论，这就需要学者对学术界传统的高质量期刊进行评论，并在其基础上对 Altmetrics 评价指标采取综合分析的方式，在原有分数的基础上通过运算加权方法得到整体的综合评分。另外，还要依据整体学术期刊的研究成果对前文中提到的两项重要指标的权重进行按部就班的比例权宜分配。

综合考虑国际期刊评价市场的发展前景与我国期刊评价的发展趋势，最终选择综合数据作为最终数据。根据检索的研究成果，可以得出采用 Altmetrics 的研究情况求出其与整体学术期刊评价研究的百分比。因此，在进行数据检索时选择以“学术期刊影响力评价”“补充计量学”“Altmetrics”等主题词作为高级检索的依据。

学术期刊影响力评价检索结果记为 D_1，替代计量学的检索结果记为 D_2，Altmetrics 的检索结果记为 D_3，所得公式为

$$q = \frac{D_2 + D_3}{D_1}$$

引文分析的最终得分记为 $F_{引}$，Altmetrics 的最终得分记为 F_A。综合得分的公式即为

$$F = F_{引}(1-q) + qF_A$$

3）模型框架

通过对引入 Altmetrics 指标的学术期刊影响力评价的可行性分析和体系构建研究之后，得到了最终的框架模型，见图 6-9。

第一级，选择引文分析的 7 个指标与 Altmetrics 的 11 个指标，作为变量。第二级，检测原始变量的相互关联性，然后得出相关变量的相关系数矩阵。在采取分析因子方式的过程中，可以从每一个单独变量之间寻求它们共有的相关性因子。通过数学公式运算，计算得出它们之间共有的方差值，在它们之间进行特征值的选取。并且用成分值和特征值，体现原有变量的贡献值，选取贡献值高的前几个因子作为主成分因子。再建立主成分因子的负荷矩阵，建立主成分模型，通过计算得出基于引文分析的学术期刊影响力与基于 Altmetrics 的学术期刊影响力。第三级，对分别得出的结果运用公式进行权重分配，最终得出引入 Altmetrics 指标的学术期刊影响力的综合评价结果。

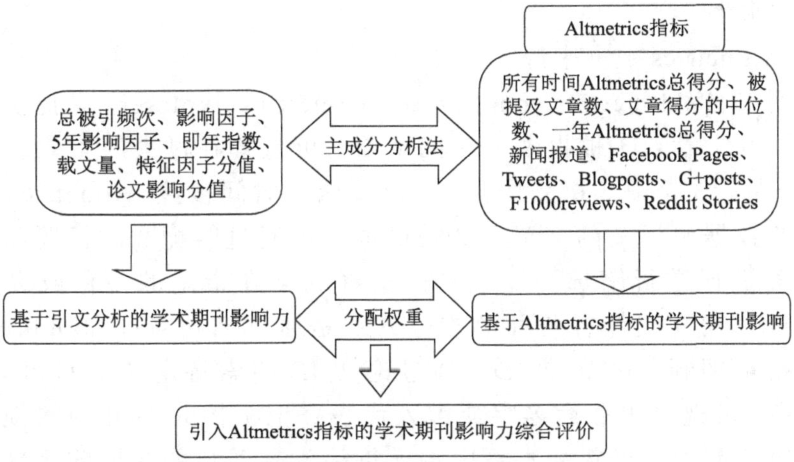

图 6-9　引入 Altmetrics 指标的学术期刊影响力评价体系框架

6.3.2　学术期刊影响力综合评价的实证分析——以图书情报学期刊为例

1. 数据的收集

1）引文分析法数据来源

以图书情报学期刊为研究对象，根据 Web of Science 的《期刊引证报告》（*Journal Citation Reports*，2015）共获取 30 种图书情报学期刊的详细情况，包括期刊的排名（rank）、名称（abbreviated journal title）、ISSN、JCR 数据（JCR data）和特征因子计量数据（eigenfactor metrics）。其中 JCR 数据包括总被引频次、影响因子、5 年影响因子、即年指数、载文量、被引半衰期；特征因子计量数据包括特征因子分值、论文影响分值。其中，特征因子分值和论文影响分值是 JCR 在 2007 年新增的两个评价指标。特征因子的提出是基于来自不同层次的期刊引用在计算期刊的引用次数时的权重应该是不同的，比如来自 *Nature* 和 *Science* 这种顶级期刊的引用的分量显然要比一些小刊大很多，这就与影响因子在计算引用次数时不分区别地对待来自不同期刊的引用的做法形成对比，特征因子据此来评价期刊的影响力。特征因子分值测度的是期刊的整体影响力，与被引用次数一样，会受到期刊载文量的影响，基于此，又提出了论文影响分值这一指标，其计算方法与影响因子类似。论文影响分值的平均值为 1，分值大于 1 表明该期刊论文的平均影响力高于 JCR 所收录期刊的平均水平，反之则表明其低于平均水平。

2）Altmetrics 数据来源

数据来自 Altmetrics.com 的产品 Altmetrics Explorer。它提供了多种途径来筛选文章：①被提及的时间范围。可选择在过去的 1 天、3 天、1 周、1 个月、3 个月、6 个月、1 年以及所有时间被该 Altmetrics.com 网站追踪的数据源提及的文章。②关键词。可通过匹配文章标题和作者姓名中的关键词进行筛选。③期刊。选择刊载在指定的一种或多种期刊上的文章。期刊选择有两种形式，分别是通过期刊名称和期刊的 ISSN 定位到指定期刊。④文章 ID。通过论文 ID 检索特定文章的相关信息。⑤出版商。可选择出版商名字或键入代表登记机构的 DOI 前缀锁定出版商。⑥句柄前缀。可在文本框中输入待检索的条目的句柄前缀来设置限定条件。⑦Medline 主题。类似于国内的后控词表，可输入心理学、神经学、心脏病学等，系统会自动匹配规范词表并提供列表，用户在其中选择感兴趣的主题。⑧主题。与 Medline 主题类似，但范围更广。⑨匹配 PubMed 查询。通过运行 PubMed 查询，获取查询结果，并将查询结果作为筛选文章的条件。⑩基金资助。排序依据 Altmetrics Explorer 提供了四种排序条件，分别是在选择的时间范围内的得分、总得分、在文献管理软件中的读者数被 Altmetrics 首次捕获的日期。文章以 Web of Science 年度期刊引证报告的社会科学版中的图书情报学类的 30 种期刊为基准，利用 Altmetrics Explorer 追踪学术成果在社会网络上的影响力功能，期刊为检索和过滤项，通过30种期刊的ISSN，获取它们在过去一年时间内在社会网络上的各影响力指标数据。本节所取数据采集时间为2017年3月20日[①]。Altmetrics Explorer提供了多种查看追踪结果的方式，分别是从文章、社交活动和期刊层面。本次研究主要是考察期刊影响力，所以选取第三种方式，以期刊为组织单位呈现数据，并利用Altmetrics Explorer提供的数据导出功能，获取所选期刊的数据。

2. 基于引文分析法的期刊影响力评价

由于30种期刊中存在被引半衰期缺省和大于10年的情形，因此，剔除掉该指标，选择总被引频次、影响因子、5年影响因子、即年指数、载文量，以及特征因子计量数据（包括特征因子分值、论文影响分值）7个指标进行主成分分析，找出这些指标中对期刊影响力贡献较大的指标[②]。经过初始筛选过的数据如表6-18所示。

表6-18 30种期刊基于JCR的7个指标数据

序号	ISSN	总被引频次	影响因子	5年影响因子	即年指数	载文量	特征因子分值	论文影响分值
1	2076-7783	8 705	5.405	8.157	1.103	58	0.103 70	2.792
2	1067-5027	5 937	3.932	4.185	1.251	211	0.013 59	1.238
3	0138-9130	5 129	2.274	2.296	0.329	255	0.011 14	0.677
4	1532-2882	5 126	2.232	2.381	0.291	186	0.013 09	0.840
5	1047-7047	4 393	1.925	4.258	0.644	59	0.007 11	1.872
6	0742-1222	3 021	1.479	3.305	0.125	40	0.003 49	1.046
7	1635-8816	2 653	2.019	1.954	0.151	123	0.005 46	0.573
8	1083-6101	2 368	1.869	4.346	0.236	28	0.005 02	1.802
9	1081-0730	1 925	1.069	2.355	0.456	115	0.003 88	0.743
10	0306-4573	1 836	1.654	1.481	0.471	89	0.003 88	0.637

① Mcguigan G S, Russell R S. The business of academic publishing: a strategic analysis of the academic journal publishing industry and its impact on the future of scholarly publishing [J]. Electronic Journal of Academic and Special Librarianship, 2008, 9(3): 1186-1187.

② 胡惠芳，万跃华. SCI、SSCI收录的图书情报学期刊评价指标[J]. 大学图书馆学报，2001, 19(4): 62-64.

续表

序号	ISSN	总被引频次	影响因子	5年影响因子	即年指数	载文量	特征因子分值	论文影响分值
11	0960-085X	1 441	3.789	2.619	0.215	37	0.003 75	0.983
12	0268-3962	1 228	2.045	4.917	0.600	21	0.002 37	1.874
13	0268-4012	1 169	3.580	2.243	0.189	93	0.005 13	0.509
14	1751-1577	1 153	1.035	3.692	0.071	95	0.001 80	1.181
15	0022-0418	1 046	1.128	1.395	0.117	41	0.001 96	0.530
16	0308-5961	981	1.087	1.506	0.433	85	0.001 29	0.371
17	0615-5515	937	2.033	1.385	0.211	60	0.002 01	0.504
18	0470-624X	879	2.571	2.014	0.769	60	0.000 69	0.420
19	0963-8687	878	1.333	3.130	0.119	19	0.001 10	0.949
20	1350-1917	832	0.979	2.780	0.176	26	0.001 49	1.052
21	1536-5050	716	1.598	1.086	0.700	42	0.001 83	0.342
22	0894-4393	701	0.596	1.686	0.391	51	0.001 42	0.701
23	0539-0184	600	0.963	0.604	0.059	30	0.001 30	0.280
24	0197-2243	598	1.384	1.195	0.042	23	0.001 45	0.585
25	0740-8188	562	1.443	1.562	0.069	36	0.001 15	0.561
26	1468-4527	558	0.575	1.489	0.182	48	0.000 57	0.419
27	0099-1333	528	1.333	0.838	0.161	72	0.001 68	0.323
28	0010-0870	480	1.338	1.632	0.363	33	0.001 13	0.508
29	0958-2029	429	0.932	1.452	0.682	31	0.000 50	0.518
30	1471-1834	424	0.262	0.454	0.636	44	0.001 68	0.378

利用统计工具 SPSS20.0 打开上述原始数据，7 个指标作为变量。选择对这些数据进行因子分析。首先对原有变量进行相关检验。

表 6-19 是变量所产生的相关系数矩阵。表中显示，所有的相关系数相对较高，每个变量呈现较强的线性关系，所以可以从中提取公共因子，比较适合进行因子分析。通过计算得巴特利特球形检验统计量为 649.814，相应的概率 sig.=0.000，所以可认为相关系数矩阵和单位阵有显著差异。通过检验 KMO=0.745，根据 Kaiser 给出的 KMO 度量标准可知原有变量可以进行因子分析。

表 6-19 相关系数矩阵

指标		总被引频次	影响因子	5 年影响因子	即年指数	载文量	特征因子分值	论文影响分值
相关	总被引频次	1.000	0.765	0.792	0.544	0.572	0.929	0.747
	影响因子	0.759	1.000	0.946	0.712	0.437	0.752	0.894
	5 年影响因子	0.792	0.946	1.000	0.701	0.318	0.718	0.975
	即年指数	0.644	0.712	0.701	1.000	0.327	0.619	0.659
	载文量	0.572	0.437	0.318	0.327	1.000	0.822	0.228
	特征因子分值	0.929	0.752	0.718	0.319	0.822	1.000	0.574
	论文影响分值	0.747	0.894	0.976	0.695	0.229	0.574	1.000
sig.	总被引频次		0.000	0.000	0.000	0.000	0.000	0.000
	影响因子	0.000		0.000	0.000	0.000	0.000	0.000
	5 年影响因子	0.000	0.000		0.006	0.007	0.000	0.000
	即年指数	0.000	0.000	0.006		0.000	0.000	0.000
	载文量	0.000	0.000	0.007	0.000		0.000	0.043
	特征因子分值	0.000	0.000	0.000	0.000	0.000		0.000
	论文影响分值	0.000	0.000	0.000	0.000	0.043	0.000	

表 6-20 中，“初始”列是因子分析初始解下的变量共同方差，“提取”列是在提取特征值时的共同方差。可以看到，所有变量的共同方差均较高，各个变量的信息丢失都较少。因此本次因子提取的总体效果较理想。

表 6-20 公因子方差

指标	初始	提取
总被引频次	1.000	0.900
影响因子	1.000	0.905
5 年影响因子	1.000	0.954
即年指数	1.000	0.550
载文量	1.000	0.963
特征因子分值	1.000	0.971
论文影响分值	1.000	0.952

“初始特征值”、“提取平方和载入”和“旋转平方和载入”形成 3 组数据，每组数据项含义依次是方差特征值、贡献率和累积方差贡献率（表

6-21）。可以得到，第一个成分的特征值为 5.281，解释原有 7 个变量总方差的 75.443%（5.281÷7×100%）；第二个成分的特征值为 1.132，解释原有 7 个变量总方差的 16.171%（1.132÷7×100%），累积方差贡献率为 90.205%。该次分析提取的因子数目为 2，两个主成分共解释了原有变量总方差的 90.205%。总体上，两个主成分反映了原有变量的绝大部分信息，主成分分析效果较理想。“旋转平方和载入”描述了最终因子解的情况。

第一个成分的特征值比较高，对解释原有变量的贡献最大；第三个及之后的成分的特征值都较小，对解释原有变量的贡献很小，已经可被忽略，因此提取两个主成分是合适的。

如表 6-21 所示，7 个变量在第一个主成分上的负荷都很高，意味着它们与第一个主成分的相关程度较高，与第二个主成分的相关程度较低。但对变量载文量来说，它在两个主成分上的负荷相近，且与第二个主成分的相关性相对偏高一些。由成分矩阵得到如表 6-22 所示的得分系数矩阵，进而确定成分 1、成分 2 分别对应的值 F_1 和 F_2。

表 6-21　成分矩阵

指标	成分 1	成分 2
总被引频次	0.925	0.210
影响因子	0.930	−0.203
5 年影响因子	0.927	−0.323
即年指数	0.786	−0.205
载文量	0.605	0.773
特征因子分值	0.910	0.377
论文影响分值	0.890	−0.399

表 6-22　得分系数矩阵

指标	成分 1	成分 2
总被引频次	0.046	0.254
影响因子	0.249	−0.050
5 年影响因子	0.307	−0.139
即年指数	0.227	−0.068
载文量	−0.280	0.634
特征因子分值	−0.038	0.375
论文影响分值	0.338	0.199

首先，采用两个主成分的方差贡献率确定成分权重。因为两个主成分在较大程度上反映了原有变量的很大一部分信息，它的累积方差贡献率达91.115%，所以主成分的方差贡献率可以作为综合评价的权重，于是两个主成分按各自的方差贡献率加权相加为综合评价得分。其计算公式为$F_{引} = 0.74F_1 + 0.16F_2$。由综合评价得分值的大小确定30种图书情报学期刊的影响力在传统的评价中表现出的结果，如表6-23所示。

表6-23　传统引文分析法的评价结果

排名	ISSN	综合得分	排名	ISSN	综合得分
1	2076-7783	3.41	16	0308-5961	0.16
2	1067-5027	1.64	17	0615-5515	0.10
2	0138-9130	1.64	18	0470-624X	0.07
4	1532-2882	1.50	19	0963-8687	0.05
5	1047-7047	1.27	20	1350-1917	0.04
6	0742-1222	1.06	21	1536-5050	−0.01
7	1635-8816	0.74	22	0894-4393	−0.04
7	1083-6101	0.74	23	0539-0184	−0.05
9	1081-0730	0.63	24	0197-2243	−0.07
10	0306-4573	0.61	25	0740-8188	−0.08
11	0960-085X	0.54	26	1468-4527	−0.09
12	0268-3962	0.41	27	0099-1333	−0.10
13	0268-4012	0.34	28	0010-0870	−0.17
14	1751-1577	0.22	28	0958-2029	−0.17
15	0022-0418	0.19	30	1471-1834	−0.27

3. 基于Altmetrics的期刊影响力评价

从Altmetrics Explorer获取的30种期刊的数据包括：期刊名称、被提及文章数、所有时间Altmetrics总得分、一年Altmetrics总得分、文章得分的中位数、新闻报道、Facebook Pages、Tweets、Blogposts、G+posts、F1000reviews、Reddit Stories。如表6-24所示，将各变量用数字表示，1到11分别代表被提及文章数、所有时间Altmetrics总得分、一年Altmetrics总得分、文章得分的中位数、新闻报道、Facebook Pages、Tweets、Blogposts、G+posts、F1000reviews、Reddit Stories。

表 6-24 基于 Altmetrics 的指标数据

序号	ISSN	1	2	3	4	5	6	7	8	9	10	11
1	2076-7783	9	43	19	2	2	10	2	1	0	0	0
2	1067-5027	372	3640	2057	4	57	3602	187	71	36	3	2
3	0138-9130	220	1482	1125	1	14	1460	57	52	16	2	1
4	1532-2882	96	1339	416	4	11	1083	33	78	9	1	0
5	1047-7047	40	139	74	1	2	97	21	2	0	0	0
6	0742-1222	11	25	25	1	2	13	1	0	0	0	0
7	1635-8816	55	87	66	1	1	108	3	0	3	0	0
8	1083-6101	157	3156	1721	4	104	2517	112	60	32	9	0
9	1081-0730	154	1377	1037	2	48	1127	30	21	2	0	0
10	0306-4573	36	121	83	2	0	65	5	6	0	0	0
11	0960-085X	28	68	48	1	1	7	5	0	0	0	0
12	0268-3962	32	134	121	2	1	166	3	0	0	0	0
13	0268-4012	46	139	118	1	5	123	18	1	0	0	0
14	1751-1577	63	502	136	2	11	385	17	19	16	0	0
15	0022-0418	43	194	118	1	5	133	3	12	2	0	0
16	0308-5961	40	155	139	1	11	85	3	1	0	0	0
17	0615-5515	94	274	128	0	3	278	12	13	3	0	0
18	0470-624X	41	184	129	1	1	208	7	2	3	0	0
19	0963-8687	13	35	23	1	0	33	4	1	0	0	0
20	1350-1917	23	44	32	1	0	55	6	0	3	0	0
21	1536-5050	118	771	319	2	0	711	58	33	8	1	0
22	0894-4393	88	396	323	3	3	441	9	8	5	0	0
23	0539-0184	42	136	124	1	2	100	3	5	1	0	0
24	0197-2243	45	156	105	2	2	105	4	12	2	0	0
25	0740-8188	26	124	97	1	1	98	20	6	1	0	0
26	1468-4527	34	205	85	2	1	88	7	15	5	0	0
27	0099-1333	108	606	396	2	0	723	20	20	1	0	0
28	0010-0870	95	765	751	5	0	776	53	27	13	0	0
29	0958-2029	38	303	216	3	0	402	8	3	1	0	0
30	1471-1834	83	448	398	3	3	560	14	5	4	1	0

由表 6-25 可知变量相关度较高，适合做因子分析。通过计算，巴特利特球形检验统计量为 1347.051，相应的概率 sig.=0.000，因此可认为相关系数矩阵与单位阵有显著差异。同时，KMO=0.762，根据 Kaiser 给出的 KMO 度量标准可知原有变量适合进行因子分析。所得因子方差如表 6-26 所示。

表 6-25　相关矩阵

指标		1	2	3	4	5	6	7	8	9	10	11
相关	1	0.905	0.921	0.466	0.660	0.937	0.903	0.612	0.822	0.550	0.607	1.000
	2	1.000	0.975	0.555	0.579	0.991	0.844	0.675	0.914	0.600	0.593	0.905
	3	0.975	1.000	0.555	0.853	0.977	0.926	0.815	0.882	0.754	0.710	0.921
	4	0.555	0.555	1.000	0.408	0.557	0.504	0.594	0.567	0.419	0.229	0.456
	5	0.875	0.875	0.408	1.000	0.825	0.760	0.536	0.765	0.800	0.411	0.600
	6	0.991	0.977	0.557	0.852	1.000	0.958	0.854	0.902	0.745	0.755	0.937
	7	0.944	0.926	0.504	0.760	0.793	1.000	0.793	0.905	0.711	0.183	0.903
	8	0.879	0.817	0.594	0.638	0.905	0.793	1.000	0.624	0.649	0.332	0.911
	9	0.800	0.710	0.419	0.677	0.771	0.905	0.824	1.000	0.790	1.000	0.922
	10	0.914	0.754	0.895	0.880	0.745	0.711	0.790	0.792	1.000	0.557	0.550
	11	0.396	0.910	0.229	0.411	0.755	0.756	0.596	0.653	0.330	0.331	0.801
sig.	1	0.000	0.000	0.000	0.000	0.000	0.000	0.000	0.000	0.000	0.000	
	2		0.000	0.000	0.000	0.000	0.000	0.000	0.000	0.000	0.000	0.000
	3	0.000		0.000	0.000	0.000	0.000	0.000	0.000	0.000	0.000	0.000
	4	0.000	0.000		0.000	0.000	0.000	0.000	0.000	0.000	0.000	0.000
	5	0.000	0.000	0.001		0.000	0.000	0.000	0.000	0.000	0.042	0.000
	6	0.000	0.000	0.000	0.001		0.000	0.000	0.000	0.000	0.000	0.000
	7	0.000	0.000	0.000	0.000	0.000		0.000	0.000	0.000	0.000	0.000
	8	0.000	0.000	0.000	0.000	0.000	0.000		0.000	0.000	0.000	0.000
	9	0.000	0.000	0.000	0.000	0.000	0.000	0.000		0.000	0.000	0.000
	10	0.000	0.000	0.001	0.000	0.000	0.000	0.000	0.000		0.000	0.000
	11	0.000	0.000	0.002	0.000	0.000	0.000	0.000	0.000	0.000		0.000

表 6-26　公因子方差

序号	初始	提取
1	1.000	0.936
3	1.000	0.956
4	1.000	0.960
5	1.000	0.937
6	1.000	0.985

续表

序号	初始	提取
7	1.000	0.939
8	1.000	0.810
9	1.000	0.886
10	1.000	0.936
11	1.000	0.927

各变量的共同方差均较高，各个变量的信息丢失都较少。因此本次因子提取的总体效果较理想。第一次尝试是 SPSS 基于特征值大于 1 的默认条件抽取因子，成分数目为 1，即只有 1 个主成分，它解释了原有 11 个变量总方差的 77.745%。为了减少分析过程中的信息丢失，决定增加因子的个数，在将因子个数确定为 3 时，3 个主成分将方差贡献率提高到 93.311%，从总体上反映了原有变量的绝大部分信息，主成分分析结果较为理想。经分析，从第 4 个因子开始特征值变化较小并且数值小，所以取三个因子进行分析比较合适。然后得到成分矩阵（表 6-27）和成分得分系数矩阵（表 6-28）。

表 6-27 成分矩阵表

序号	F_1	F_2	F_3
1	0.845	0.376	0.285
2	0.651	0.667	0.352
3	0.676	0.625	0.328
4	0.159	0.206	0.954
5	0.325	0.901	0.154
6	0.720	0.590	0.332
7	0.752	0.542	0.256
8	0.576	0.460	0.512
9	0.605	0.617	0.395
10	0.196	0.925	0.201
11	0.935	0.111	0.112

表 6-28 成分得分系数矩阵

序号	AF_1	BF_2	CF_3
1	0.303	−0.152	−0.005
2	0.054	0.120	0.010
3	0.091	0.086	−0.005
4	−0.202	−0.241	0.958

续表

序号	AF_1	BF_2	CF_3
5	−0.199	0.495	−0.212
6	0.132	0.038	0.006
7	0.183	0.011	−0.050
8	0.052	−0.064	0.288
9	0.040	0.092	0.066
10	0.293	0.546	−0.142
11	0.537	−0.301	−0.237

注：A、B、C 代表系数。

根据上述分析结果对 30 种期刊的影响力进行综合评价，并将基于 Altmetrics 的图书情报学期刊影响力排名结果展示如下。综合得分公式为

$$F_A = 0.78F_1 + 0.09F_2 + 0.07F_3$$

表 6-29　基于 Altmetrics 指标的排名结果

排名	ISSN	得分结果	排名	ISSN	得分结果
1	1067-5027	5.04	16	0539-0184	−0.10
2	0138-9130	2.48	16	1471-1834	−0.10
3	1536-5050	0.52	18	0022-0418	−0.14
4	1081-0730	0.49	19	1468-4527	−0.15
5	0099-1333	0.38	20	0308-5961	−0.17
6	0010-0870	0.37	21	0960-085X	−0.18
7	1532-2882	0.31	21	1350-1917	−0.18
8	0615-5515	0.30	21	0197-2243	−0.18
9	1751-1577	0.09	24	0958-2029	−0.20
10	0894-4393	0.04	25	0306-4573	−0.22
11	1047-7047	−0.05	26	0268-3962	−0.24
11	0268-4012	−0.05	26	0963-8687	−0.24
11	0470-624X	−0.05	28	0742-1222	−0.29
14	1635-8816	−0.06	29	1083-6101	−0.32
15	0740-8188	−0.07	30	2076-7783	−0.38

4. 基于引文分析与 Altmetrics 综合评价结果——以图书情报学期刊为例

1）基于引文分析法和基于 Altmetrics 的得分与排名对比

将基于引文分析的评价结果与基于 Altmetrics 的评价结果进行对比得到表 6-30。

表 6-30　基于引文分析法和基于 Altmetrics 的得分与排名对比

ISSN	引文分析得分	Altmertrics 得分	引文分析排名	Altmetrics 排名
2076-7783	3.41	−0.38	1	30
1067-5027	1.64	5.04	2	1
0138-9130	1.64	2.48	2	2
1532-2882	1.50	0.31	4	7
1047-7047	1.27	−0.05	5	11
0742-1222	1.06	−0.29	6	28
1635-8816	0.74	−0.06	7	14
1083-6101	0.74	−0.32	7	29
1081-0730	0.63	0.49	9	4
0306-4573	0.61	−0.22	10	19
0960-085X	0.54	−0.18	11	22
0268-3962	0.41	−0.24	12	26
0268-4012	0.34	−0.05	13	11
1751-1577	0.22	0.09	14	9
0022-0418	0.19	−0.14	15	18
0308-5961	0.16	−0.17	16	21
0613-3315	0.10	0.30	17	8
0470-624X	0.07	−0.05	18	11
0963-8687	0.05	−0.24	19	26
1350-1917	0.04	−0.18	20	22
1536-5050	−0.01	0.52	21	3
0894-4393	−0.04	0.04	22	10
0539-0184	−0.05	−0.10	23	16
0197-2243	−0.07	−0.18	24	22
0740-8188	−0.08	−0.07	25	15
1468-4527	−0.09	−0.15	26	19
0099-1333	−0.10	0.38	27	5
0010-0870	−0.17	0.37	28	6
0958-2029	−0.17	−0.20	28	25
1471-1834	−0.27	−0.10	30	16

从表 6-30 中可以看出，两种方法得出的结果有着一定的差别，其中最为明显的一点就是基于引文分析指标的排名第一的期刊在 Altmetrics 指标中却排名倒数第一。因此，针对出现的无规则和差异等特性，也应该综合以上两种测评标准对学术期刊的影响力进行测评。

2）综合评价的权重分配

把引文作为统计学依据的测评标准和基于 Altmetrics 的社会因子的测评标准是本书进行对比研究的两种标准，而两项指标的权重本书采取了根据 Altmetrics 的研究占据整个学术期刊评价的研究热度比例进行分配。

首先，本节进行了数据的采集。从全球形势分析，国内的研究相比较于美国等一些国家属于步伐缓慢，所以笔者在 Web of Science 数据库和 CNKI 数据库中分别做了关键词检索，两者所占比重非常近似。考虑 CNKI 数据库中年份的可视化，最终选择采用 CNKI 数据库检索出的数据，将确定权重研究范围的比例锁定在 CNKI 数据库中。对关键词“学术期刊影响力评价”进行检索得到结果为 1991 年出现第一篇关于此关键词的相关文献，共有文献 3149 篇。再对关键词 Altmetrics 进行检索，显示在 2012 年才出现此关键词的一篇相关文献，至今共有关于此关键词的文献 145 篇，而对关键词“替代计量学”进行检索，结果显示 2003 年出现关于替代计量学的相关文献。由检索结果发现，用 Altmetrics 的研究情况占据整个学术期刊评价研究的比例不是很准确，因此本书采用最近 3 年的数据进行检索。然后，通过计算权重，本节得到对图书情报学期刊的综合评价结果，如表 6-31 所示。

表 6-31　图书情报学期刊综合排名

排名	ISSN	得分	排名	ISSN	得分
1	2076-7783	2.8984	12	0268-3962	0.3223
2	1067-5027	2.0990	13	0268-4012	0.2874
3	0138-9130	1.7534	14	1751-1577	0.2025
4	1532-2882	1.3394	15	0022-0418	0.1455
5	1047-7047	1.0918	16	0615-5515	0.1270
6	0742-1222	0.8778	17	0308-5961	0.1155
7	1635-8816	0.6320	18	1536-5050	0.0616
8	1081-0730	0.6111	19	0470-624X	0.0538
9	1083-6101	0.5969	20	0963-8687	0.0109
10	0306-4573	0.5074	21	1350-1917	0.0103
11	0960-085X	0.4428	22	0894-4393	−0.0292

续表

排名	ISSN	得分	排名	ISSN	得分
23	0099-1333	−0.0352	27	0010-0870	−0.0971
24	0539-0184	−0.0568	28	1468-4527	−0.0981
25	0740-8188	−0.0787	29	0958-2029	−0.1741
26	0197-2243	−0.0849	30	1471-1834	−0.2471

6.3.3 小结

基于以上分析，我们总结出单独把引文分析指标作为评价学术期刊影响力的依据，这种方式是存在一定的弊端的，而且线上科学互相学习系统逐渐兴起，综合考虑这两个因素，我们不得不对评价期刊影响力的标准重新进行定义。在用户主导的互联网时代，评价学术期刊影响力的标准不应该只看它的被引用次数以及 JCR 中的数据，网络平台的盛行也促进了期刊形式的改变，所以网络方面的作用效果也应该被纳入评价范围。因此，评价期刊影响力的标准不应该仅注重引文方面，还要考虑周到，顺应时代的发展。

此外，已有的 Altmetrics 系统中文章方面的测评发展正趋于完善，但是社会上的各行各业对期刊测评重视度不高。即使在 Altmetrics.com 这个网站上能够检索到相关文章，但由于统计期刊影响力时并不考虑期刊的载文量，所以也无法实现期刊的对比。因此相较于外国，我国在这个范畴内的成就还是相对落后的，主要涉及我国线上学术交流系统不够健全以及测评系统所需要的硬件设施缺乏这两个方面。基于以上分析，我国应加快完善在线科学交流体系，并开发出追踪和收集该类数据的平台和工具，为国内的相关研究提供硬件的支持。

对期刊的测评应该基于全面考量这一基础，不能仅注重其数量，测评方式也不能太草率，要慎重。完整的测评系统应该包括目的、主体、客体、规范、方式、机制等六个方面。对期刊进行测评时，以测评的目的、主体和客体为依托，遴选出合适的规范和方式，并且严格遵守相应的规定。为了确保测评能够圆满完成，其各技术范畴测评体系健全的步伐需要加速，以实现测评机制对期刊繁荣的良性影响。考量期刊在某一学术领域内的作用效果时，可以把其收录文章的被引用次数这一数据作为测评的主要依据；考量期刊在网络上的作用效果时，可以把 Altmetrics 中相关的社会因子作为测评的主要依据。无论以上哪种测评标准，其所采用的数字都是很客观的，不过无法全方位地考量客体的基本状况，因此需要综合各种测评结果，才能实现对期刊影响力的准确评价。

6.4　基于 Altmetrics 的学术论文影响力评价

6.4.1　学术论文影响力评价指标

1. 基于文献计量学的学术论文影响力评价指标

学术论文作为科研人员重要的科研成果之一，其影响力不仅仅是科研人员在所属的科研领域中的学术地位以及科研人员所研究的内容所具有的科研学术价值,这只是学术论文作为学术影响力得到学术界和同行的认可。然而学术同行、专家只是社会群体中的一部分，能够同时被这部分群体外的社会大众所认知和了解，也就是我们经常提到的社会影响力，才是学术论文更广泛而全面的影响力。真正具有深远影响力的学术论文是应该被广泛传播以供人们学习和了解的，只有这样才能推动学术交流和研究，促进学术水平的提高。传统的基于文献计量学的学术论文影响力评价指标是通过引文分析对基于期刊、著者、机构、国别等学术论文的引用和被引用现象进行分析。总体来说，传统的基于文献计量学的学术论文影响力常用的测度指标包括自引率、被自引率、耦合强度、同被引强度、影响因子等。

1）自引率

在引用文献的行为中，可以引用自己以前发表的文献或其他作者的文献，也可以引用本学科领域的文献或其他学科专业的文献，还可以引用国内文献或国外文献等。这种限于本身范围内的引用我们称之为自引①。自引率就是自引次数占总引用次数的比例。根据“本身范围”的类型不同，我们可以将自引分为学科自引、著者自引、国家自引、机构自引、期刊自引等。

2）被自引率

被自引率是指文献被自引的次数与总被引次数的比值。它反映出被引用中有多少是被自己引用的①。自引率和被自引率可以多方面评价学术文献。如果自引率和被自引率都较高，说明该文献的影响力偏低，缺乏学术交流的意义和价值；只有自引率和被自引率都偏低时，才能在一定程度上

① 邱均平. 信息计量学[M]. 武汉：武汉大学出版社, 2007: 373-408.

说明该文献被广为引用，具有一定的学术价值和学术影响力。

3）耦合强度

当两篇文章同时引用一篇或多篇相同的文献时，这种现象称为引文耦合，这两篇文献就具有耦合关系①。两篇文献的耦合程度可以用耦合强度来度量。拥有相同的参考文献越多，说明这两篇文献的耦合强度越大。具有耦合关系的文献必然在研究内容上具有某种程度的相关性，同时也表明了被引用文献的学术重要性。

4）同被引强度

当两篇（多篇）论文同时被别的论文引用时，则称这两篇论文具有“同被引”关系①。通过引用它们的文献的多少来测度它们的同被引程度，同时引用这两篇论文的文献越多，说明这两篇文献的同被引强度越强。引文耦合与同被引分别从施引文献和被引文献的角度来度量学术论文的学术影响力。

5）影响因子

影响因子是期刊评价的重要指标，是指某期刊前两年发表的论文在该年的被引次数与该刊前两年发表的论文总数的比值①。影响因子越大，说明期刊的影响力越大，它从侧面反映了影响因子大的期刊发表的学术论文的影响力。

但引用文献是引用者对被引文献的一种个人主观认知和判断的过程，它受到引用动机和引用行为、引用程度等多重因素的影响。

2. 基于 Altmetrics 的学术论文影响力评价指标

传统的基于文献计量学的学术论文影响力侧重学者间通过相互引用、下载文献等学术交流方式而产生的影响力。这种学术交流方式在一定程度上体现了学术内容的相关性，但由于自身存在弊端，而且随着网络上社交工具的增多，信息传播的速度更快、信息受众面更广，越来越多的专家学者以及非学术领域群体通过在线社交媒体针对感兴趣的学术主题内容进行交流。因此提出基于 Altmetrics 的学术论文影响力评价指标，一方面克服以引文为主要衡量指标的评价方法的缺陷；另一方面结合网络环境下学术交流的特点，更全面、更科学地基于论文主题内容进行影响力评价，切实体现学术论文的意义和价值。

1）Altmetrics.com 评价指标

Altmetrics.com 工具追踪的数据源见图 6-10，主要分为社交媒体、传

① 邱均平. 信息计量学[M]. 武汉：武汉大学出版社，2007: 379-380.

统媒体、政策文件、线上文献管理平台。Altmetric 总得分并不是各种平台引用次数之和，而是各平台的引用次数乘以相应的权值之和，总分结果向上取整即为甜甜圈中间的分数。例如，公司会给更可能带来更大影响的新闻媒体 8 的权值，而给博客、论坛、Twitter、Facebook 分别 5、2.5、1、0.25 的权值，如果一篇论文被新闻媒体、Twitter、Facebook 提及的次数为 1 次、3 次、5 次，Altmetric 总得分的计算方式即为 $1\times8+3\times1+5\times0.25=12.25$，向上取整得到 13。然而权值也不是恒定的，比如一份地方报纸提及引用的影响力比不上一位著名科学家的 Twitter 转发，人为的恶意转发也容易混淆视听等。Altmetric.com 并没有给出权值具体的算法，官方只是表明考虑到了前面会出现的各种特殊情况。另外，官方也没有将线上文献管理平台的数据纳入 Altmetric 总得分的计算，因为他们只能追踪 Mendeley 或 CiteULike 下载、标记或引用的次数，而不能追踪这些行为在什么时候发生、来自哪些用户。官方也不断强调 Altmetric 总得分只是反映文章的受关注程度，并不能准确反映文章的质量。

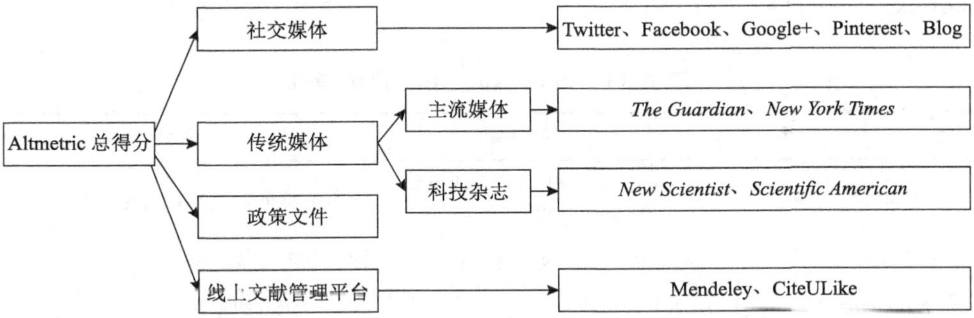

图 6-10 Altmetric.com 追踪的数据源类别及实例

2）PLOS 论文层面评价指标

PLOS 论文层面计量指标度量的是论文本身在各种渠道下传播的影响力。传统研究上，论文的影响力由出版刊物计量。但这种方式不能全面体现学术论文的整个影响力。论文层面评价指标是一套全面的影响力评价指标，通过许多方法来评估和定位最相关的指标，包括使用（usage）、引用（citation）、评论、社交网络提及、博客和媒体提及。对于每一篇在 *PLOS ONE* 发表的文章，研究人员可以日夜有效监测和实时关注文献的相关近况，并可以同合作者、资助者、机构等分享。这些指标也是一种监测和观察其他人的研究成果的强有力方式。而且还可以根据不同人员的需求进行指标定制。PLOS ALMs 包含的指标及数据源如表 6-32 所示。

表 6-32　论文层面评价指标

指标	数据源
使用	PLOS views、PDF、XML Download、PMC views
引用	PMC、CrossRef、Scopus、Web of Science
评论	Comments、Notes、Ratings
社交网络提及	CiteUlike、Mendeley、Twitter、Facebook
博客和媒体提及	Nature Blogs、ScienceSeeker、Research Blogging、Wikipedia、Trackbacks

3）Plum Analytics 的评价指标

Plum Analytics 将评价指标分为五种不同的类型，即使用、捕获、提及、社交媒体和引用。其中，使用包括点击、下载、视图、图书馆馆藏、视频播放，捕获包括书签、代码、收藏夹、阅读、观察，提及包括博客、评论、述评、Wikipedia，社交媒体包括+1 数、喜欢、分享等，引用包括 PubMed、Scopus、USPTO（表 6-33）。

表 6-33　Plum Analytics 评价指标

类型	指标	数据源	说明
使用	Abstract Views	dSpace、EBSCO、ePrints、PLOS、RePEc	一篇文章的摘要被浏览的次数
	Clicks	bit.ly、Facebook	网页点击次数
	Collaborators	GitHub	文献合作者的数量
	Downloads	Dryad、Figshare、GitHub、RePEc、SlideShare、SSRN、Institutional Repositories	文献被下载的次数
	Figure Views	Figshare、PLOS	一篇文章的数字已被浏览的次数
	Full Text Views	EBSCO、PLOS	文章的全文已被浏览的次数
	Holdings	WorldCat	持有这篇文献的数据库的数量
	HTML Views	EBSCO、PLOS	文章的 HTML 已被浏览的次数
	Link Outs	EBSCO	出站链接被点击到图书馆目录或链接解析器的次数
	PDF Views	dSpace、EBSCO、ePrints、PLOS	文献以 PDF 的形式被观看的次数
	Sample Downloads	EBSCO	文献内容已被采样的数量

续表

类型	指标	数据源	说明
使用	Supporting Data Views	EBSCO、PLOS	文献的支撑数据已被浏览的次数
	Views	Dryad、EBSCO	数据集已被查看的次数
捕获	Bookmarks	Delicious	文献已经被标记成书签的次数
	Favorites	SlideShare、YouTube	文献已被收藏的次数
	Followers	GitHub	文献或著者被关注的数量
	Forks	GitHub	存储库已经分叉的次数
	Readers	Goodreads、Mendeley	文献被添加到个人图书馆的数量
	Exports/Saves	EBSCO	这包括：文献已直接导出到书目管理工具或作为文件下载的数量；文献的摘要和 HTML 全文（如果可用）已被保存，通过电子邮件发送或打印的数量
	Subscribers	Vimeo、YouTube	认购并更新的人数
	Watcher	GitHub	人们围观文献更新的数量
提及	Comment counts	Facebook、Reddit、Vimeo、YouTube、SlideShare	评论有关该文献的数量
	Forum topic counts	Vimeo	文献主题在论坛上被讨论的次数
	Gist counts	GitHub	源代码库的访问量
	Links	Stack Exchange、Wikipedia	链接到该文献的数量
	Review counts	SourceForge	用户对该文献的评论数量
	Blog counts	Research Blogging、ScienceSeeker	有关该文献的博客文章数
	Reviews	Amazon、Goodreads	有关该文献的评语数
社交媒体	Likes	Facebook、Vimeo、YouTube	被喜欢的次数
	+1	Google+	文献已得到的+1 次数
	Ratings	SourceForge	文献的平均用户评分
	Recommendations	Figshare、SourceForge	文献已收到建议的数量
	Score	Reddit	在 Reddit 上的提及数
	Shares	Facebook	该文献的链接在 Facebook 上分享的次数
	Tweets	Twitter via DataSift	在 Twitter 上的提及数
引用	Cited by	CrossRef、USPTO、SSRN、PMC、RePEc、Scopus	文献在各数据库中被引用的次数

4）存在的问题

关于 Altmetrics 评价指标的研究越来越受到关注，国外的学者、科研机构和团体也提出了有关的评价指标并通过大量的实证研究验证了这些指标的可行性。这些指标的提出不仅拓宽了 Altmetrics 评价工作的广度，使评价指标更全面、更具体，而且加深了 Altmetrics 评价工作的深度；不仅从学术论文的受关注度这种主观性强的视角去度量一篇学术论文的学术影响力，更从学术论文内容质量的学术价值去深层次探讨学术影响力的真正内涵。但是随着研究的深入，我们发现这些评价指标不可避免地存在相应的弊端，主要体现在以下几个方面。

（1）没有一套完善的评价指标体系去度量不同的数据源。已有的评价指标体系是根据不同的 Altmetrics 研究工具提出的，而这些研究工具由于所属科研机构不同，跟踪监测的数据源也因此不尽相同。例如，Altmetrics.com 针对的是 CiteUlike 和 Mendeley 中的学术论文相关指标数据，ALMs 则是针对在 *PLOS ONE* 上发表的学术论文。这就容易造成大家的误解：是不是为了检测自己想要检测的数据源而“量身定制”了评价指标，从而使评价有了局限性。因为我们面对的不是单一的数据源，而是各种各样的数据源。如果不能针对所有的数据源进行统一标准的评价，那么评价就会缺乏公平性、科学性，评价工作就会失去意义。

（2）各指标没有明确的权重。由前面提出的各套评价指标我们可以看到评价指标的类型非常丰富，这当然在很大程度上体现了评价的全面性。但是我们也应该知道并不是所有的指标在同等程度地影响学术论文影响力，也就是说各指标之间的影响程度是存在差异的，不能统一标准。我们要根据不同层级的指标设置相应的权重。某一指标的权重是指该指标在整体评价中的相对重要程度。在进行评价时，要结合实际来量化被评价对象不同层面的重要性，不同程度地对待各评价指标在整个评价过程中的作用。这样才能实现客观的评价。

（3）各指标间的相关性以及各指标与引用次数的关联程度不是很明晰。现在大多数研究都是建立在已经提出的 Altmetrics 评价指标上，而有关这些指标能否作为学术论文影响力评价指标的研究却很少，各指标之间是否存在某种关联关系从而聚合为某一类指标反映学术论文在该层面上的影响力我们不得而知；这些指标对传统的学术论文影响力评价指标又有何种程度的影响，是否能够作为传统学术论文影响力评价指标的补充进而更全面、科学、客观地进行影响力评价有待我们进一步深入的研究。

6.4.2　评价模型构建与实证分析

针对目前基于 Altmetrics 的学术论文影响力评价相关研究的缺陷和不足，本书将从现有评价指标中结合现实分析处理的有关数据，构建基于 Altmetrics 的学术论文影响力评价模型。并应用该模型进行实证研究，验证该模型的可行性和同传统影响力评价模型在评价结果中的一致性。

1. 评价模型构建流程

传统评价模型的构建在指标的选取时，往往采用定性研究方法，通过发放问卷或从各评价指标的作用、评价动机、影响因素等各方面进行综合分析后得出结果。这样选出的评价指标具有主观性，不能较为客观真实地反映评价结果。本书则是结合具体的数据、采用科学的数据处理方法和工具，定量地进行指标的选取和权重的确定。其评价模型的构建框架主要分为三大步骤，即数据源的确定和数据的获取、数据处理、确定指标和权重，如图 6-11 所示。

第一，数据源的确定和数据的获取。由于 Altmetrics 研究的是学术论文在在线社交网络中基于交流过程的计量，因此这里的数据应包含两部分内容：一部分是被评价对象即学术论文的相关数据信息，另一部分则是学术论文在在线社交网络中基于交流过程的交互行为所产生的计量指标数据。并且这两部分数据必须要有某一文献特征属性使文献数据源和指标数据源之间建立连接，这一特征属性可以是文献 DOI、arXiv 等。我们可以从专门的文献管理平台获取文献数据，而指标数据则可以借助现有的 Altmetrics 研究工具得到，从而避免指标数据获取不全、不准确而造成的误差。

第二，数据处理。我们获取到的文献数据和指标数据，最终作为研究对象的则是各文献记录的指标数据，因此我们需要对指标数据进行处理。主要包括相关性分析和主成分分析。相关性分析是用来确定各指标间的关联程度，从而提取出相关性最强的指标、剔除关联性较弱的指标。这样可以使指标的代表性较强、评价的意义更突出，而且还会避免指标量过于繁多而造成评价质量降低等问题。有些指标在具体的被评价对象的具体评价维度中，其指标数据稀少并且与其他指标反馈的信息重复，因此可以考虑忽略这些指标的作用和价值。主成分分析则是将相关性较强的指标通过因子分析，利用共同因子使其聚类成协同影响被评价对象的影响因子，这些影响因子彼此之间是互不相关的、独立的成分，能够综合性反映被评价对象的评价层面的不同评价维度。常用的相关性分析和主成分分析工具有SPSS，其代表性的相关性测度方法包括皮尔逊相关、肯德尔相关、斯皮尔曼相关。

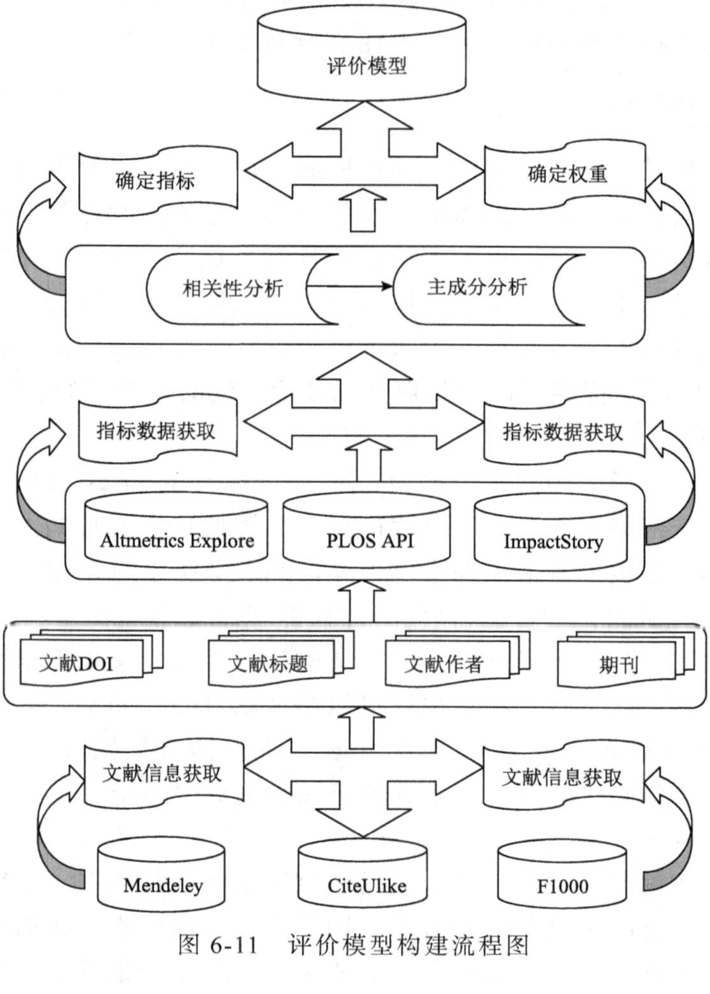

图 6-11　评价模型构建流程图

第三，确定指标和权重。无论是相关性分析还是主成分分析，最终的目的都是确定评价指标。本书中最终确定的评价指标就是主成分分析中确定的各主成分。而各个成分对被评价对象的评价层面的影响程度需要通过权重的赋予予以体现。常用的确定权重的方法主要有层次分析法和模糊综合评价法。

2. 实证分析

1）数据收集

本书利用免费、开放的文献管理平台 Mendeley 中的文献作为数据源，选取语言学这一学科中汉语言文学（Chinese Language and Literature）这一学科主题的相关学术论文作为目标文献，并指定文献类型为期刊论文，论文发表年限为 2012 年。由于学术论文从发表到被引用存在一定的时间差，故选择这一年限评价一篇论文可使其被引频次更具有说服力。然后借助 Altmetric Explore 获取相关指标数据，这里主要探讨的评价指标包括 News Outlets（Public Policy）、Blog、Twitter、Reddited、Facebook、Google+、Mendeley、CiteUlike、Wikipedia、Vedio、Peer review。通过获取 DOI 在 Google Scholar 中检索得到文献的被引频次。本书最终用到的文献记录为 297 篇。这里列出被引频次排在前十位的文献（表 6-34）。

表 6-34　被引频次统计表（前十位）

序号	标题	被引频次
1	A Review and Synthesis of the First 20 Years of PET and fMRI Studies of Heard Speech, Spoken Language and Reading	312
2	Speech and Language Therapy for Aphasia Following Stroke	192
3	Evaluating Conditions in Major Chinese Housing Markets	155
4	Executive Functioning in Children with Specific Language Impairment	82
5	Bilingual Effects on Cognitive and Linguistic Development: Role of Language, Cultural Background, and Education	78
6	The Communicative Function of Ambiguity in Language	78
7	Shared Syntax in Language Production and Language Comprehension—An fMRI Study	72
8	Framing the Egyptian Uprising in Arabic Language Newspapers and Social Media	71
9	Research Review: Structural Language in Autistic Spectrum Disorder â “Characteristics and Causes”	69
10	Working, Declarative and Procedural Memory in Specific Language Impairment	69

通过文献被引频次的统计分析，我们可以看到其分布基本服从指数分布：被引频次在 5 次以内（包括 5 次）的文献共有 88 篇，所占比例将近 30%；被引频次在 6～18 次的文献有 122 篇，约占总文献数量的 41%；被引频次在 18 次以上的文献有 87 篇，比例约为 29%。本书采取均值法确定

高被引文献，文中所有文献的总被引频次为 5249 次，平均被引频次为 17.67，因此高被引频次的临界值为 18（图 6-12）。

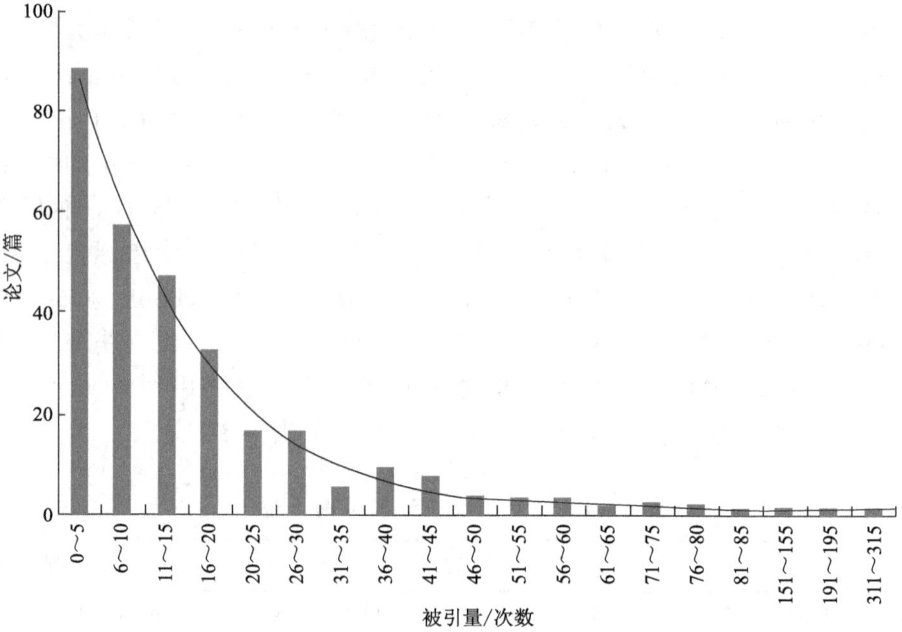

图 6-12　论文被引量统计图

此外，通过 Altmetric Explore 获取到了各指标数值，得出了各目标文献的 Altmetric 总得分。表 6-35 所示的是得分排在前 20 的文献及所对应的被引频次。从表 6-35 中可以看到，被引频次达到最高的 312 次的文献记录，其 Altmetric 总得分为 30，排在第 9 位；被引频次居第 2 位的文献，Altmetric 总得分排在第 29 位；在被引频次排名中分居第 5、6 位的文献，Altmetric 总得分并列第 18 位。虽然两个排名结果略有差异，但对比发现，整体上看，被引频次排名靠前的文献，它们的 Altmetric 总得分排名也是较为靠前的，而且 Altmetric 总得分排名前 20 的文献中高被引文献即被引频次在 18 次以上的文献就有 13 篇。这也在一定程度上说明了两个排名结果整体上的一致性。但是我们也不能忽略现实的问题，那就是非高被引论文也会有高 Altmetric 总得分值。表 6-35 中总得分排在第 4 位的文献其被引频次为 12 次、排在第 8 位的文献只被引用 7 次，而被引次数都只有 14 次的两篇文献其总得分也有所差异。这就需要我们对各评价指标与被引量间的关系进行研究，确定到底是哪些指标影响了被引量。

表 6-35　文献 Altmetric 总得分值前二十排名

序号	标题	被引频次	总得分
1	Growth of Language-Related Brain Areas after Foreign Language Learning	39	142
2	Positivity of the English Language	37	123
3	A Comprehensive Survey of Retracted Articles from the Scholarly Literature	55	80
4	Interactive Language Learning by Robots: the Transition from Babbling to Word Forms	12	65
5	Music and Early Language Acquisition	26	61
6	Second Language Processing Shows Increased Native-Like Neural Responses after Months of No Exposure	29	60
7	Revisiting Mental Simulation in Language Comprehension: Six Replication Attempts	23	43
8	Language Justice for Sign Language Peoples: the UN Convention on the Rights of Persons with Disabilities	7	31
9	A Review and Synthesis of the First 20 Years of PET and fMRI Studies of Heard Speech, Spoken Language and Reading	312	30
10	Grip Force Reveals the Context Sensitivity of Language-Induced Motor Activity during “Action Words” Processing: Evidence from Sentential Negation	14	28
11	The Communicative Function of Ambiguity in Language	78	26
12	A Practical Approach to Language Complexity: a Wikipedia Case Study	14	23
13	The Gendering of Language: a Comparison of Gender Equality in Countries with Gendered, Natural Gender, and Genderless Languages	25	23
14	Dating the Origin of Language Using Phonemic Diversity	16	22
15	Effectiveness of Semantic Therapy for Word Finding Difficulties in Pupils with Persistent Language Impairments: a Randomized Control Trial	9	22
16	Auditory Deficit as a Consequence Rather than Endophenotype of Specific Language Impairment: Electrophysiological Evidence	17	20
17	Bilingual Effects on Cognitive and Linguistic Development: Role of Language, Cultural Background, and Education	78	20
18	Language-Selective and Domain-General Regions Lie Side by Side within Broca’s Area	43	19
19	Structural Plasticity in the Language System Related to Increased Second Language Proficiency	44	19
20	A Bird’s Eye View of Human Language Evolution	25	18

而且，从获取到的指标数据来看（表 6-36），总分排名前十的这十篇文献中有八篇文献是有 News Outlets 这项指标数据的，排名十位之后的以

及排名靠后的文献是没有这项指标数据的，可见这项指标具有一定的重要性。另外，在 News Outlets 这一指标相同的情况下，在 Blog、Twitter 上的提及次数以及 Mendeley 读者数这几项指标数据越大，也越大程度上影响着最后的得分。值得注意的是，要想获得较高的综合得分，则必须在每个较为重要的指标中都获得较高的数据，这也体现了一篇学术论文的综合影响力。那么这些指标中哪些指标对最后的得分起支配作用，这些指标间是否构成相关性，是否具有综合、全面地反映学术论文影响力的指标特点，这需要我们做进一步分析。

表 6-36　总分排名前十的指标数据表（部分）

序号	总得分	News Outlets	Blog	Twitter	Facebook	Google+	Mendeley	CiteUlike
1	142	1	4	118	6	12	109	0
2	123	3	2	100	4	5	52	2
3	80	2	4	66	3	0	50	6
4	65	2	3	34	3	2	30	0
5	61	1	2	44	7	0	97	2
6	60	1	1	51	1	3	59	0
7	43	0	2	45	0	1	39	0
8	31	3	1	0	0	0	10	0
9	30	0	1	21	3	1	154	6
10	28	1	0	23	1	2	22	0

2）数据处理

（1）相关性分析。本书利用 SPSS 统计分析软件进行相关性分析，从而衡量各指标与被引量的相关密切程度。由此我们可以得到与被引量最相关的评价指标，构建评价模型。SPSS 提供了基于三种相关系数的分析方式即皮尔逊相关、肯德尔相关、斯皮尔曼相关，这里我们采用的是第一种方法。表 6-37 中列出了部分指标与被引量间的相关系数。从表 6-37 中我们可以看出，Mendeley 读者数这一指标与被引量之间的相关系数高达 0.601，CiteUlike 也高于 0.3，Blog、Twitter、Facebook 在 0.2 左右，News Outlets 和 Google+ 在 0.1 左右。而 Reddited、Vedio、Peer review 这三个指标与被引量间的相关系数值远小于 0.1，并且在获取指标过程中出现得比较少，绝大部分文献记录这几个指标值为 0。因此在后续研究中将不再考虑这几项指标。

表 6-37　相关性矩阵（部分）

	Citation	News Outlets	Blog	Twitter	Reddited	Facebook	Google+	Mendeley	CiteUlike
Citation	1.000	0.117	0.222	0.190	0.022	0.229	0.097	0.601	0.371
News Outlets	0.117	1.000	0.519	0.541	0.091	0.413	0.404	0.139	0.136
Blog	0.222	0.519	1.000	0.690	0.233	0.537	0.525	0.451	0.285
Twitter	0.190	0.541	0.690	1.000	0.189	0.589	0.761	0.397	0.256
Reddited	0.022	0.091	0.233	0.189	1.000	0.296	0.050	0.112	0.013
Facebook	0.229	0.413	0.537	0.589	0.296	1.000	0.520	0.356	0.178
Google+	0.097	0.404	0.525	0.761	0.050	0.520	1.000	0.318	0.033
Mendeley	0.601	0.139	0.451	0.397	0.112	0.356	0.318	1.000	0.323
CiteUlike	0.371	0.136	0.285	0.256	0.013	0.178	0.033	0.323	1.000

（2）主成分分析。主成分分析可以将具有相关性的指标归纳组合成彼此独立、共同影响目标对象的不同类别的指标，使同一类别中的各指标相关性更强、不同类别间的各指标相关性减弱，而且可以找出各类指标中起关键作用的细分指标。本书对前文中利用相关性分析提取的 Mendeley、CiteUlike、Wikipedia、Blog、Twitter、Facebook、News Outlets、Google+这八个指标进行主成分分析，从而构建出基于主成分的学术论文影响力评价模型。进行主成分分析的前提是各指标或变量间是相互关联的，并且存在的共性成分越多越好，这样才能保证分析的可行性。本书利用 SPSS 中的因子分析方法得到了各指标的相关系数矩阵，如表 6-38 所示。从表 6-38 中可以看出，各指标间具有一定的相关性，而且每个指标都有多个强相关的指标。

表 6-38　相关系数矩阵

	News Outlets	Blog	Twitter	Facebook	Google+	Mendeley	CiteUlike	Wikipedia
News Outlets	1.000	0.535	0.546	0.432	0.412	0.149	0.111	−0.035
Blog	0.535	1.000	0.696	0.539	0.526	0.455	0.299	0.126
Twitter	0.546	0.696	1.000	0.613	0.765	0.403	0.259	0.007
Facebook	0.432	0.539	0.613	1.000	0.543	0.349	0.176	0.035
Google+	0.412	0.526	0.765	0.543	1.000	0.326	0.037	−0.009
Mendeley	0.149	0.455	0.403	0.349	0.326	1.000	0.332	0.053
CiteUlike	0.111	0.299	0.259	0.176	0.037	0.332	1.000	0.176
Wikipedia	−0.035	0.126	0.007	0.035	−0.009	0.053	0.176	1.000

此外，本书还进行了 KMO 检验和巴特利特球形检验。从表 6-39 所示的检验结果中可以看到 KMO 值为 0.801。一般情况下 KMO 值在 0～1，而且越接近 1 说明指标间的共同因子越多、共性越强，越容易提取公因子。因此验证了本书样本数据可以进行可行性分析。

表 6-39 可行性检验结果表

项目		检验结果
取样足够度的 KMO 度量		0.801
巴特利特球形检验	近似卡方	884.946
	df	28
	sig.	0.000

虽然样本数据能够进行主成分分析，而且各指标间也具有共性，但这些共性能否准确反映各指标的原始信息需要我们进行验证，而且如何选取主成分将各强关联的指标聚类到一起是关键、核心问题，直接决定评价模型的构建。表 6-40 是各指标的公因子方差表和解释的总方差。从公因子方差表中可以看到各指标的公因子方差介于 0.4～0.9，表明提取出的公因子能够反映各指标的原始信息。

表 6-40 各指标的公因子方差表

指标	初始	提取
News Outlets	1.000	0.511
Blog	1.000	0.713
Twitter	1.000	0.823
Facebook	1.000	0.590
Google+	1.000	0.687
Mendeley	1.000	0.463
CiteUlike	1.000	0.621
Wikipedia	1.000	0.434

从解释的总方差表中可以看到，只有两个成分的初始特征值大于 1，而且这两个成分的累积方差较大，这说明八个原始指标可以划分归类到两个主成分中（表 6-41）。

表 6-41　各指标解释的总方差表

成分	初始特征值			旋转平方和载入		
	合计	方差百分比/%	累积百分比/%	合计	方差百分比/%	累积百分比/%
1	3.592	44.901	44.901	3.592	42.417	42.417
2	1.249	15.609	60.510	1.249	18.092	60.510
3	0.892	11.153	71.663			
4	0.735	9.183	80.846			
5	0.534	6.673	87.519			
6	0.482	6.028	93.547			
7	0.342	4.278	97.826			
8	0.174	2.174	100.000			

为了进一步验证主成分划分的正确性，我们可以考虑采用 SPSS 中提供的碎石图进行主成分解析。利用碎石图分析主成分数，主要判断的依据是图中曲线拐点位置。拐点之前包括拐点在内的点数就是主成分数。图 6-13 是被研究的评价指标的特征值碎石图，从图中我们可以清晰地看到，拐点出现的左边区域有且仅有两个点，再一次验证了主成分数。

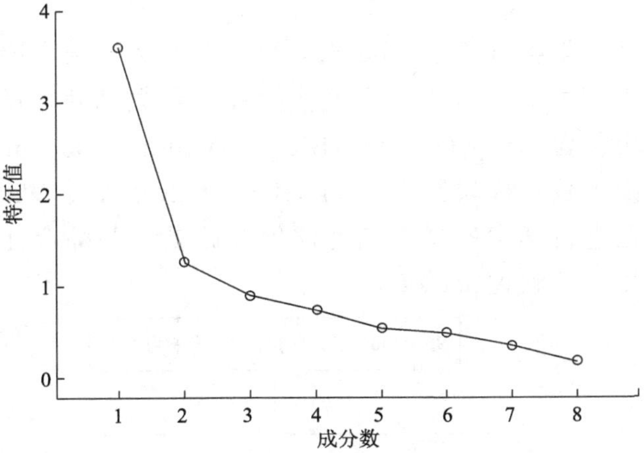

图 6-13　特征值碎石图

3）评价模型构建

（1）确定评价指标。在用 SPSS 进行因子分析时，我们可以通过 Oblimin 算法得到各变量与主成分之间的相关系数矩阵即载荷矩阵，通过系数值的大小我们可以确定各主成分所应包含的指标。表 6-42 是成分结构表。从表 6-42 中我们可以看到 News Outlets、Blog、Twitter、Facebook、Google+这五个指标与主成分 1 密切相关，Mendeley、CiteUlike、Wikipedia 这三个指标与主成分 2 的相关系数较高。而且可以发现，主成分 1 中所包含的指标主要是测度学术论文在在线社交媒体和传统媒体中，通过在线社交过程中的交互行为以及媒介传播所产生的影响力，我们可以认为是媒介交流传播因子；主成分 2 则是对学术文献所拥有的读者数以及与该学术文献内容相关的搜索查询，从社会人群量的累加上侧面反映影响力，我们可以认为是读者数量因子。

表 6-42　成分结构表

指标	成分	
	1	2
News Outlets	0.660	−0.274
Blog	0.839	0.093
Twitter	0.899	−0.123
Facebook	0.762	−0.098
Google+	0.777	−0.288
Mendeley	0.573	0.368
CiteUlike	0.356	0.703
Wikipedia	0.078	0.654

由此我们可以得到基于 Altmetrics 的学术论文影响力评价模型，如图 6-14 所示。该模型主要包含媒介交流传播和读者数量两大模块。其中，媒介交流传播模块包含 News Outlets、Blog、Twitter、Facebook、Google+这几个指标，而读者数量模块则有 Mendeley、CiteUlike、Wikipedia 这三个指标。该模型在进行学术论文影响力评价方面是具备综合性、可行性、科学性的，能够真实反映评价结果。

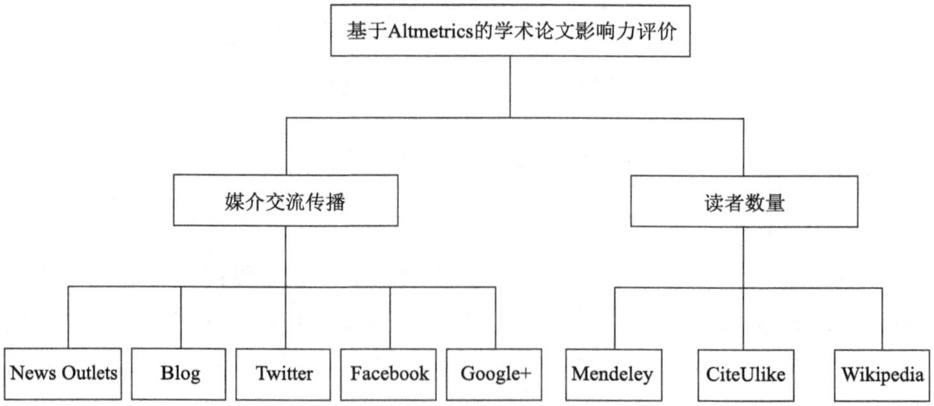

图 6-14　学术论文影响力评价模型

第一，综合性。模型中最终确定的两大影响力因素中涉及的指标较为综合全面。媒介交流传播这方面因素中确定的 Blog、Twitter、Facebook、Google+这几个社交工具是当前应用得最为广泛的，而且侧重的社交交流行为也是具有代表性的。Blog 主要聚焦评论即社交群体对事物认知的具体看法、意见和建议，是对事物关注程度较为深层次的解读；Twitter、Facebook 聚焦推荐、转发等行为，通过组建统一组群大家相互分享自己的所知、所想，也有他人的所感和所悟；Google+类似于国内微信，它能够在一定程度上反映事物的受关注程度，是人们关注某一事物的一种表现，但同时也是较为浅层次的理解。所以这几个指标从不同程度体现了影响等级。而读者数量这一影响因素中包含的 Mendeley 和 CiteUlike 是较为常用的文献资源管理工具，并且经过大量研究证明是较为理想的 Altmetrics 数据源。因此该模型确立的指标具有较高的综合全面性。

第二，可行性。这里的可行性指的是数据获取的可行性。这里的评价指标数据我们可以借助 Altmetrics.com 获取，也就是说各个指标数据是可以得到的，不存在无法获取的指标数据。事实上不能获取的指标数据是不足以成为评价指标的。

第三，科学性。从评价指标数据的获取、指标数据的处理到最终评价指标的选取，我们都是依靠科学的数据处理方法包括相关性分析和主成分分析等方法并结合数据统计分析软件 SPSS 进行数据相关操作的。这样避免了人工统计数据的偏差和难以获取的弊端以及人工数据处理的难度大、任务重、错误率高的不足，有效地提高了数据指标的准确性，有助于提高评价结果的准确性。

（2）确定指标权重。在确定了各项评价指标后，我们需要对各指标在评价过程中的重要程度进行度量。通过 SPSS 软件我们可以得到各成分的得分系数矩阵，如表 6-43 所示。由此可以写出各成分的得分公式，并将成分因子的方差贡献率占累积贡献率的比重作为各成分因子的权重。我们将第一个影响力因子即媒介交流传播记为 AIF_1，第二个影响力因子读者数量记为 AIF_2，将基于 Altmetrics 的学术论文影响力记为 AIF。

表 6-43　成分得分系数矩阵

指标	成分	
	1	2
News Outlets	0.221	−0.141

续表

指标	成分	
	1	2
Blog	0.216	0.152
Twitter	0.264	−0.005
Facebook	0.223	0.000
Google+	0.255	−0.140
Mendeley	0.102	0.332
CiteUlike	−0.006	0.562
Wikipedia	−0.075	0.498

从表中得到 AIF_1、AIF_2 的得分公式分别为

$$AIF_1=0.221News\ Outlets+0.216Blog+0.264Twitter+0.223Facebook+0.255Google++0.102Mendeley-0.006CiteUlike-0.075Wikipedia$$

$$AIF_2=0.152Blog-0.141News\ Outlets-0.005Twitter-0.140Google++0.332Mendeley+0.562CiteUlike+0.498Wikipedia$$

从各指标解释的总方差表里可以知道 AIF_1 的方差贡献率占累积贡献率比重为 0.701，而 AIF_2 的比重为 0.299。也就是第一个成分因子 AIF_1 的权重记为 $\lambda_1=0.701$，$\lambda_2=0.299$。从而本书最终的学术论文影响力 AIF 的计算公式为 $AIF=\lambda_1\times AIF_1+\lambda_2\times AIF_2$。由此我们可以得到该评价模型下学术论文影响力的排名。

3. 评价结果分析

1）各指标分析

表 6-44 列出了排名前十的 AIF 值及各自的 AIF_1 值和 AIF_2 值。从表中我们可以看出，AIF 值排名最高达到将近 44 分，与第二名相差十几分。而第三名与第四名、第五名与第六名等后续排名间的差距较小。特别是第七名与第八名间仅相差 0.19762 分，差距微乎其微。究其原因我们发现，在 AIF 值排名前十位中第六名和第八名的 AIF_1 值和 AIF_2 值虽然都不偏高，但二者都比较均衡，因此综合排名靠前。而其他的要么 AIF_1 值偏高要么 AIF_2

值偏高，总有一个指标值偏高从而带动综合排名的偏高。由此我们知道，综合排名的高低不仅仅取决于单个指标的排名，指标间的均衡也很重要。

表 6-44　AIF 值排名（前十位）

序号	AIF_1 值	AIF_2 值	AIF 值
1	47.753	34.385	43.755 968
2	22.281	54.905	32.035 576
3	34.954	17.069	29.606 385
4	20.172	49.596	28.969 776
5	23.712	33.271	26.570 141
6	24.463	19.968	23.118 995
7	14.889	33.694	20.511 695
8	20.907	18.924	20.314 083
9	12.814	31.996	18.549 418
10	11.017	27.072	15.817 445

另外，就单个指标而言，AIF_1 值前十位的排名结果与综合排名即 AIF 值排名结果具有一致性，虽然具体的排名次序有所差异。而 AIF_2 值前十位排名结果却与 AIF 值排名结果存在较大差异，AIF 值排名第三位、第六位和第八位的，AIF_2 值跌落至第二十六位、第十四位和第十九位。由此可见，AIF_1 值在整个评价指标中占据重要地位。这一点从细分的指标数据图中可见一斑。

2）影响力评价对比分析

从 AIF 值排名前十位文献的被引频次来看（表 6-45），AIF 值排在第二位的文献同时也是被引量最高的文献，这十篇高 AIF 值文献中有 4 篇文献同样是被引量排名前十的文献。而且这十篇文献都是高被引文献，而在 Altmetric 总得分前十名的排名中存在非高被引文献。这在一定程度上反映了该评价结果与传统基于引文量的评价结果具有一致性。为了进一步验证这一结论，我们可以进行对比检验。同高被引论文的确定方法相同，我们将 AIF 值大于均值 4.88 的文献确认为高 AIF 值文献。统计得出高 AIF 值的 99 篇文献中有 61 篇高被引文献（被引频次大于 18），而 87 篇高被引文献中同样也有 61 篇高 AIF 值文献。而剩下的 101 篇高 AIF 值非高被引频次的文献中被引频次在 10～18 次的有 23 篇，所占比例将近 61%。被引频次小于 10 次的有 10 篇。

表 6-45　AIF 值排名前十的文献

序号	标题	被引频次	AIF 值
1	Growth of Language-Related Brain Areas after Foreign Language Learning	39	43.755 968
2	A Review and Synthesis of the First 20 Years of PET and fMRI Studies of Heard Speech, Spoken Language and Reading	312	32.035 576
3	Positivity of the English Language	37	29.606 385
4	The Communicative Function of Ambiguity in Language	78	28.969 776
5	Music and Early Language Acquisition	26	26.570 141
6	A Comprehensive Survey of Retracted Articles from the Scholarly Literature	55	23.118 995
7	Language-Selective and Domain-General Regions Lie Side by Side within Broca's Area	43	20.511 695
8	Second Language Processing Shows Increased Native-Like Neural Responses after Months of No Exposure	29	20.314 083
9	Bilingual Effects on Cognitive and Linguistic Development: Role of Language, Cultural Background, and Education	78	18.549 418
10	Framing the Egyptian Uprising in Arabic Language Newspapers and Social Media	71	15.817 445

前文中列出了基于被引量的论文量统计，其分布基本服从指数分布。这里我们将 AIF 值划分区间，看论文量的分布是否仍趋于指数分布。如图 6-16 所示，从图中我们可以看到基于 AIF 值的论文量分布也为指数分布，而且绝大多数论文的 AIF 值较低处，且分布于曲线的前端。随着 AIF 值的增大，论文量减少。通过计算，AIF 的均值为 4.88，而 AIF 值大于均值的文献有 99 篇，约占总论文数量的 33%。这与高被引文献的比例 29%基本相近。

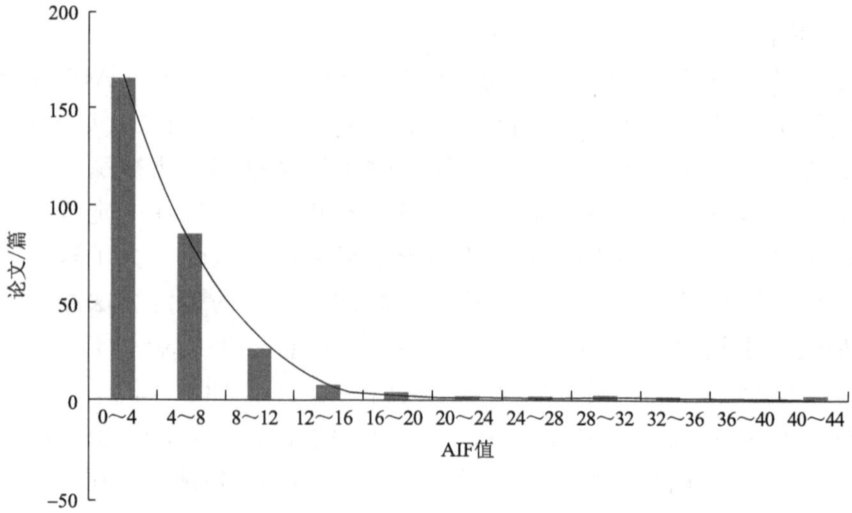

图 6-16　基于 AIF 值的论文量分布图

此外，我们通过被引量与 AIF 值之间的肯德尔系数检验了两评价结果间的一致性。肯德尔系数可以用来度量两个或多个等级变量间的相关程度，越相关说明这两个变量所代表的评价结果一致性越强。将这两个变量值导入 SPSS 中进行相关性分析，得到基于肯德尔系数的两变量间的相关系数值为 0.461，如表 6-46 所示。虽然具有一定的相关性，但显著程度不是很明显。这也说明，基于 Altmetrics 的学术论文影响力评价对传统的基于文献计量学的学术论文影响力评价有所补充，但还是存在一定差异的。

表 6-46　相关系数表

			AIF 值	Citation
肯德尔系数	AIF 值	相关系数	1.000	0.461**
		sig.（双侧）	0.000	0.000
		N	297	297
	被引量	相关系数	0.461**	1.000
		sig.（双侧）	0.000	0.000
		N	297	297

注：**表示相关性在 0.01 水平上显著（双尾）。

6.4.3　小结

虽然基于 Altmetrics 的学术论文影响力评价指标同传统的引文指标一样能够表征学术论文的影响力，并且在一定程度上同引文指标在评价结果上具有一致性，但它还是并不能够完全取代引文指标。

首先，二者侧重的影响力方面有所不同。基于 Altmetrics 的评价指标主要是从学术文献的读者数以及它们通过在线社交媒体进行交流过程中的推荐、评论等交互行为和传统媒介的社会传播深度来度量，其影响力偏向社会影响力及社会关注度，而较少涉及就论文质量而言的学术影响力。虽然通过前面的实证研究我们可以知道，拥有较高社会影响力和社会关注度即高 Altmetrics 指标的学术论文同样具有一定的学术影响力，但可能仍不如专门评判学术影响力指标更令人信服。当然，学术论文作为一种重要的科研成果，其相关研究最终的目的还是要推动整个社会的进步，其深远的社会影响力和广泛的社会关注度是不可或缺的。

其次，Altmetrics 现有的评价指标也是存在问题的。通过前文的主成分分析我们了解到，提出的诸多 Altmetrics 指标看似比较全面、多样，但没有重点。很多指标由于社交工具、社交形式以及所产生的社交结果不具备大众性、熟悉度，导致相关指标数据不宜参与到评价中。例如实证中的 Reddited、Vedio、Highlighted 等指标在获取到的数据中比较稀少，只有少数几条文献记录可以参考，因此在进行评价时我们要有综合性和代表性的指标。另外，对各指标权重的确立也比较随意，没有很好的解释说明。

最后，基于 Altmetrics 的学术论文影响力评价有其自身的作用和价值。其作为传统影响力评价所没有涉猎的社会影响力层面的补充，能够发挥预测高被引论文的作用。因为通过实证我们发现，Altmetrics 指标高（本书指的则是高 AIF 值）的学术论文说明是大家受关注的论文，而之所以受关注则也反映了其学术影响力。这就有效地避免了由于假引用、马太效应等造成的引文量所引发的弊端，挖掘出真正意义上具有引用价值的文献。我们愿意对高被引、学术价值高的论文进行推荐、讨论、评论等，从而有助于该学术论文进行更广泛的传播、实现资源更广阔和高效的共享。

参 考 文 献

埃弗雷特·M.罗杰斯. 2002. 创新的扩散(第4版). 辛欣译. 北京: 中央编译出版社.
白文倩. 2012. 基于引文分析方法的教育技术学科知识图谱构建. 华中师范大学硕士学位论文.
本刊讯. 2013. NISO计划为补充计量制定标准和推荐做法. 现代图书情报技术, (9): 66.
毕经元. 2010. 基于Web2.0的知识元链接网络系统. 浙江大学硕士学位论文.
蔡毅. 2003. 建立一套良好的学术评价体系. 学术界, (6): 58-72.
曹丽江, 周毅. 2016. 基于元分析的Altmetrics指标与传统引用指标相关性研究. 情报理论与实践, 39(8): 49-53.
常唯, 曹会聪, 曹金, 等. 2016. 国际科技期刊同行评议的实践与特点. 中国科技期刊研究, 27(1): 10-17.
陈必坤. 2014. 学科知识可视化分析研究. 武汉大学博士学位论文.
陈和. 2015. 替代计量学与传统计量学比较研究. 中国教育网络, (6): 68-70.
陈明亮, 邱婷婷, 谢莹. 2014. 微博主影响力评价指标体系的科学构建. 浙江大学学报(人文社会科学版), 44(2): 53-63.
陈铭. 2014. 期刊利用统计与Altmetrics的兴起. 图书与情报, (1): 12-17.
陈为, 沈则潜, 陶煜波. 2013. 数据可视化. 北京: 电子工业出版社.
陈小清, 刘丽, 邢美园. 2017. 单篇论著影响力评价指标比较分析——学术迹与Altmetrics评分、F1000评分、Comment的比较. 情报理论与实践, (3): 114-118.
陈晓平, 许卓明. 2002. 一种基于超级链接结构的WWW模糊聚类算法. 常州技术师范学院学报, (6): 47-52.
陈雅, 郑建明. 2005. 基于科学交流的网络文献交流模式分析. 情报科学, (10): 1516-1520.
陈悦, 陈超美, 胡志刚, 等. 2014. 引文空间分析原理与应用. 北京: 科学出版社.
陈悦, 陈超美, 刘则渊, 等. 2015. CiteSpace知识图谱的方法论功能. 科学学研究, 33(2): 242-253.
程菲. 2016. 科技论文影响力综合评价研究. 中北大学硕士学位论文.
程菲, 段庆锋. 2015. 不同类型科技论文评价指标对比分析. 情报探索, (10): 119-123, 128.
程艳丽. 2010. 期刊及其学术论文的评价方法及思考. 河南大学学报(社会科学版), 50(2): 152-156.

崔宇红. 2013. 从文献计量学到 Altmetrics: 基于社会网络的学术影响力评价研究. 情报理论与实践, 36(12): 17-20.

邓肯·J. 瓦茨. 2006. 小小世界. 陈禹等译. 北京: 中国人民大学出版社.

邓秀林. 2013. 人文社科期刊被转载论文学术影响力研究. 河南工业大学学报(社会科学版), (4): 116-118.

丁佐奇, 郑晓南. 2009. 期刊影响因子、论文被引证次数与学术质量评价的矛盾分析. 中国科技期刊研究, 20(2): 286-288.

董尔丹, 胡海, 张俊. 2014. 学术评价应更科学. 科学通报, 59(1): 96-106.

董建军. 2013. 中国知网收录的基金论文资助现状和被引情况分析. 中国科技期刊研究, 24(2): 307-312.

董立平. 2010. 两种信息可视化工具在学科知识领域应用的比较研究——人胚胎干细胞文献分析. 中国医科大学硕士学位论文.

都蓝. 2008. 知识组织在 Wiki 中的应用探析. 图书馆学研究, (5): 38-41

段宇峰. 2004. 网络链接分析与网站评价研究. 武汉大学博士学位论文.

鄂维南. 2017. 中科院院士鄂维南：数据科学的基本内容. http://www.sohu.com/a/131167937_465944 [2019-04-13].

樊学明, 彭鼎原, 沈丹. 2015. Altmetrics在科技期刊资源评价中的应用研究. 中国科技资源导刊, (2): 98-103.

范柏乃, 单世涛, 陆长生. 2002. 城市技术创新能力评价指标筛选方法研究. 科学学研究, 20(6): 663-668.

方卿. 2001a. 基于载体的科学信息发布模型初探. 情报杂志, 20(11): 18-20.

方卿. 2001b. 论网络环境下科学信息交流载体的整合. 情报学报, 20(3): 290-294.

冯志伟. 1997. 自然语言的计算机处理. 中文信息, (4): 26-27.

符敏慧, 张健兰. 2004. 期刊影响因子和网络影响因子与科技期刊评价. 情报杂志, 23(8): 120-121.

付志平, 邵慰. 2007. 学术论文影响力评价系统的动态模型设计. 沈阳师范大学学报(自然科学版), 25(4): 520-522.

高初建. 2014. 科技的竞争就是人才的竞争. http://opinion.people.com.cn/n/2014/0610/c1003-25130909.html [2019-04-23].

宫广宇. 2011. 对社交网络信息传播模式与效果的思考——以人人网为例. 传媒论坛, (4): 22-25.

顾立平. 2013a. 开放数据计量研究综述: 计算网络用户行为和科学社群影响力的 Altmetrics 计量. 现代图书情报技术, (6): 1-8.

顾立平. 2013b. 论文级别计量研究: 应用案例分析. 现代图书情报技术, (11): 1-7.

顾立平. 2015. 数据级别计量——概念辨析与实践进展. 中国图书馆学报, 41(216): 56-71.

郭飞, 游滨, 薛婧媛. 2016. Altmetrics热点论文传播特性及影响力分析. 图书情报工作, (15): 86-93.

郭红梅, 谢娟, 金晶, 等. 2011. 学术论文评价指标的发展过程. 科技管理研究, (9): 65-67.

郭丽芳. 2005. 评价论文学术质量的文献计量学指标探讨. 现代情报, (3): 11-12.
郭美荣, 苏学. 2010. 科学计量学前沿演进可视化研究. 情报杂志, 29: 1-4.
郭庆光. 2011. 传播学教程. 北京: 中国人民大学出版社.
郭随磊. 2015. 中国新能源汽车产业政策工具评价——基于政策文本的研究. 工业技术经济, (12): 114-119.
韩冰. 2008. Web2.0 时代下的博客传播分析. 吉林大学硕士学位论文.
韩婧. 2014. 《PLOS ONE》开放获取出版模式研究. 编辑学报, 26(2): 202-204.
韩圣龙. 2001. 网络信息检索工具评价指标. 情报学报, 20(4): 471-477.
韩毅. 2016. 非正式交流回归语境下科技评价的融合路径取向. 中国图书馆学报, 42(224): 64-74.
何文. 2015. Altmetrics 与引文分析法在期刊影响力评价上的相关性研究. 南京大学硕士学位论文.
何汶. 2008. 中国学术期刊影响力评价分析. 重庆大学学报(社会科学版), 14(2): 85-89.
何燕, 朱紫阳. 2008. 传统学术评价方法与 h 指数的比较. 图书馆学刊, (3): 31-33.
侯剑华, 陈悦. 2007. 战略管理学前沿演进可视化研究. 科学学研究, 25: 15-21.
侯丽. 2008. Web2.0 的特性及对信息服务的创新性思考. 图书馆建设, (1): 66-69.
胡德华. 2009. 生物医学类开放存取期刊学术质量评价及其评价体系研究. 中南大学博士学位论文.
胡德华, 任磊, 韩欢. 2010. 开放存取期刊质量控制机制: PLoS 案例研究. 中国科技期刊研究, 21(4): 436-439.
胡惠芳, 万跃华. 2001. SCI、SSCI 收录的图书情报学期刊评价指标. 大学图书馆学报, 19(4): 62-64.
胡明铭, 黄菊芳. 2005. 同行评议研究综述. 中国科学基金, 19(4): 251-253.
胡志刚. 2014. 全文引文分析方法与应用. 大连理工大学博士学位论文.
黄芳. 2014. 补充计量学及其在生物医学领域的应用. 中华医学图书情报杂志, 23(7): 15-20.
黄青, 冯有为. 2009. 综述论文与学术期刊影响力. 中国科技期刊研究, 20(6): 1130-1131.
黄如花, 张静. 2009. Elsevier 收录期刊可开放存取情况的调查与分析. 中国图书馆学报, (3): 35-42.
黄晓斌. 2002. 网络文献的知识发现研究. 武汉大学博士学位论文.
黄孝章, 张志林, 刘双双. 2007. 长尾理论促进新媒体经济增长方式的转变. 集团经济研究, (12): 283-284.
黄亚男. 2010. Web2.0 下的个人知识管理研究. 安徽大学硕士学位论文.
惠淑敏. 2014. 基于推荐-传播模型的学术论文评价方法. 图书情报工作, 58(4): 85-93.
姜春林, 刘则渊, 梁永霞. 2006. H 指数和 G 指数——期刊学术影响力评价的新指标. 图书情报工作, (12): 63-65.
姜磊, 林德明. 2015. 参考文献对论文被引频次的影响研究. 科研管理, 36(1): 121-126.
姜永常. 2010. 基于用户体验的知识构建——Web2.0 环境下对知识构建原理的再认识.

情报学报, 29(5): 872-879.
蒋海龙，陈丹丹. 2012. 国内链接分析期刊论文的引文分析. 现代情报, (8): 165-169.
金碧辉, Ronald Rousseau. 2007. R 指数、AR 指数: h 指数功能扩展的补充指标. 科学观察, (3): 1-8.
金碧辉，汪寿阳，任胜利，等. 2000. 论期刊影响因子与论文学术质量的关系. 中国科技期刊研究, 11(4): 202-205.
金玮，赵蓉英，殷鸽. 2015. 用户在社会化引文软件中的阅读数据积累程度与有效性分析——以 Altmetrics 指标为例. 现代图书情报技术, (11): 75-81.
金贞燕，侯景丽，孙华丽. 2019. Altmetrics 数据整合分析工具的现状特点及相关问题研究. 情报理论与实践, 42(4): 74, 93-99.
匡文波. 2001. 论网络传播学. 国际新闻界, (2): 46-51.
赖方忠. 2011. 学术期刊引文行为的版权保护及措施. 四川师范大学学报(社会科学版), 38(3): 140-144.
李爱群. 2009. 中美学术期刊评价比较研究. 武汉大学博士学位论文.
李翠霞. 2012. 现代计算机智能识别技术处理自然语言研究的应用与进展. 科学技术与工程, 12(36): 9912-9918.
李长忠. 2001. 网络计量学理论与实证研究. 图书情报工作, (10): 21-23.
李长忠，李东洋，齐源. 2002. 网络计量学的研究对象与方法. 情报科学, (1): 66-67, 73.
李凤智. 2015. 引文分析法的定义及其作用. 科技资讯, (10): 251.
李国红. 2004. 基于 Web 的科学交流模式. 情报科学, 22(7): 804-806, 811.
李合莉. 2013. 多层在线社交网络信息传播模型研究. 山东财经大学硕士学位论文.
李鹏. 2012a. 数字图书馆内容管理开源软件应用与评价研究. 吉林大学博士学位论文.
李鹏. 2012b. Web2.0 环境中用户生成内容的自组织. 图书情报工作, (16): 119-126.
李艳丽. 2015. 替代计量学研究存在的问题及对策分析. 图书馆学刊, (10): 125-128.
李应萍. 2011. 学术期刊的综合评价研究. 华中师范大学硕士学位论文.
李勇. 2006. 西方公民科学素质建设的文化语境研究. 理论界, (9): 210-211.
李运景. 2007. 可视化引文分析在科技史中的应用研究——以杂交水稻育种研究为例. 南京农业大学博士学位论文.
李运景，侯汉清，裴新涌. 2006. 引文编年可视化软件 HistCite 介绍与评价. 图书情报工作, 56(12): 135-138.
李仲谋. 2014. ScholarRank: 一种新的评价学术论文影响力的方法. 情报理论与实践, 37(7): 102-105.
梁恒. 2009. Web2.0 时代网络社区及其内部互动研究. 吉林大学硕士学位论文.
梁永霞. 2009. 引文分析学的知识计量研究. 大连理工大学博士学位论文.
林琛. 2014. 微博个体信息传播影响力评价模型研究. 现代图书情报技术, (2): 79-85.
林芳. 2015. 机构知识库引入 Altmetrics 的模式分析. 图书情报工作, (20): 60-65.
林清. 2009. Web2.0 关键技术在图书馆信息服务中的具体应用. 农业图书情报学刊, 21(3): 102-105.
刘秉权，王晓龙. 2004. 一种面向用户的语言模型及其机器学习方法. 哈尔滨工业大学学报, (2): 150-153.

刘春丽. 2012a. 基于软同行评议的科学论文影响力评价方法——F1000 因子. 中国科技期刊研究, 23(3): 383-386.
刘春丽. 2012b. Web2.0 环境下的科学计量学: 选择性计量学. 图书情报工作, 56(14): 52-56, 92.
刘春丽. 2013. 基于 PLOS API 的论文影响力选择性计量指标研究. 图书情报工作, 57(7): 89-95.
刘春丽. 2015a. Altmetrics: 从理论假说、术语提出到内涵的重新界定. 图书情报工作, 59(6): 82-89.
刘春丽. 2015b. Altmetrics 工具与机构知识库的整合与效果——以 PlumX 为例. 图书情报工作, 59(24): 39-46.
刘春丽. 2016a. Altmetrics 工具的发展、现况及相关问题. 图书情报工作, 60(5): 87-92, 117.
刘春丽. 2016b. Altmetrics 指标在科研评价与管理方面的应用——争议、评论和评估. 科学学与科学技术管理, 37(6): 13-22.
刘春丽. 2016c. 论文层面计量学(article-level metrics): 发展过程、特点、指标与应用. 图书馆杂志, 35(2): 63-69, 110.
刘春丽, 何钦成. 2013. 不同类型选择性计量指标评价论文相关性研究——基于 Mendeley、F1000 和 Google Scholar 三种学术社交网络工具. 情报学报, 3(2): 206-212.
刘丹, 赵宇峰, 曾文. 2014. 机构知识库的新机遇: 替代计量学. 中国教育网络, (6): 74-76.
刘恩涛, 李国俊, 邱小花, 等. 2015. Altmetrics 工具比较研究. 图书馆杂志, (8): 85-92.
刘金红, 陆余良. 2007. 主题网络爬虫研究综述. 计算机应用研究, 24(10): 26-29.
刘海涛. 2001. 关于自然语言计算机处理的几点思考. 术语标准化与信息技术, (1): 23-27.
刘慧. 2009. 图书馆、情报与文献学期刊二次文献转载及 Web 下载分析. 情报资料工作, (4): 40-42.
刘炯. 2015. 科研论文影响力评估方法研究. 华南理工大学硕士学位论文.
刘军. 2004. 社会网络分析导论. 北京: 社会科学文献出版社.
刘凯. 2013. 开源软件产业在中国的发展现状及趋势研究. 华中师范大学硕士学位论文.
刘丽敏, 王晴. 2016. Altmetrics 应用于影响力评价可行吗?——国外学者的实证研究及相关论争. 情报理论与实践, 39(6): 7-14.
刘瑞兴. 1995. 期刊引文分析. 北京: 中国统计出版社.
刘睿远, 刘雪立, 王璞, 等. 2013. 基金论文比作为科技期刊评价指标的合理性——基于 SCI 数据库中眼科学期刊的实证研究. 中国科技期刊研究, 24(3): 472-476.
刘晓娟, 宋婉姿. 2016. 基于 PLOS ALM 的 Altmetrics 指标可用性分析. 图书情报工作, 60(4): 93-101.
刘晓娟, 宰冰欣. 2015. 图书情报领域文献的 Altmetrics 指标分析. 图书情报工作, 59(18): 108-116.
刘晓娟, 周建华, 尤斌. 2015. 基于 Mendeley 与 WoS 的选择性计量指标与传统科学计量指标相关性研究. 图书情报工作, 59(3): 112-118.
刘筱敏, 张建勇. 2009. 数字资源获取对科学研究的影响——电子期刊全文下载与引用分析. 大学图书馆学报, (1): 60-63.
刘璇. 2010. 传播心理学视角下的中国社交网络用户心理体验研究. 浙江大学硕士学位论文.
刘烜贞, 湛乐. 2017. 替代计量指标评价科研成果社会影响的研究. 情报探索, (10): 35-38.
刘银华. 2007. h指数评价期刊的有效性分析. 情报理论与实践, (6): 809-811.
刘勇. 2006. 论用期刊影响因子评价论文作者的逻辑前提与局限性. 编辑学报, 18(6): 152-153.
刘自俭. 2006. 学术论文属性与基本规范表达. 金陵科技学院学报(社会科学版), (1): 99-103.
鲁晓明. 2007. Web2.0中社会性标签系统的复杂网络特性研究. 现代情报, (12): 64-66.
罗金增. 2003. 内容分析法与图书馆学. 情报杂志, 22(4): 51-53.
罗磊, 梁丽娟. 2005. 医学论文投稿、写作与英译手册. 北京: 清华大学出版社.
马弘. 2015. 网络学术期刊影响力评价的系统聚类——以图书情报学期刊为例. 辽宁师范大学硕士学位论文.
马晓佳. 2011. 网络引文分析与传统引文分析的比较. 南京大学硕士学位论文.
毛鸿鹏, 张志强. 2015. Altmetrics研究综述. 图书与情报, (3): 134-140.
孟连生. 1999. 引文分析方法在科技期刊评价工作中的应用. 编辑学报, (4): 203-206.
米哈依诺夫, 乔尔内, 吉里列夫斯基. 1980. 科学交流与情报学. 徐新民等译. 北京: 科学技术文献出版社.
彭博文, 吕春, 何涛. 2010. 学术论文评价体系的构建及其应用. 中国高校科技与产业化, (6): 36-37.
浦靖珊. 2014. 开源软件的发展历史以及趋势分析. 硅谷, (9): 4, 34.
钱建立, 李鹏, 李若溪. 2012. 机构知识库可持续发展策略研究. 情报杂志, (11): 176-180.
乔峰. 2012. 基于模板化网络爬虫技术的Web网页信息抽取. 电子科技大学硕士学位论文.
邱航明. 2008. 博客圈的社会网络分析. 哈尔滨工业大学硕士学位论文.
邱均平. 1994. 我国文献计量学的进展与发展方向. 情报学报, (6): 454-463.
邱均平. 2000a. 信息计量学(一) 第一讲 信息计量学的兴起和发展. 情报理论与实践, (1): 75-80.
邱均平. 2000b. 信息计量学(二) 第二讲 文献信息增长规律与应用. 情报理论与实践, 23(2): 153-157.
邱均平. 2006. 知识管理学. 北京: 科学技术文献出版社.
邱均平. 2007. 信息计量学. 武汉: 武汉大学出版社.
邱均平. 2010. 网络计量学. 北京: 科学出版社.
邱均平, 李爱群. 2007. 国内外期刊评价的比较研究. 重庆大学学报(社会科学版), 13(3): 60-65.

邱均平，李江. 2008. 链接分析与引文分析的比较. 中国图书馆学报, 34(1): 60-64.
邱均平，王菲菲. 2013. 基于共现与耦合的馆藏文献资源深度聚合研究探析. 中国图书馆学报, 39(3): 25-33.
邱均平，余厚强. 2013. 替代计量学的提出过程与研究进展. 图书情报工作, 57(19): 5-12.
邱均平，余厚强. 2015a. 论推动替代计量学发展的若干基本问题. 中国图书馆学报, 41(1): 4-15.
邱均平，余厚强. 2015b. 基于影响力产生模型的替代计量指标分层研究. 情报杂志, 34(5): 53-58.
邱均平，李爱群，周明华，等. 2008. 中国学术期刊评价的特色、做法与结果分析. 重庆大学学报(社会科学版), 14(4): 64-69.
邱均平，张心源，董克. 2015. Altmetrics指标在机构知识库中的应用研究. 图书情报工作, 59(2): 100-105.
邱均平，赵蓉英，刘霞. 2015. 中国学术期刊评价研究报告: RCCSE 权威、核心期刊排行榜与指南. 北京: 科学出版社.
人民网. 2014. 坚定不移创新创新再创新　加快创新型国家建设步伐. http://politics.people.com.cn/n/2014/0609/c1024-25124884.html [2019-04-23].
任胜利. 2008. 不同学科论文和期刊被引用频率的比较分析. http://blog.sciencenet.cn/home.php?mod=space&uid=38899&do=blog&id=46388 [2017-03-19].
任胜利. 2009. 特征因子(Eigenfactor): 基于引证网络分析期刊和论文的重要性. http://blog.sciencenet.cn/home.php?mod=space&uid=38899&do=blog&id=240133 [2017-02-16].
任胜利，王宝庆，郭志明，等. 2000. 应慎重使用期刊的影响因子评价科研成果. 科学通报, 45(2): 218-222.
单文戈. 2007. 期刊影响因子与论文被引频次的关系研究. 中国人民解放军军事医学科学院硕士学位论文.
邵慰，丁言镁，华正伟. 2005. 学术论文影响力的自动测量与评价. 沈阳师范大学学报, 23(3): 306-308.
沈利华，缪家鼎，陈国钢，等. 2012. "客观同行评议"方法探索性研究——一种基于引文分析法的学术论文影响力评价方法. 图书情报工作, 56(18): 144-148.
沈小玲，严卫中. 2013. 网络科技论文学术影响力评价指标的选择. 图书情报工作, 57(3): 69-77.
宋丽萍. 2004. 关于网络引文分析研究的几个问题. 图书情报知识, (6): 13-16.
宋丽萍，王建芳. 2012. 基于 F1000 与 WoS 的同行评议与文献计量相关性研究. 中国图书馆学报, (2): 62-69.
宋丽萍，陈巍，贺颖. 2015. 论文层面科学评价实证研究——以 PLoS ONE 为例. 图书馆工作与研究, (7): 85-88.
宋丽萍，王建芳，王树义. 2014. 科学评价视角下 F1000、Mendeley 与传统文献计量指标的比较. 中国图书馆学报, (4): 48-54.
宋玲玲. 2016. 基于 PLoS ALMs 的论文影响力评价指标研究——以航空航天医学为例. 情报理论与实践, 39(9): 30-36.

宋擒豹，沈钧毅. 2001. Web 日志的高效多能挖掘算法. 计算机研究与发展，(3)：328-333.

宋艳辉. 2012. 知识计量学的构建与应用研究. 武汉大学博士学位论文.

苏新宁. 2006. 人文社会科学期刊评价指标体系研究. 图书馆论坛，26(6)：59-65.

苏哲，钱荣贵. 2006. 核心期刊与期刊评价. 江苏警官学院学报，12(3)：83.

孙晶. 2008. 基于 Web2.0 的企业信息资源管理研究. 华中师范大学硕士学位论文.

覃晓燕. 2010. 科学博客的传播模式解读. 科学技术哲学研究，27(1)：97-100.

唐继瑞，叶鹰. 2015. 单篇论著学术迹与影响矩比较研究[J]. 中国图书馆学报，41(2)：4-16.

汪小帆. 2014. 数据科学与社会网络：大数据，小世界. 科学与社会，4(1)：27-35.

王菲菲. 2013. 基于计量分析的数字文献资源语义化研究. 武汉大学博士学位论文.

王继成，潘金贵，张福炎. 2000. Web 文本挖掘技术研究. 计算机研究与发展，37(5)：513-520.

王京山. 2011. 自组织的网络传播. 北京：中国轻工业出版社.

王丽，韩世范，程金莲，等. 2015. 我国护理期刊学术影响力评价指标的研究. 护理研究，(16)：1948-1951.

王凌峰，陈松青. 2006. 基于在线数据库的论文自组织评价机制. 科技管理研究，(3)：155-158.

王睿，王海花. 2014. 浅议补充计量学. 科技情报开发与经济，24(21)：121-123.

王睿，胡文静，郭玮. 2014. 高 Altmetrics 指标科技论文学术影响力研究. 图书情报工作，58(21)：92-98.

王珊，王会举，覃雄派，等. 2011. 架构大数据：挑战、现状与展望. 计算机学报，(10)：1741-1752.

王术，叶鹰. 2014. 影响矩作为测度单篇论著影响力的评价指标探讨. 大学图书馆学报，(5)：12-18.

王维兰，丁晓青，戴玉刚. 2002. 藏文识别后处理研究. 术语标准化与信息技术，(2)：30-34.

王贤文，方志超，王虹茵. 2015. 连续、动态和复合的单篇论文评价体系构建研究. 科学学与科学技术管理，36(8)：37-48.

王贤文，刘趁，毛文莉. 2014. 数字出版时代的科学论文综合评价研究. 中国科技期刊研究，(11)：1391-1396.

王贤文，毛文莉，王治. 2014. 基于论文下载数据的科研新趋势实时探测与追踪. 科学学与科学技术管理，35(4)：3-9.

王贤文，张春博，毛文莉，等. 2013. 科学论文在社交网络中的传播机制研究. 科学学研究，31(9)：1287-1295.

王孝宁，何苗，何钦成，等. 2004. 基于文献计量学研究方法的科技论文定量评价. 科学学与科学技术管理，(4)：15-18.

王孝宁，颜玲，何钦成. 2009. 基于 TOPSIS 法和 SOM 神经网络的论文评价研究. 科技进步与对策，26(24)：155-161.

王妍. 2015. 学者影响力二维测度方法研究. 情报理论与实践，38(12)：88-92.

王岩，刘雅娟. 2001. 运用引文分析进行论文评价的方法初探——引文分析中期刊影响因子的运用. 科研管理, 22(1): 133-138.

王一华. 2010. 期刊评价指标 SJR、JIF 和 H 指数的关系研究. 图书情报工作, 54(6): 145-147.

韦博，由庆斌. 2016. 基于补充计量学的热点推送平台构建, 39(8): 111-114, 144.

魏瑾瑞，蒋萍. 2014. 数据科学的统计学内涵. 统计研究, 31(5): 3-9.

魏思廷. 2015. 结合替代计量学的数字图书馆知识服务新模式. 图书情报知识, (2): 87-92.

魏永明. 2012. 大势所趋话开源——中国开源现状分析. 程序员, (8): 28-32.

吴胜男，赵蓉英. 2016. Altmetrics 应用工具的发展现状及趋势之分析. 图书情报知识, (1): 84-93.

吴正荆，孙成江，靖继鹏. 2003. 学术信息交流的变化——网络信息交流. 图书情报工作, (3): 32-35.

吴卓晶，刘君，王应宽. 2013. 开放存取期刊的国际化出版策略: *PloS ONE* 案例研究. 中国科技期刊研究, 24(3): 428-433.

吴卓晶，刘君，王应宽. 2014. *Nature*、*Science* 及 *PLoS ONE* 网络出版现状分析. 中国科技期刊研究, 25(1): 44-48.

武迪. 2015. 我国学术期刊的数字化发展研究. 北京印刷学院硕士学位论文.

夏秋菊，黄英实，刘喆姝. 2014. Altmetrics 对图书馆服务的影响研究. 现代情报, (9): 129-132.

夏旭，李健康，葛驰. 2001. 网络计量学研究: 现状、问题与发展. 图书馆论坛, 21(6): 44-47.

肖明. 2014. 知识图谱工具使用指南. 北京: 中国铁道出版社.

肖前，李秀林，汪永详. 1991. 辩证唯物主义原理(修订本). 北京: 人民出版社.

肖友国. 2009. 基于 Web2.0 的数字图书馆个性化信息服务研究. 四川图书馆学报, (5): 21-23.

徐佳宁. 2008. 基于 Web2.0 的非正式科学交流过程及其特点. 情报科学, 26(1): 53-59.

徐佳宁，罗金增. 2007. 现代科学交流体系的重组与功能实现. 图书情报工作, 51(11): 94-97.

徐茜. 2008. Web2.0 技术在高校图书馆信息服务中的应用构想. 科技广场, (3): 167-168.

杨发展. 1997. 期刊质量及其评价体系. 今传媒, (4): 36-37.

杨立公，朱俭，汤世平. 2013. 文本情感分析综述. 计算机应用, 33(6): 1574-1578.

杨瑞仙. 2011. 基于 Web2.0 环境下的知识交流研究. 武汉大学博士学位论文.

杨思洛. 2011a. 基于网络引证关系的知识交流规律研究. 武汉大学博士学位论文.

杨思洛. 2011b. 引文分析存在的问题及其原因探究. 中国图书馆学报, 37(3): 108-117.

杨思洛，毕艳娜. 2007. 基于 Web2.0 的数字参考咨询服务创新. 图书馆学研究, (2): 75-78.

杨思洛，韩瑞珍. 2012. 国外知识图谱绘制的方法与工具分析. 图书情报知识, (6): 101-109.

叶继元. 2005. 引文法既是定量又是定性的评价法. 图书馆, (1): 43-45.
叶继元. 2006. 学术期刊的定性与定量评价. 图书馆论坛, 26(6): 54-58.
叶兴华. 2010. 基于互联网的科学交流方式研究. 华东师范大学硕士学位论文.
叶鹰. 2007. *h* 指数和类 *h* 指数的机理分析与实证研究导引. 大学图书馆学报, (5): 2-5.
由庆斌, 汤珊红. 2013. 补充计量学及应用前景. 情报理论与实践, 36(12): 6-10.
由庆斌, 汤珊红. 2014. 不同类型论文层面计量指标间的相关性研究. 图书情报工作, (8): 79-84.
由庆斌, 韦博, 汤珊红. 2014. 基于补充计量学的论文影响力评价模型构建. 图书情报工作, 58(22): 5-11.
余厚强, 邱均平. 2014a. 论替代计量学在图书馆文献服务中的应用. 情报杂志, 33(9): 163-166.
余厚强, 邱均平. 2014b. 替代计量学视角下的在线科学交流新模式. 图书情报工作, 58(15): 42-47.
余厚强, 邱均平. 2014c. 替代计量指标分层与聚合的理论研究. 图书馆杂志, 33(10): 13-19.
余厚强, Hemminger B M, 肖婷婷, 等. 2016. 新浪微博替代计量指标特征分析. 中国图书馆学报, 42(224): 20-36.
俞培果, 邱均平. 2003. Web 页面链接动机分析及链接测度研究. 情报科学, (3): 320-323.
袁清林. 2002. 科普学概论. 北京: 科学技术出版社.
袁特. 2008. 基于 Web2.0 的企业标准共建系统. 浙江大学硕士学位论文.
袁曦临, 常娥. 2011. 网络发表学术论文的影响力评价研究. 图书情报工作, 55(10): 51-54.
翟晓芳. 2015. 结合社会化网络的文献计量及应用框架研究. 山西大学硕士学位论文.
翟自洋. 2013. 由信息计量学新词 Altmetrics 的翻译想到的. http://blog.sciencenet.cn/blog-630081-679433.html [2019-04-23].
张静. 2008. 引文、引文分析与学术论文评价. 社会科学管理与评论, (1): 33-38.
张莉扬. 2001. 中英文网络检索工具评价与比较. 现代图书情报技术, (5): 42-45.
张民, 赵文华, 孙保存. 2013. 从编辑的视点探讨科技期刊 Altmetrics 的重要性. 编辑之友, (9): 41-43.
张其瑶. 2004. 没有科学评价就没有科学管理——访中国科学评价研究中心主任、武汉大学教授邱均平. 评价与管理, (4): 62-63.
张群. 2006. 文本挖掘技术及其在专利信息分析中的应用. 现代情报, (3): 209-213.
张晓明, 邓子琼. 2004. 企业建模方法学的分析与建模工具的评价. 系统仿真学报, 16(3): 511-515.
张洋. 2009. 网络信息计量学理论与实证研究. 北京: 科学出版社.
张英杰, 冷伏海. 2012. 基于案例的科学前沿探测方法比较研究. 图书情报工作, 56(20): 42-46.
张玉华, 潘云涛. 2007. 科技论文影响力相关因素研究. 编辑学报, 19(2): 81-84.
张月红. 2007. HistCite——一个新的科学文献分析工具. 中国科技期刊研究, 18(6):

1096.
赵冰. 2010. 中国大陆学者撰写及发表国际期刊论文之问题的研究. 重庆大学硕士学位论文.
赵传彪. 2015. 基于科学网的图书馆学学者学术影响力的评价与研究. 图书情报工作, (S1): 158-160.
赵国庆, 黄荣怀, 陆志坚. 2005. 知识可视化的理论与方法. 开放教育研究, 11(1): 23-27.
赵启民. 2003. 网络计量学研究的构建和发展方向. 吉林师范大学学报(自然科学版), (2): 52-54.
赵蓉英, 吴胜男. 2014. 图书情报领域信息可视化分析方法研究进展. 情报理论与实践, 4(6): 133-138.
赵蓉英, 冯雪峰, 董克. 2016. 国内外 Altmetrics 研究进展对比分析. 数字图书馆论坛, (6): 40-48.
赵蓉英, 郭凤娇, 谭洁. 2016. 基于 Altmetrics 的学术论文影响力评价研究——以汉语言文学学科为例. 中国图书馆学报, (1): 96-108.
赵蓉英, 汪少震, 陈志毅. 2015. 补充计量学及其分析工具之探究. 情报理论与实践, 38(6): 29-34.
赵蓉英, 魏明坤, 汪少震. 2017. Altmetrics 的发展动态探析. 情报科学, 35(2): 172-176.
赵蓉英, 曾宪琴, 陈必坤. 2014. 全文本引文分析——引文分析的新发展. 图书情报工作, 58(9): 129-135.
赵铁琴. 2009. 基于 Web2.0 的图书馆信息服务研究. 情报杂志, (28): 169-171, 193.
赵雅馨, 杨志萍. 2016, 研究热点探测的替代计量学方法和应用——以信息与计算科学为例. 情报杂志, 35(11): 39-44.
赵妍妍, 秦兵, 刘挺. 2010. 文本情感分析. 软件学报, (8): 1834-1848.
郑京平, 王全众. 2012. 官方统计应如何面对 Big Data 的挑战. 统计研究, 29(12): 3-7.
中国新闻网. 2016. 习近平: 创新的事业呼唤创新的人才. http://www.chinanews.com/ll/2016/04-17/7837076.shtml [2019-04-23].
钟灿涛. 2011. 科学交流体系重组的动力因素分析. 科学学研究, 29(9): 1304-1310.
钟文一, 陈云鹏. 2011. 基于引证系数的论文影响力评价方法研究. 情报科学, 29(5): 706-712.
钟旭. 1999. 影响力指标的建立、预测与评价. 情报科学, 17(5): 545-549.
钟镇. 2013. 学术论文合著规模与引文影响力的相关性分析——以图书情报学为例. 情报杂志, (12): 127-131.
周金娉. 2013. 开放存取期刊学术影响力研究. 吉林大学博士学位论文.
周美华. 2008. 影响因子与学术评价. 情报理论与实践, 31(5): 699-701.
周庆山, 王京山. 2007. 维基百科信息自组织模式探析. 情报资料工作, (2): 29-32.
朱剑. 2012. 重建学术评价机制的逻辑起点——从“核心期刊”、“来源期刊”排行榜谈起. 清华大学学报(哲学社会科学版), (1): 5-15.
朱寿桐. 2006. 试论学术评价的学术性. 学术研究, (2): 7-11.

朱扬勇, 熊赟. 2009. 数据学. 上海: 复旦大学出版社.

邹丽雪, 赵云鲜. 2014. PLoS ONE 发表的中国论文学术影响力分析. 中国科技期刊研究, 25(11): 1414-1420.

邹新贝, 程小娟. 2012. 引文评价新指标 SNIP 与 IF、h 指数和 SJR 的理论比较研究. 图书情报工作, 56(10): 14-16.

邹志仁. 1987. 情报学基础. 南京: 南京大学出版社.

Hey T, Tansley S, Tolle K. 2012. 第四范式: 数据密集型科学发现. 潘教峰, 张晓林, 等译. 北京: 科学出版社.

Adie E. 2014. The grey literature from an Altmetrics perspective—opportunity and challenges. Research Trends, 37: 23-25.

Adie E, Roe W. 2013. Altmetric: enriching scholarly content with article-level discussion and metrics. Learned Publishing, 26(1): 11-17.

Almind T, Ingwersen P. 1997. Informetric analyses on the World Wide Web: methodological approaches to "webometrics". Journal of Documentation, 53(4): 404-426.

Arendt J. 2010. Are article influence scores comparable across scientific fields? Issues in Science and Technology Librarianship, (60): 4.

Azarian A, Siadat A. 2011. A synthesis of software evaluation methodologies and the proposal of a new practical approach. Journal of Software, 6(11): 2271-2281.

Barbic D, Tubman M, Lam H, et al. 2016. An analysis of altmetrics in emergency medicine. Academic Emergency Medicine Official Journal of the Society for Academic Emergency Medicine, 23(3): 251-268.

Bar-Ilan J, Haustein S, Peters I, et al. 2012. Beyond citations: scholars' visibility on the social Web. http://www.arxiv.org/ftp/arxiv/papers/1205/1205.5611.pdf [2019-08-13].

Bergstrom C T, West J D. 2008. Assessing citations with the Eigenfactor™ metrics. Neurology, 71(23): 1850-1851.

Binfield P. 2009. PLoS ONE: Background, future development, and article-level metrics. http://citeseerx.ist.psu.edu/viewdoc/summary?cid=20036085 [2019-08-13].

Bollen J, Rodriguez M, van de Sompel H, et al. 2007. MESUR: Usage-Based Metrics of Scholarly Impact. Proceedings of the 7th ACM/IEEE-CS Joint Conference on Digital Libraries. ACM: 474.

Bollen J, van de Sompel H, Hagberg A, et al. 2009. A principal component analysis of 39 scientific impact measures. PLOS ONE, 4(6): e6022.

Bornmann L, Daniel H D. 2008. What do citation counts measure? A review of studies on citing behavior. Journal of Documentation, 64(1): 45-80.

Bornmann L. 2014. Do Altmetrics point to the broader impact of research? An overview of benefits and disadvantages of altmetrics. Journal of Informetrics, 8(4): 895-903.

Bornmann L. 2015a. Alternative metrics in scientometrics: a meta-analysis of research into three altmetrics. Scientometrics, 103(3): 1123-1144.

Bornmann L. 2015b. Usefulness of altmetrics for measuring the broader impact of research: a case study using data from PLOS and F1000Prime. Aslib Journal of Information Management, 67(3): 305-319.

Bornmann L. 2015c. Validity of Altmetrics data for measuring societal impact: a study using data from Altmetric and F1000Prime. Journal of Informetrics, 8(4): 935-950.

Bornmann L, Hauschild R. 2015. *t* factor: a metric for measuring impact on Twitter. Computer Science, 55(4): 415-425.

Bornmann L, Haunschild R. 2016a. How to normalize Twitter counts? A first attempt based on journals in the Twitter Index. Scientometrics, 107(3): 1405-1422.

Bornmann L, Hauschild R. 2016b. Normalization of Mendeley reader impact on the reader-and paper-side: a comparison of the mean discipline normalized reader score (MDNERS) with the mean normalized reader score (MNRS) and bare reader counts. Journal of Informetrics, 10(3): 776-788.

Brody T, Harnad S, Carr L. 2006. Earlier web usage statistics as predictors of later citation impact. Journal of the American Association for Information Science and Technology, 57(8): 1060-1072.

Burnett G, Jaeger P T. 2008. Small worlds, lifeworlds, and information: the ramifications of the information behaviour of social groups in public policy and the public sphere . Information Research, 13(2): 18.

Chadegani A A, Salehi H, Yunus M M, et al. 2013. A comparison between two main academic literature collections: Web of Science and Scopus databases. Mpra Paper, 9(5): 18-26.

Chang C-L, McAleer M, Oxley L. 2013. Coercive journal self-citations, impact factor, journal influence and article influence. Mathematics and Computers in Simulation, 93: 190-197.

Chang S-J L. 2000. Research on browsing behavior in the libraries: an empirical analysis of consequences, success and influences. Journal of Library and Information Studies, (15): 40-77.

Chawla D S. 2015. Researchers argue for standard format to cite lab resources. http://www.nature.com/news/researchers-argue-for-standard-format-to-cite-lab-resources-1.17652 [2019-04-23].

Chen C. 2006. CiteSpace II: detecting and visualizing emerging trends and transient patterns in scientific literature. Journal of the American Society for Information Science and Technology, 57(3): 359-377.

Cheng W H, Ren S L. 2016. Investigation on article processing charge for OA papers from the world's major countries. Chinese Science Bulletin, 61(26): 2861-2866.

Chesbrough H W. 2004. Open innovation: the new imperative for creating and profiting from technology. Journal of Engineering and Technology Management, 21(3): 241-244.

Costas R, Zahedi Z, Wouters P. 2015a. Do "altmetrics" correlate with citations? Extensive comparison of altmetric indicators with citations from a multidisciplinary perspective. Journal of the Association for Information Science and Technology, 66(10): 2003-2019.

Costas R, Zahedi Z, Wouters P. 2015b. The thematic orientation of publications mentioned on social media: larger-scale disciplinary comparison of social media metrics with citations. Aslib Journal of Information Management, 67(3): 260-288.

Darling E S, Shiffman D, Côté I M, et al. 2013. The role of twitter in the life cycle of a scientific publication. Ideas in Ecology and Evolution, 6(1): 287-322.

Duy J, Vaughan L. 2006. Can electronic journal usage data replace citation data as a measure of journal use? An empirical examination 1. Journal of Academic Librarianship, 32(5): 512-517.

Ehsan M, Mike T, Stefanie H, et al. 2015. Who reads research articles? An altmetrics analysis of Mendeley user categories. Journal of the American Society for Information Science, 66(9): 1832-1846.

Eysenbach G. 2011. Can tweets predict citations? Metrics of social impact based on Twitter and correlation with traditional metrics of scientific impact. Journal of medical Internet Research, 13(4): e123.

Fairclough R, Thelwall M. 2015. More precise methods for national research citation impact comparisons. Journal of Informetrics, 9(4): 895-906.

Feldman R, Sanger J. 2007. The Text Mining Handbook. New York: Cambridge University Press.

Galligan F, Dyas-Correia S. 2013. Altmetrics: rethinking the way we measure. Serials Review, 39: 56-61.

Garfield E. 1955. Citation indexes for science: a new dimension in documentation through association of ideas. Science, 122(159): 108-111.

Garfield E. 1972. Citation analysis as a tool in journal evaluation. American Association for the Advancement of Science, 178(4060): 471-479.

Garfield E. 2006. The history and meaning of the journal impact factor. Journal of the American Medical Association, 295(1): 90-93.

Garfield E, Paris S W, Stock W G. 2006. A software tool for informetric analysis of citation linkage. Information, 57(8): 391-400.

Garfield E, Pudovkin A I, Istomin V S. 2002. Algorithmic citation-linked historiography—mapping the literature of science. Proceedings of the American Society for Information Science and Technology, 39(1): 14-24.

Gross P L K, Gross E M. 1927. College libraries and chemical education. Science, 66(1713): 385-389.

Gu F, Widén-Wulff G. 2011. Scholarly communication and possible changes in the context of social media: a Finnish case study. The Electronic Library, 29(6): 762-776.

Guerrero-Bote V P, Moya-Anegón F. 2014. Relationship between downloads and citations at journal and paper levels, and the influence of language. Scientometrics, 101(2): 1043-1065.

Hammarfelt B. 2014. Using Altmetrics for assessing research impact in the humanities. Scientometrics, 101 (2): 1419-1430.

Hauschild R, Bornmann L. 2016. Normalization of Mendeley reader counts for impact assessment. Journal of Informetrics, 10 (1): 62-73.

Haustein S, Bowman T D, Holmberg K, et al. 2014. Astrophysicists on Twitter: an in-depth analysis of tweeting and scientific publication behavior. Aslib Journal of Information Management, 66 (3): 279-296.

Haustein S, Bowman T D, Holmberg K, et al. 2016. Tweets as impact indicators: examining the implications of automated "bot" accounts on Twitter. Journal of the Association for Information Science and Technology, 67 (1): 232-238.

Haustein S, Peters I, Bar-Ilan J, et al. 2014. Coverage and adoption of altmetrics sources in the bibliometric community. Scientometrics, 101 (2): 1145-1163.

Haustein S, Peters I, Sugimoto C R, et al. 2014. Tweeting biomedicine: an analysis of tweets and citations in the biomedical literature. Journal of the Association for Information Science and Technology, 65 (4): 656-669.

Henderson R, Podd J, Smith M, et al. 1995. An examination of four user-based software evaluation methods. Interacting with Computers, 7 (4): 412-432.

Henning V. 2010. The top 10 journal articles published in 2009 by readership on Mendeley. https://blog.mendeley.com/2010/01/28/the-top-10-journal-articles-published-in-2009-by-readership-on-mendeley/ [2010-01-28].

Holmberg K, Thelwall M. 2014. Disciplinary differences in Twitter scholarly communication. Scientometrics, 101 (2): 1027-1042.

Holmberg K, Bowman T D, Haustein S, et al. 2014. Astrophysicists' conversational connections on Twitter. PLOS ONE, 9 (8): e106086.

Howard J. 2012. Scholars seek better ways to track impact online. Chronicle of Higher Education, 58: A1-A4.

Jensen M. 2007. The new metrics of scholarly authority. Chronicle of Higher Education, 53 (41): 6.

Kaur J, Hoang D T, Sun X, et al. 2012. Scholarometer: a social framework for analyzing impact across disciplines. PLOS ONE, 7 (9): e43235.

Kling R, McKim G. 2000. Not just a matter of time: field differences and the shaping of electronic media in supporting scientific communication. Journal of the American Society for Information Science, 51 (14): 1306-1320.

Kontostathis A, Galitsky L, Pottenger W M, et al. 2003. A Survey of Emerging Trend Detection in Textual Data Mining. New York: Springer: 185-224.

Kortelainen T, Katvala M. 2012. Everything is plentiful—except attention. Attention data of scientific journals on social web tools. Journal of Informetrics, 6 (4): 661-668.

Kostoff R N. 1998. The use and misuse of citation analysis in research evaluation. Scientometrics, 43 (1): 27-43.

Kousha K, Thelwall M, Abdoli M. 2012. The role of online videos in research communication: a content analysis of YouTube videos cited in academic publications. Journal of the American Society for Information Science and Technology, 63(9): 1710-1727.

Kurilovas E, Serikoviene S. 2010. Content and software evaluation and personalisation problems. Informatics in Education, 9(1): 24.

Kurmis A P. 2004. Understanding the limitations of the journal impact factor. The Journal of Bone and Joint Surgery, 85(12): 2449-2454.

Letierce J, Passant A, Decker S, et al. 2010. Understanding how Twitter is used to spread scientific messages. In Proceedings of the Web Science Conference, Raleigh, NC, USA.

Levitt J M, Thelwall M. 2011. A combined bibliometric indicator to predict article impact. Information Processing and Management, 47(2): 300-308.

Li X, Thelwall M. 2012. F1000, Mendeley and traditional bibliometric indicators. In Proceedings of the 17th International Conference on Science and Technology Indicators, Montreal, Canada, 2: 451-551.

Li X, Thelwall M, Giustini D. 2012. Validating online reference managers for scholarly impact measurement. Scientometrics, 91(2): 461-471.

Lin J, Fenner M. 2013a. The many faces of article-level metrics. Bulletin of the Association for Information Science and Technology, 39(4): 27-30.

Lin J, Fenner M. 2013b. Altmetrics in evolution: defining and redefining the ontology of article-level metrics. Information Standards Quarterly, 25(2): 20-26.

Liu J, Adie E. 2013. Five challenges in Altmetrics: a toolmaker's perspective. Bulletin of the American Society for Information Science and Technology, 39(4): 31-34.

Macarthur C, Shneiderman B. 1986. Learning disabled students' difficulties in learning to use a word processor: implications for instruction and software evaluation. Journal of Learning Disabilities, 17(3): 41-46.

Maflahi N, Thelwall M. 2016. When are readership counts as useful as citation counts? Scopus vs Mendeley for LIS journals. Journal of the Association for Information Science and Technology, 67(1): 191-199.

Mahrt M, Weller K, Peters I. 2014. Twitter in Scholarly Communication. New York: Peter Lang.

Mandavilli A. 2011. Peer review: trial by Twitter. Nature, 469(7330): 286-287.

Mcguigan G S, Russell R S. 2008. The business of academic publishing: a strategic analysis of the academic journal publishing industry and its impact on the future of scholarly publishing. Electronic Journal of Academic and Special Librarianship, 9(3): 1186-1187.

Mockus A, Fielding R T, Herbsleb J D. 2002. Two case studies of open source software development: Apache and Mozilla. ACM Transactions on Software Engineering and Methodology, 11(3): 309-346.

Mohammadi K, Thelwall M. 2013a. Assessing the Mendeley readership of social sciences and humanities research. Proceedings of ISSI: 14th International Conference on

Scientometrics and Informetrics. Vienna: University of Vienna and the AIT Austrian Institute of Technology, 200-214.

Mohammadi E, Thelwall M. 2013b. Assessing non-standard article impact using F1000 labels. Scientometrics, 97(2): 383-395.

Mohammadi E, Thelwall M. 2014. Mendeley readership altmetrics for the social sciences and humanities: research evaluation and knowledge flows. Journal of the Association foe Information Science and Technology, 65(8): 1627-1638.

Mounce R. 2013. Open access and Altmetrics: Distinct but complementary. Bulletin of the American Society for Information Science & Technology, 39(4): 14-17.

Neylon C, Wu S. 2009. Article level metrics and the evolution of scientific impact. PLOS Biology, 7(11): e1000242.

Nightingale J M, Marshall G. 2012. Citation analysis as a measure of article quality, journal influence and individual researcher performance. Radiography, 18(2): 60-67.

Nkomo S M. 2009. The seductive power of academic journal rankings: challenges of searching for the otherwise. Academy of Management Learning and Education, 8(1): 106-121.

Noorden V R. 2013. Twitter buzz about papers does not mean citations later. http://www.nature.com/news/twitter-buzz-about-papers-does-not-mean-citations-later-1.14354 [2014-08-19].

Oppermann R, Reiterer H. 2010. Software evaluation using the 9241 evaluator. Behaviour and Information Technology, 16(4-5): 232-245.

Ortega J L. 2015. Relationship between altmetric and bibliometric indicators across academic social sites: the case of CSIC's members. Journal of informetrics, 9(1): 39-49.

Piwowar H. 2013. Altmetrics: value all research products. Nature, 493(7431): 159.

Piwowar H, Cameron N. 2011. Who shares? Who doesn't? Factors associated with openly archiving raw research data. PLOS ONE, 6(7): e18657.

Powell K. 2013. Science communication: from page to screen. Nature, 494(7436): 271-273.

Priem J. 2014. Altmetrics//Cronin B, Sugimoto C R. Beyond Bibliometrics: Harnessing Multi-dimensional Indicators of Performance. Cambridge: MIT Press: 263.

Priem J, Costello K L. 2010. How and why scholars cite on Twitter. Proceedings of the American Society for Information Science and Technology, 47(1): 1-4.

Priem J, Hemminger B M. 2010. Scientometrics 2.0: new metrics of scholarly impact on the social web. First Monday, 15(7): 1-17.

Priem J, Piwowar H. 2014. Top 5 Altmetrics trends to watch in 2014. http://blog.impactstory.org/top-5-Altmetrics-trends-to-watch-2014/ [2019-04-23] .

Priem J, Groth P, Taraborelli D. 2011. The Altmetrics Collection. Plos One, 7(11): e48753.

Priem J, Piwowar H, Hemminger B M. 2012. Altmetrics in the wild: using social media to explore scholarly impact. https://arxiv.org/abs/1203.4745 [2019-08-13].

Priem J, Taraborelli D, Groth P, et al. 2010. Altmetrics: a manifesto. http://altmetrics.

org/manifesto/ [2019-03-10].

Roemer R C, Borchardt R. 2012. From bibliometrics to altmetrics: a changing scholarly landscape. College and Research Libraries News, 73 (10) : 596-600.

Ronald R, Fred Y Y. 2013. A multi-metric approach for research evaluation. Chinese Science Bulletin, 58 (26) : 3288-3290.

Saha S, Saint S, Christakis D A. 2003. Impact factor: a valid measure of journal quality? Journal of the Medical Library Association, 91 (1) : 42-46.

Schlögl C, Gorraiz J, Gumpenberger C, et al. 2013. Download vs. citation vs. readership data: the case of an information systems journal. Proceedings of the 14th International Society of Scientometrics and Informetrics Conference, 1: 626-634.

Schroeder R, Power L, Meyer E T. 2011. Putting scientometrics 2.0 in its place. Altmetrics11: Tracking Scholarly Impact on the Social Web. An ACM Web Science Conference 2011 Workshop, Koblenz, Germany: 14-15.

Scott C. 2013. Consuming article-level-metrics: observation and lessons from comparing aggregator provider data. Information Standards Quarterly, 25 (2) : 5-13.

Seglen P O. 1997. Why the impact factor of journals should not be used for evaluating research. British Medical Journal, 314 (7079) : 498-502.

Shema H, Bar-Ilan J, Thelwall M. 2014. Do blog citations correlate with a higher number of future citations? Research blogs as a potential source for alternative metrics. Journal of the Association for Information Science and Technology, 65 (5) : 1018-1027.

Shuai X, Pepe A, Bollen J. 2012. How the scientific community reacts to newly submitted preprints: article downloads, twitter mentions, and citations. PLOS ONE, 7 (11) : e47523.

Stamelos I, Tsoukiàs A. 2003. Software evaluation problem situations. European Journal of Operational Research, 145 (2) : 273-286.

Sud P, Thelwall M. 2014. Evaluating altmetrics. Scientometrics, 98 (2) : 1131-1143.

Sud P, Thelwall M. 2016. Not all international collaboration is beneficial: the Mendeley readership and citation impact of biochemical research collaboration. Journal of the Association for Information Science and Technology, 67(8): 1849-1857.

Taraborelli D. 2008. Soft peer review: social software and distributed scientific evaluation. http://citeseerx.ist.psu.edu/viewdoc/download;jsessionid=753FD63A1C02F7C798F92ABBD12879F4?doi=10.1.1.218.486&rep=rep1&type=pdf [2019-04-23].

Thelwall M. 2004. Link analysis: an information science approach. https://www.mendeley.com/research/link-analysis-information-science-approach-library-information-science/ [2019-08-13].

Thelwall M. 2014. A brief history of Altmetrics. Research Trends, 37: 3-4.

Thelwall M, Maflahi N. 2015. Guideline references and academic citations as evidence of the clinical value of health research. Journal of the Association for Information Science and Technology, 67 (4) : 960-966.

Thelwall M, Sud P. 2015. Mendeley readership counts: an investigation of temporal and disciplinary differences. Journal of the Association for Information Science, 67 (12) :

3036-3050.

Thelwall M, Wilson P. 2016. Mendeley readership altmetrics for medical articles: an analysis of 45 fields. Journal of the Association for Information Science and Technology, 67(8): 1962-1972.

Thelwall M, Haustein S, Larivière V, et al. 2013. Do altmetrics work? Twitter and ten other social web services. PLOS ONE, 8(5): e64841.

Thelwall M, Vaughan L, Björneborn L. 2005. Webometrics. Annual Review of Information Science and Technology, 39(1): 81-135.

Tokar A, Beurskens M, Keuneke S, et al. 2013. Science and the Internet. Düsseldorf: Düsseldorf University Press.

Torres-Salinas D, Cabezas-Clavijo Á, Jiménez-Contreras E. 2013. Altmetrics: new indicators for scientific communication in web 2.0. Comunicar, 21(41): 53-60.

Vlahavas I, Stamelos I, Refanidis I, et al. 1999. ESSE: an expert system for software evaluation. Knowledge-Based Systems, 12(4): 183-197.

Walsh J P, Kucker S, Maloney N G, et al. 2000. Connecting minds: computer mediated communication and scientific work. Journal of the American Society for Information Science, 51(14): 1295-1300.

Walters W H. 2014. Do article influence scores overestimate the citation impact of social science journals in subfields that are related to higher-impact natural science disciplines? Journal of Informetrics, 8(2): 421-430.

Wang X W, Liu C, Fang Z C, et al. 2014. From attention to citation, what and how does Altmetrics work? https://www.researchgate.net/publication/265687564_From_ Attention_ to_Citation_What_and_How_Does_Altmetrics_Work [2019-06-21].

Weller K, Puschmann C. 2011. Twitter for scientific communication: how can citations/ references be identified and measured? Proceedings of the 3rd ACM International Conference on Web Science, Koblenz, Germany.

Whitehouse G H. 2001. Citation rates and impact factors: should they matter? The British Journal of Radiology, 74(877): 1-3.

Zahedi Z, Costas R, Wouters P. 2014. How well developed are Altmetrics? A cross-disciplinary analysis of the presence of "alternative metrics" in scientific publications. Scientometrics, 101: 1491-1513.

Zahedi Z, Costas R, Wouters P. 2015. Do Mendeley Readership Counts Help to Filter Highly Cited WoS Publications Better than Average Citation Impact of Journals (JCS)? The 15th International Conference on Scientometrics and Informetrics, 29 Jun-4 July, 2015, Bogazici University, Istanbul (Turkey).

Zhang Y. 2001. Scholarly use of internet-based electronic resources: a survey report. Journal of the American Society for Information Science and Technology, 52(8): 628-654.

Zuccala A A, Verleysen F T, Cornacchia R, et al. 2015. Altmetrics for the humanities: comparing goodreads reader ratings with citations to history books. Aslib Journal of Information Management, 67(3): 320-336.